JN232172

ドラゴンクエストX を支える技術

大規模オンラインRPGの舞台裏

AOYAMA Koji
青山公士
［著］

技術評論社

初出
本書は、小社刊『WEB+DB PRESS』Vol.90の特集2「ドラゴンクエストX開発ノウハウ大公開」をもとに、大幅に加筆と修正を行い書籍化したものです。

はじめに

『ドラゴンクエストX　オンライン』(以下、ドラゴンクエストX)は、国民的RPGとも呼ばれるドラゴンクエストシリーズの10番目のナンバリングタイトルで、シリーズ初のオンラインRPGです。本書発売時点でサービス開始から6年以上が経過しており、アクティブユーザー数は数十万人です。

筆者は、ドラゴンクエストXの開発チーム発足初期から技術責任者として関わり、現在はドラゴンクエストX全体の責任者であるプロデューサーを務めています。

開発初期は、ドラゴンクエストシリーズをどのようにオンライン化するかがポイントでした。ドラゴンクエストらしさを重視して開発を進め、他プレイヤーとゆるくつながるようにオンライン化して、2012年8月2日にサービスを開始しました。

オンラインゲームは、サービス開始後が重要です。ドラゴンクエストXのサービス開始直後は、緊急メンテナンスなどの対応に追われました。現在は安定していますが、ちょっとした失敗が大きな問題につながるため注

図　『ドラゴンクエストX　オンライン』タイトルロゴ

意が必要です。その中で、既存コンテンツを保守しつつ、新規コンテンツを追加し続けています。

本書は、ドラゴンクエストXの開発・運営の舞台裏および、その過程で得られたノウハウを解説します。序盤は、ドラゴンクエストXがどのような経緯で開発・運営されているかを説明します。中盤は、技術的な視点での解説を行います。ゲームの基本的なしくみから、家庭用ゲーム機でMMORPG（大規模多人数参加型オンラインRPG）を実現するための工夫、ドラゴンクエストXに特徴的なワールド間の自由移動や戦闘中の押し合いを実現するための技術を紹介します。終盤は、オンラインゲームでは開発と並んで重要な運営と運用について、安易に不具合を修正して大問題になった失敗事例なども含め、恥を忍んで解説します。

筆者のこだわりで、プログラミングやドラゴンクエストX関係の用語は、原則としてすべて初出時に意味を解説しました。複数箇所に登場する用語は索引にも載せています。そのため、将来ゲーム業界に進みたいと考えている学生の方、ゲーム開発について知りたい方から、現在オンラインゲームの開発・運営をしているプロの方まで、幅広い方々に参考にしていただけるはずです。

本書を読んで興味を持たれた方がゲーム業界を目指したり、ドラゴンクエストXを始めていただければ、筆者としては望外の喜びです。もちろん、いつも支えてくださっている多くのドラゴンクエストXの冒険者のみなさんにも、ぜひ読んでいただきたいです！

2018年10月　青山 公士

謝辞

本書の第10章は、ドラゴンクエストXのWebサービス開発セクションの技術責任者である縣大輔の寄稿です。ゲーム開発と技術的に異なるしくみを解説してもらいました。そのおかげで本書が充実し、たいへん感謝しています。

そのほかの章は筆者の執筆ですが、途中で、書いても書いても終わらず苦しく感じた時期がありました。そのとき、ドラゴンクエストXの開発初期からバージョン1までディレクター兼シナリオ担当をしていた藤澤仁さんが、雑談時に話していた言葉を思い出しました。

小説を書くときもゲームと同じ産みの苦しみがありますよ

つまり、書籍を完成させるのはマスタアップ、すなわちゲームを完成させるのと同じということです。苦しいマスタアップなら筆者は何度も経験していますので、不安がなくなり、最後まで書き切ることができました。藤澤さんはすでにスクウェア・エニックスを離れていますが、いろいろとお世話になりました。

本書はもともと、Webアプリケーション開発のためのプログラミング技術情報誌『WEB+DB PRESS Vol.90』(技術評論社刊)へ寄稿したところからの流れで実現しました。この寄稿は、新井繭絵さん、渕上伸吾さんが、当時ドラゴンクエストXのプロデューサーだった齊藤陽介を、WEB+DB PRESS編集長の稲尾尚徳さんに紹介したことがきっかけだと認識しています。また、伊藤直也さんには目次考案にご協力いただきました。稲尾さんには引き続き書籍の編集担当として、無理な対応をしていただきました。ありがとうございます。

本書の内容は、普段から優秀な関係者に囲まれているからこそ実現できていることです。謝辞の末尾に本書執筆でもお世話になった方々を記させていただきます。

そして、外出先で突然メンテナンス作業を始めても、辛抱強く完了するまで待ってくれる家族にも感謝です。いつも本当にありがとうね。

スペシャルサンクス

堀井雄二

監修

安西崇
後藤美名子
齋藤力
齊藤陽介
成田篤史
西岡信賢
藤澤仁
吉田直樹

寄稿

縣大輔

協力

相磯勝也
青木和彦
青木俊充
秋保広毅
朝倉裕次郎
阿部知行
石山榮子
伊藤彰浩
稲葉祐介
岩崎広義
Wei Jiahua
上嶋高志
上西麻子
浦尻瞳
衛藤慎一郎
大前優奈
奥冨匠
小澤直美
笠原博司
梶原功
片山理恵子
勝目佳孝
亀井良典
唐沢華恵
川原武将
菊田智行
黒川進一
小塚均
駒形重紀
小松大輔
齋藤将之
佐々木秀明
佐藤十蔵
嶋田章生
島田太郎
鈴木彰
鈴木光
瀬田幸弘
高内洋平
武元太朗
田代和義
多田直人
立山恵土
田中淳
田中瑞枝
樽見俊明
丹下俊也
露木博康
徳永美沙
兎澤一敏
戸塚康一
中田康敬
永井遊
中津英一朗
沼田晋
芳賀誠吾
浜崎道人志
日野綾子
廣瀬臣晃
古橋昌和
町田幸寿
松井慎吾
松浦健介
松下典子
松本剛
三角洋平
溝口卓
皆川裕史
村田倫明
毛利岳史
望月美穂
森竜也
森田英明
森山朋輝
八重畑義幸
安川聰史
山内太郎
山口明宏
山本篤
横田義弘
横山文子
李仲元
和田勝行
渡部寛樹

第1章

ドラゴンクエストX とは何か

ドラゴンクエストか オンラインゲームか

ドラゴンクエストXとは、国民的RPGと呼ばれるドラゴンクエストシリーズの10番目のナンバリングタイトルです。そして、ドラゴンクエストシリーズ初のオンラインRPGでもあります。

本章では、ドラゴンクエストシリーズとオンラインゲームがどう融合してドラゴンクエストXになったのかを、その歴史とともに解説します。

1.1 ドラゴンクエストのオンラインゲーム化

ドラゴンクエストXは、ドラゴンクエストのナンバリングタイトル初のオンラインゲームです。**図1.1**は、ドラゴンクエストXを起動すると再生される、オープニングムービーの一場面です。

発表当時はいろいろなゲームがオンライン化されていましたので、ドラゴンクエストのオンライン化は、おそらく外部からは自然な流れに見えたと思います。しかし開発視点では、大きなチャレンジでした。ドラゴンクエストらしい部分とオンラインゲームらしい部分は相反するところが少なくなく、どう融合すべきか議論と検証を重ねて、今のドラゴンクエストXの形になりました。

図1.1 ドラゴンクエストXのオープニングムービー

1.2 ドラゴンクエストX=オンライン版ドラゴンクエスト

本節では、ドラゴンクエストXはオンライン版のドラゴンクエストである、ということを説明します。これは、ドラゴンクエスト風味のオンラインゲームではない、という意味でもあります。

以降では、ドラゴンクエストXのドラゴンクエストシリーズ部分とオンラインゲーム部分、そしてその融合について解説していきます。

ドラゴンクエストシリーズ

まずは、ドラゴンクエストXのドラゴンクエストシリーズ部分に注目します。

ドラゴンクエストは、1986年以降30年以上続いている日本を代表するゲームです。当初の販売元はエニックスで、現在はスクウェアと合併してできたスクウェア・エニックスが引き継いでいます。

RPG —— ロールプレイングゲーム

ドラゴンクエストはRPG(*Role Playing Game*)です。RPGは、役割(*Role*)を演じる(*Playing*)ゲーム(*Game*)のことです。

日本では現在RPGと言うとコンピュータゲームを指しますが、もともとはアナログゲームでした。現在はアナログゲームのほうが区別され、テーブルトークRPGと呼ばれています。余談ですが、ドラゴンクエストが登場した当時、筆者はテーブルトークRPGをやりこんでいて、単にRPGと言えばテーブルトーク側だと思っていました。

テーブルトークRPGは、ゲームマスターと呼ばれる1人とプレイヤー数名が、テーブルを囲んでトーク、すなわち会話をしながら進めるゲームです。よくたとえられるのが子どものごっこ遊びですが、「おまえは俺のビームをくらったんだから倒れろよ！」などのあいまいなものではありません。それぞれの行動に対してサイコロを振って解決するなど、明確にルールが定められています。

各プレイヤーはまず、名前や、特徴を表す数値を決めて自分のキャラクターを作ります。これをプレイヤーキャラクターと呼びます。プレイヤーキャラクターはそのプレイヤーにとっての主人公であり、プレイヤーはそれぞれその役になりきって遊びます。

一方、ゲームマスターはそのほかのすべてを担います。たとえば、NPC (*Non Player Character*) と呼ばれるプレイヤーキャラクター以外の登場人物の役などです。そしてプレイヤーと会話をしながら進行役を務め、うまくストーリーに沿うよう誘導し、モンスターに襲われて戦闘発生などの演出をします。

つまりテーブルトークRPGは、ゲームマスターが提供するゲームをプレイヤーが遊ぶものと言えます。そしてこのゲームマスターの役割をコンピュータが担うのがコンピュータRPG、すなわち今のRPGです。

なお、ここで解説したテーブルトークRPGのゲームマスターは、2.4節で解説するドラゴンクエストXにおけるゲームマスターとは別物であることを補足しておきます。

『ドラゴンクエストIII　そして伝説へ…』が社会現象に

ドラゴンクエストを爆発的に有名にしたのは、3作目の『ドラゴンクエストIII　そして伝説へ…』でしょう。1988年の発売日には、あちこちのお店に長蛇の列ができる社会現象になり、筆者はこのとき初めてドラゴンクエストの存在を知りました。

誰にでもクリアできるという衝撃

筆者は『ドラゴンクエストIII　そして伝説へ…』の発売当時は学生でした。そのときすでに、素人ながらパソコンでゲームを作って友達に遊んでもらっていましたので、ここまで人気の高いゲームがどういうものか興味津々でした。

そして実際にプレイをして、誰でもクリアできることに衝撃を受けました。当時のほとんどのゲームは、シューティングゲームのようにプレイヤー自身の反射神経が要求され、難易度が高く、多くの人にはクリアが難しいものでした。

それに対してドラゴンクエストは、コツコツ続けていけば誰でもクリアできるゲームです。序盤の戦闘では弱い敵にしか勝てませんが、勝てば経験値という数値が増え、それが一定以上になるとレベルアップします。レベルアップとは、プレイヤーキャラクターが成長して強くなることです。このときレベルという、プレイヤーキャラクターのつよさの指針となる数値も増えます。レベルアップを繰り返すことで強敵に勝てるようになり、最終的にはクリアできます。このバランスがすばらしく、ドラゴンクエストの人気が高いのもうなずけました。

オンラインゲーム

続いて、ドラゴンクエストXのオンラインゲーム部分に注目します。

MMORPG —— 大規模多人数参加型オンラインRPG

ドラゴンクエストXは、専門的にはMMORPG(*Massively Multiplayer Online Role Playing Game*)に分類されます。MMOの部分を日本語にすると、MMORPGは大規模多人数参加型オンラインRPGです。

日本にMMORPGを広めた『ファイナルファンタジーXI』

世界的にはもう少し前からですが、日本でMMORPGが広まったのは2002年にサービスを開始した『ファイナルファンタジーXI』からでしょう。**図1.2**は10周年記念に描かれたイラストで、2018年で16周年を迎えた長期運用タイトルです。

筆者はこれに、当時のスクウェアが開発・運営をしていた『PlayOnline』のディレクター、すなわち内容に関する責任者として関わりました。『PlayOnline』は『ファイナルファンタジーXI』を含む複数のオンラインゲーム共通のソフトウェアで、たとえば通信の処理など、オンラインゲームに共通して必要な基本機能を提供しています。『ファイナルファンタジーXI』などそれぞれのゲーム内容には関わりませんでしたが、このときの経験は、ドラゴンクエストXでの開発・運営に役立っています。

図1.2 日本にMMORPGを広めた『ファイナルファンタジーXI』

ILLUSTRATION: YUSUKE NAORA

ドラゴンクエストなのかオンラインゲームなのか

大人数で何かを作るときは、途中で迷走しないよう1本の芯を通します。ドラゴンクエストXにはドラゴンクエストとオンラインゲームの2つの主要な要素がありますが、どちらが芯なのかをハッキリさせる必要がありました。

その芯はドラゴンクエスト

結論としては、ドラゴンクエストXの芯はドラゴンクエストだと、開発初期に明文化されました。

これは筆者が望んでいたことでもありましたので、この決定には安堵しました。

ドラゴンクエストらしいUI

UI（*User Interface*）とは、コンピュータなどの機械と、その利用者が情報をやりとりするためのものです。ゲームにおけるUIは、その中でも特に操作方法を指すことが多く、本書ではその意味で使用します。そしてドラゴンクエストXのUIは、ドラゴンクエストらしさが表れているものの一つです。ここでは、呪文を唱えるUIを例に解説します。

ドラゴンクエストシリーズにおける呪文は、特殊な効果を発動するものです。たとえば「ホイミ」は、ダメージを受けたプレイヤーキャラクターを回復する呪文です。ドラゴンクエストシリーズで呪文を唱えるためには、**図1.3**のようなシンプル画面から開始します。そしてメニューを表示➡「じゅもん」を選択➡呪文の種類を選択➡呪文をかける相手を選択という順に操作します。

一方、標準的なMMORPGのUIは異なります。世界的MMORPGの代表格『World of Warcraft』や、日本発で世界に展開している**図1.4**の『ファイナ

図1.3 情報量を減らしたドラゴンクエストXのUI

図1.4 世界標準の究極を目指す『ファイナルファンタジーXIV』のUI

ルファンタジーXIV』などの形式が世界標準とされます。そこには常に大量の情報とアイコンが表示され、たとえば呪文を使用する場合は、呪文をかける相手を選択➡呪文アイコンを選択という順に操作します。世界的に見れば、このタイプに慣れている人が多いでしょう。

そのため、ドラゴンクエストXをMMORPGの世界標準UIに近付ける選択肢もありました。しかし、従来のドラゴンクエストシリーズのお客さまにとってわかりやすいものにするため、従来のUIをできるだけ踏襲することにしました。この点は、世界展開を視野に入れ、世界標準UIの究極を追及している『ファイナルファンタジーXIV』と思想的に異なる部分です。

なお、サービス開始前に宣伝用のゲーム画面が公開されたときに、図1.3のような情報量の少ないシンプルな画面が手抜きと評価されたこともありました。実際には手抜きの逆で、作業工数をかけて画面の情報量を減らしています。そしてそれによりドラゴンクエストらしいUIを実現し、ドラゴンクエストXのお客さまから、「オンラインになってもドラゴンクエストだね」という声を少なからずいただいています。

「サポート仲間」により1人でも4人プレイ可能に

ドラゴンクエストXには、**図1.5**の「サポート仲間」というしくみがあり

図1.5 他人のプレイヤーキャラクターを借りられる「サポート仲間」

ます。これはパーティに関する特別なしくみのため、まずパーティの解説をしてから、「サポート仲間」について解説します。

パーティとは、一緒に戦闘をしたりストーリーを進めたりするための、仲間の集まりのことです。

オンラインゲームにおけるパーティは、プレイヤーどうしで組むことができます。たとえば複数のプレイヤーが合意のもとでパーティを組み、一緒に強い敵に挑戦するなどです。ドラゴンクエストXでも、通常時はプレイヤー最大4人でパーティを組めます。

一方、従来のドラゴンクエストシリーズでは、最初の『ドラゴンクエストI』はパーティは組めず1人のみでしたが、次の『ドラゴンクエストII』以降ではパーティを組めるようになりました。たとえば『ドラゴンクエストIII』では、自分が仲間にしたいキャラクターを「ルイーダの酒場」という施設で雇うことで、パーティを組めます。オンライン非対応のゲームのためプレイヤーは1人ですが、その1人が、パーティ内の全キャラクターを操作する形でプレイします。

そしてドラゴンクエストXで登場した「サポート仲間」は、「冒険者の酒場」という施設で他人のプレイヤーキャラクターを雇うことで、パーティを組むしくみです。また、その雇われたキャラクターのことも「サポート仲間」と呼びます。

「サポート仲間」として雇われたいプレイヤーは、「冒険者の酒場」で自分のプレイヤーキャラクターを登録します。別のプレイヤーは、その登録された「サポート仲間」を雇い、パーティを組んで冒険します。そしてその冒険で得られた経験値の一部は、雇われた「サポート仲間」のプレイヤーキャラクターにも入ります。つまり、お互いの時間は共有していなくても、別のプレイヤーと一緒にプレイしているとも言えます。

「サポート仲間」は自動的に行動します。たとえば雇い主であるプレイヤーキャラクターが移動すると、その後ろをついてきます。そして戦闘中は、AI(*Artificial Intelligence*、人工知能)が考えて賢く戦ってくれます。

プレイヤー1人につき、最大3人の「サポート仲間」を雇えます。これにより、ソロプレイでも4人パーティのプレイができます。ソロプレイとは、プレイヤーは1人でプレイすることです。プレイヤー2人、「サポート仲間」2人などのパーティの組み方もできます。パーティの最大人数は4人ですが、その内訳は自由です。

ドラゴンクエストXはこのように、1人でもプレイでき、他人とゆるくつながることを大切にしています。

筆者はプライベートでもドラゴンクエストXをプレイしていますが、「サポート仲間」のおかげで続けられていると言っても過言ではありません。自分から仲間を集めて遊ぶのは苦手なので、ソロプレイで進められるメリットは大きいです。そして、ソロプレイでも完全な1人ではなく、「サポート仲間」とのプレイでも自分以外のプレイヤーを感じることができるので、秀逸なシステムだと思います。

「ストーリーリーダー」によりマイペースでプレイ可能に

ドラゴンクエストXには、**図1.6**の「ストーリーリーダー」というしくみがあります。これは、ストーリーの進行度をパーティの誰か1人に合わせるものです。

誰かと一緒にプレイしていても、遊ぶペースが異なるとストーリーの進行度に差が生じます。たとえば、あるプレイヤーがストーリーボス、すなわちストーリーの進行の鍵となる強敵を倒す直前だったとします。そして別のプレイヤーがそのストーリーボスをすでに倒しているとしましょう。

図1.6 ストーリー進行度をそろえる「ストーリーリーダー」

この2人が一緒に行動してそのストーリーボスのいる場所に移動した場合、片方は戦闘に入り、もう片方は戦闘後の話が展開してしまいます。これでは、一緒に遊ぶことができません。

この問題を解決するのが「ストーリーリーダー」です。ストーリーボスと戦闘をするときなどパーティ全員で一緒に進むべき場所では、全員のストーリー進行度が「ストーリーリーダー」のものにそろいます。

これにより、普段はマイペースでプレイしていても、一緒にプレイする

Column

オンラインゲームと新宿

ドラゴンクエストXの開発初期に、こんな話を聞きました。

「新宿を1人で歩いているときに、知らない人に声をかけないし、仲間になってどこかに行ったりはしない」

新宿というのは、スクウェア・エニックスの本社がある場所です。常に多くの人で溢れていて、声をかけようと思えばいくらでもかけられる状況にありますが、たしかに多くの人が、それぞれの目的地に向かって1人で静かに歩いていますね。

つまり、ゲーム開発者は、オンラインゲームでは複数人でプレイさせなければならないと考えてしまいがちだけど、その必要はないよ、ということです。筆者はこれを聞いて、目から鱗(うろこ)が落ちました。

もちろん、もともと知り合いどうしで一緒に行動しているグループも少なからずいます。また、同じ目的や趣味の集まりで知り合うなど、いろいろなきっかけで仲間になることもあるでしょう。オンラインゲームとしては、それができる場を提供することが重要だと思います。そして、自分以外のプレイヤーと一緒にプレイしていると感じられることも重要です。新宿を歩いていて自分1人しかいなかったら、正直怖いですしね。

ドラゴンクエストXの世界には、自分以外にもプレイヤーがいます。ソロプレイで進められ、複数人でパーティを組んで遊ぶこともできます。その割合は、サービス開始当初からずっと、ソロプレイのほうが多いです。筆者は、このバランスがちょうど良く、遊びやすい世界だと感じています。

プレイヤーがいるときは、みんなで同じストーリーを楽しめます。ストーリーを先に進めているプレイヤーに気軽に手伝ってもらえるしくみとも言えます。

なお、ドラゴンクエストXのバージョン4.0からは、「ストーリーリーダー」は「パーティリーダー」に統合されました。「パーティリーダー」は、メンバーを追加するなどパーティに対する機能を代表して使用できます。以前は「ストーリーリーダー」と「パーティリーダー」を別々に設定できましたが、実際には同一プレイヤーに設定されるケースが多い状況でした。そのため現在は、「パーティリーダー」に設定するだけでそのプレイヤーが両機能を持つようにしています。

1.3 ドラゴンクエストXの歴史

本節では、ドラゴンクエストXの歴史について解説します。

ドラゴンクエストXは、長い開発期間のあと、2012年2月に、正式サービス前に一般の方に検証していただくベータテストを開始しました。プレイできるものとしては初の一般公開になりますので、ここは開発時の一つの大きな目標です。

そしてついに、2012年8月にWii版を発売して正式サービスを開始しました。続いて2013年3月にWii U版、同年9月にWindows版を発売、さらに同年12月にスマートフォンなど向けのdゲーム版、2014年9月にはニンテンドー3DS版を発売して間口を広げます。そのあと、2017年8月にPlayStation 4版、同年9月にNintendo Switch版が加わりました。

ドラゴンクエストXはサービス開始以降も継続してアップデートを行い続けています。追加パッケージとして、2013年12月にバージョン2『眠れる勇者と導きの盟友』を、2015年4月にバージョン3『いにしえの竜の伝承』を発売しています。そして本書執筆中の2017年11月にバージョン4『5000年の旅路　遥かなる故郷へ』を発売し、その世界はさらに拡張を続けています。

ここまでを整理すると**図1.7**になります。筆者としては濃い数年間でし

図1.7 ドラゴンクエストXの歴史

た。ドラゴンクエストX関連でずっと突っ走ってきたという印象です。

以降では時系列に沿って、開発から執筆時現在までの流れを解説します。

開発の準備

図1.7のベータテスト開始より前には、長い開発期間があります。その本格的な開発作業を始める準備として、まず方向性決め、基礎固めを行いました。

プロトタイプとイメージデモ動画の作成

オンライン版ドラゴンクエストを開発するにあたり、まず**図1.8**のようなプロトタイプ版を作成しました。これは実際に複数人でプレイ可能だったため、オンラインゲームになった場合の感触をつかむことができました。なお、この図は、残っていた当時の動画から引っ張り出してきたため粗いですが、もとのゲーム画面もきれいなわけではありません。このバージョンはそのあとほぼ捨てて、本番では作りなおしています。

また、並行してイメージデモ動画を作成しました。**図1.9**はその一場面です。妄想が詰まっているため実現できないこともありましたが、たとえ

図1.8 プロトタイプ版

ばモンスターとの押し合いは8.3節で解説するとおり実現できました。

このようにプロトタイプやイメージデモ動画を作成することは、チーム全体で目標を共有できるので重要です。そのため大規模なゲーム開発において一般的に行われています。

基本ルールの決定

基本ルールは、座標系や使用プログラミング言語など、開発初期から必要になるもののことです。

たとえば座標系については、ドラゴンクエストXでは**図1.10**を最初期に

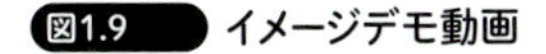

図1.9 イメージデモ動画

図1.10 座標系とキャラクターの向きの共有に使用した画像

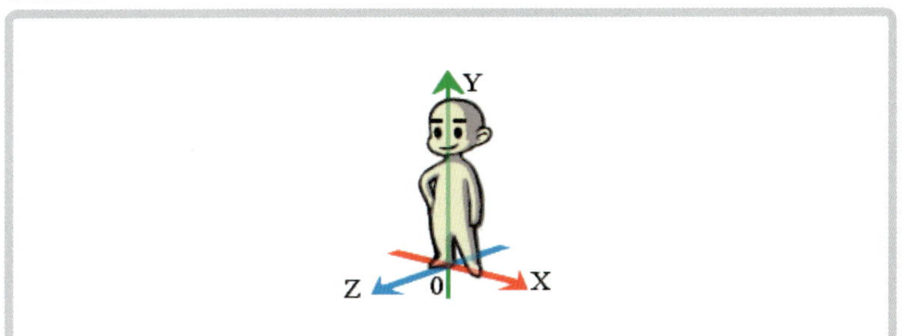

作りました。この図は当時の実際のチーム内資料からそのまま拝借してきたので、ラフですし画質も粗いですが、ご了承ください。ここには、ドラゴンクエストXの世界が右手座標系であることと、キャラクターの向きはY軸方向を上、Z軸方向を正面として作ることが示されています。右手座標系とは、親指をX、人差し指をY、中指をZに見立てたときに、右手で作ることができる座標系です。Z軸が奥向きの左手座標系を採用しているゲームもありますので、このあたりを明示する図1.10は重要な資料です。

そのほかにも、座標を表す数値の桁や精度を決定し、その結果として定まる世界の広さなどを明確にしていきました。

使用プログラミング言語について詳しくは、3.5節で解説します。

サーバリソース規模の決定

ドラゴンクエストXはMMORPGのため、Wii版ドラゴンクエストXなどのゲームクライアントから、ゲームサーバに接続してプレイします。ゲームサーバに必要な設備をサーバリソースと呼びますが、その規模は開発準備段階で決定しました。

ドラゴンクエストXには、8.3節で解説する移動干渉や、7.8節や第9章で解説するワールド間の自由移動などチャレンジングなしくみがあります。そのため、ゲームサーバは高負荷になることを予想しつつ、サーバリソース規模の決定を慎重に進めました。

ゲームクライアントとゲームサーバについて詳しくは、3.4節で解説します。

ゲームエンジンの決定

ゲーム開発の基礎となるゲームエンジンについても、開発準備段階で決定します。

ドラゴンクエストXのゲームエンジンは最終的に社内製のCrystal Toolsを採用しましたが、そこに至るまでに独自制作をするなど試行錯誤がありました。実のところ、次項で解説する本格的な開発作業が始まってからのゲームエンジンの決定となり、それによる手戻りがありました。大げさに言うと、途中まで進んでいた本格的な開発作業を一度最初からやりなおしています。

ゲームエンジンおよびCrystal Toolsについて詳しくは、6.4節で解説します。

開発

準備が整うと、本格的な開発作業が始まります。ドラゴンクエストXは規模が大きいため、ここが長期間になります。

マイルストーン単位の作業

ドラゴンクエストXのような大規模なゲームは、次章で解説するような多数のセクションが関わる長期間の開発になります。そのため、当初の計画どおりに最初から最後まで進めることは現実的には難しいです。そこで、ドラゴンクエストXでは数ヵ月ごとに、開発の節目となるマイルストーンを設定しました。マイルストーンには、たとえば戦闘を確認するバトルマイルストーンや、一部の連続ストーリーを確認する○○ストーリーマイルストーンなどがあります。それらのマイルストーンに向けて全セクションで作り込み、プレイの検証、問題点の洗い出し、解決方法の検討を行います。そして各セクションのズレを補正しながら進めます。

完成形が見えているゲームなら、このあたりの試行錯誤は省略して次項で解説するリソースデータやコンテンツの大量生産に入ります。しかし、ドラゴンクエストのオンライン版はさすがに一筋縄ではいかず、それなりに長期間をこの形で進めて試行錯誤を繰り返しました。

リソースデータ、コンテンツの大量生産

基本的な部分がある程度固まると、リソースデータやコンテンツの大量生産に入ります。

リソースデータについて詳しくは3.7節で解説しますが、たとえば絵や音のデータのことです。ほかにも全モンスターの戦闘時のつよさを表す各種数値、NPCの配置や立ち方、座り方まで、すべてを挙げるとキリがありませんが、これらを大量に制作、設定します。

コンテンツというのは、ドラゴンクエストXの中にある、それぞれの遊びの要素のことです。たとえばストーリーや戦闘は、RPGの主要なコンテンツです。ドラゴンクエストXではそれ以外に、「釣り」や「カジノ」のミニゲームなど、多数の遊びが用意されています。また、プレイヤーキャラクターが着替えておしゃれを楽しんだり、ゲーム内の自宅で家具を配置して

楽しむといった遊びもあります。ゲーム業界でも厳密な定義はないと思いますが、本書ではこれらをすべてコンテンツと呼びます。

ベータテスト版マスタアップ作業

後述するベータテストの開始が近付いて来ると、新規制作を停止して検証作業に集中し、不具合修正を優先的に実施します。そして、それが終わると、ベータテスト版のマスタアップです。マスタアップとはゲームを完成させることですが、ベータテスト版もある意味1本のゲームとして完成させますので、筆者はマスタアップという表現を使用しています。

ベータテスト

オンラインゲームにおけるベータテストは、一般の方に検証していただくものです。

ドラゴンクエストXでは、ベータテスターを募集して、応募者の中から抽選し、2012年2月23日から実施しました。ベータテストは千人程度から始めて、最終的には数万人規模になりました。ベータテストはWii版で行われ、このときは当選者にベータテスト版のディスクが入ったパッケージを物理的に配布しました。

ベータテストの序盤は、少人数の同時プレイでも問題が発生していました。それが改善できたら人数を増やし、人数を増やすとまた問題が発生し……、これを繰り返して、ベータテストの終盤には大人数でも問題なくプレイできるようになりました。

正式サービスの準備

ベータテストの開始後に、正式サービスを開始するための準備を行いました。ドラゴンクエストXではベータテストを進めながら、並行して正式サービスで想定している人数を想定した負荷検証を行いました。また、製品版のマスタアップ作業も実施しています。

Column

ベータテスト秘話

ベータテスト期間中は、本当にいろいろなことがありました。今となってはいずれも良い思い出ですが、いくつか紹介しますね。

宝箱がシェアされるMMORPG

初期から参加されたベータテスターさんは、MMORPG経験者が多い印象でした。ドラゴンクエストXは一般的なMMORPGとは違う部分が多々あるため、それゆえの混乱があったようです。

たとえばドラゴンクエストXでは、戦闘で敵モンスターを倒すと一定の確率でアイテムの入った宝箱が出現します。表示上の宝箱は1つですがシェアされていて、一緒に戦った全員がそれを開けられ、同じアイテムを取得できます。しかし、『ファイナルファンタジーXI』など当時の多くのMMORPGでは実際に1つしかなく、誰か1人が取得するとほかの人は取れませんでした。そのため、ドラゴンクエストXでもベータテスターさんどうしで「どうぞ、どうぞ」と譲り合っていたことを覚えています。

「住宅村」を徹夜で起動

「住宅村」のベータテスト開始時にはトラブルがありました。ドラゴンクエストXの「住宅村」は、自分の土地を持ち、そこに家を建て、家の中に家具を配置できる場所です。

「住宅村」のベータテストは、ベータテスト期間の途中から開始予定でした。その開始予定日の前日夜に、初めてベータテスト環境で起動したところ、負荷が高すぎて起動できませんでした。急いで必要なスタッフを呼び集めて負荷を下げるための改修を徹夜で行い、なんとか予定どおり「住宅村」のベータテストを開始できましたが、ギリギリの対応でした。

ちなみに、集められたスタッフの1人は、ちょうど焼肉店に入ろうとしていたところで、この筆者からの呼び出に応じて、食べるのを諦めて会社に急行したようです。そのためこの話は、筆者が後日このスタッフに焼肉をおごることになるおまけ付きです。

写真撮影で阿鼻叫喚

ドラゴンクエストXには、ゲーム画面を写真として保存する写真撮影の機能があります。この機能の負荷検証を行うため、ベータテスターさんに一斉の写真撮影をお願いしたことがありました。具体的には、ドラゴンクエストXでは開発・運営側からのメッセージをゲーム画面に表示できますので、それに合わせて写真撮影をしていただきました。

ベータテスターさんは本当に協力的で、大量の写真撮影が一気に行われました。結果、過負荷となり大量の撮影失敗。その直後から、担当技術スタッフは阿鼻叫喚です。この問題は、10.4節で解説する方法でサービス開始時には解決しましたが、当時は焦りましたね。

負荷検証

正式サービスの開始に向けて、大量のサーバマシンの投入と、製品サービス環境下での負荷検証を行いました。サーバマシンとは、ゲームサーバに使用するハードウェアのことです。負荷検証とは、ゲームサーバに負荷をかける検証です。

ドラゴンクエストXを構成する要素は、第3章以降で解説するとおり多数あります。負荷検証ではそれに加えて、負荷をかけるために擬似的に多数接続するためのゲームクライアントなど、さらに多くの要素が必要です。

一般的に、複数の要素で構成されたシステム全体の性能限界は、その中で最も低い性能限界の要素が原因です。その要素のことをボトルネックと呼びます。そしてドラゴンクエストXの負荷検証では、そのボトルネックが日々変わるなど、順調とは言えませんでした。目標人数が多いため、ゲームサーバのみならず、負荷をかける擬似的なゲームクライアントがボトルネックになることも少なからずありました。順次ゲームサーバ側の無駄な処理を削り、負荷をかけるマシンを増やすなど、工夫に工夫を重ねて、最終的にはなんとか目標に到達しました。

製品版マスタアップ作業

負荷検証が目標に達したあとに、正式サービスに向けた製品版のマスタアップ作業を行います。この作業は、ベータテスト版のマスタアップ以上に慎重に行います。また、ベータテストで発見された不具合の修正も行います。

昔のゲーム開発では、マスタアップはそのゲームのことをすべて忘れ去るタイミングでした。しかし筆者は第11章で解説するように、ここからが本番という認識がありましたので、マスタアップ後も気を緩めずに進めました。

正式サービス

約半年のベータテストを経て、2012年8月2日、Wii版ドラゴンクエストXのパッケージを発売し、ついにドラゴンクエストXの正式サービスを開始しました。

同時に、「目覚めし冒険者の広場」[注1]というプレイヤー向けWebサイトも提供を開始しました。詳しくは第10章で解説しますが、たとえばプレイヤーさんに向けた告知は、この「目覚めし冒険者の広場」で行います。

バージョン1『目覚めし五つの種族』

バージョン1のタイトル『目覚めし五つの種族』は、「ウェディ」「エルフ」「オーガ」「ドワーフ」「プクリポ」という5種族が登場することにちなんでいます。プレイヤーは、ストーリーの序盤でこの5種族の中から1つを選択し、その姿になります。そして、ドラゴンクエストXの世界で本格的な冒険を開始します。

正式サービス開始直後は、障害続きでした。負荷検証で機械的に負荷をかけるのと実際に人が操作するのとでは、どうしても違う部分があることを思い知らされました。負荷検証時に問題にならなかった部分がボトルネックとなり、暫定対応のための緊急メンテナンスの実施など、日々対応に追われました。当時はオンラインゲームに慣れていないお客さまが多く、予定どおりのメンテナンスでもお叱りを受けましたので、障害による緊急メンテナンスなど論外でした。

そのような状況でしたが、それ以降も多数のお客さまがドラゴンクエストXを継続してくださり、感謝しています。

なお、このバージョン1期間中に、Wii U版、Windows版のサービスを開始しました。

バージョン2『眠れる勇者と導きの盟友』

2013年12月5日にリリースしたバージョン2『眠れる勇者と導きの盟友』

注1　https://hiroba.dqx.jp/

は、ドラゴンクエストX初の追加パッケージです。冒険の舞台を「レンダーシアの大地」に移し、タイトルどおり『眠れる勇者と導きの盟友』のストーリーが展開されます。バージョン1『目覚めし五つの種族』が必須ですが、後に両方入りのオールインワンパッケージも発売されています。

なお、バージョン3以降の追加パッケージについても、バージョン1『目覚めし五つの種族』と、それまでの追加パッケージすべてが必要です。それらすべてが入ったオールインワンパッケージも、継続的に発売されています。

また、バージョン2のリリース直前から、ゲームと連動するコンパニオンアプリケーションの提供を開始しました。コンパニオンアプリケーションとは、ゲーム内の機能の一部をゲーム外からできるようにするものです。たとえば、ドラゴンクエストXでは「住宅村」の自分の土地に畑を設置し、水をまくなどのお世話ができるのですが、それがゲーム外でできるようになりました。このコンパニオンアプリケーションには、ニンテンドー3DS版とスマートフォン版があります。当初は「冒険者のおでかけ便利ツール」という名前でしたが、のちに「冒険者のおでかけ超便利ツール」となりました。

続けて、バージョン2のリリース直後に、現実のお金でゲーム内アイテムが買える「DQXショップ」を、「目覚めし冒険者の広場」の中にオープンしました。これは、キャラクターのつよさに影響しない、見た目に特徴のある装備アイテムであるおしゃれ装備などが入手できるサービスです。

「冒険者のおでかけ超便利ツール」と「目覚めし冒険者の広場」について詳しくは、第10章で解説します。

さらにバージョン2期間中に、dゲーム版とニンテンドー3DS版のサービスを開始しました。これらはクラウド版と呼ばれる、特徴的なしくみで動作するものです。詳しくは3.4節で解説します。

バージョン3『いにしえの竜の伝承』

2015年4月30日にリリースしたバージョン3『いにしえの竜の伝承』は、ドラゴンクエストXの2つ目の追加パッケージです。このストーリーでは、「竜族」という種族が鍵を握ります。

前述したようにバージョン3をプレイするためにはバージョン1とバージョン2が必須です。バージョン2を必須にするかは議論しましたが、必須とすることにより、バージョン2のストーリーを前提にでき、より深みが出せました。この判断は、ストーリーを重視するドラゴンクエストⅩにおいては正解だったと思います。

このバージョン3期間中に、PlayStation 4版、Nintendo Switch版のサービスを開始しました。これら最新のゲームクライアントプラットフォームへの対応はゲームクリエイターとして楽しいのですが、2種類を立て続けにリリースするのは苦労しました。

一方、Wii版はバージョン3の最終日をもって残念ながら終了しました。この決定時にはすでにWii本体の生産が終了し、ドラゴンクエストⅩを独自に継続していくことが困難になっていたためです。オンラインゲームを継続する難しさが、ここに現れています。

バージョン4『5000年の旅路　遥かなる故郷へ』

2017年11月16日にリリースしたバージョン4『5000年の旅路　遥かなる故郷へ』は、ドラゴンクエストⅩの3つ目の追加パッケージです。このストーリーでは時を渡ります。

バージョン2.4から実施している、ドラゴンクエストⅩのお客さまアンケートの結果では、バージョン4.0のストーリーは過去最高の評価でした。筆者も個人的に大好きです。本書発売日時点でバージョン4はまだ途中で、そのメインストーリーはバージョン4.1、4.2……と約3ヵ月ごとに順次追加され、継続しています。

海外版サービス

ドラゴンクエストⅩは海外でもサービスしています。具体的には、中国で2016年11月から正式にサービスを開始しました。

機会があればそのほかの国や地域にも提供したいと考えていますが、並行して運営するのは大変なため、慎重に検討しています。

Column

海外版対応の成功と失敗

開発初期より、ドラゴンクエストXを海外でもサービスしたいと考えていて、中国版が実現しました。海外版対応には、ローカライズと呼ばれる、現地に合わせる対応が必要です。また、カルチャライズと呼ばれる、現地の文化に合わせる対応ができるとベターです。

以降ではローカライズとして言語と時差の対応、カルチャライズとしてUIの対応について解説します。成功事例だけでなく、失敗したなと思う事例もあります。

言語対応

言語対応とは、日本語から提供地域の言語への翻訳のことです。

ドラゴンクエストXでは、日本語で開発し、ほかの言語に翻訳する形をとっています。また、日本語のデータをあらかじめ1ヵ所にまとめています。そのため言語の変更は、まとまった日本語のデータを目的の言語に差し替えるだけで、比較的容易に実現します。

このあたりは設計時に決めて徹底しないと困難になるところでしたので、日本語のデータをあらかじめ1ヵ所にまとめておいて良かったと思います。

時差対応

世界各国には時差があり、米国のように同一国内で時差がある国もあります。時差対応とは、時差の影響をなくすための対応のことです。

ドラゴンクエストXでは、日本版の時点で時差対応を行いました。具体的には、時刻に関する処理をUTC（*Coordinated Universal Time*、協定世界時）で実装しています。たとえばドラゴンクエストXではJST（*Japan Standard Time*、日本標準時）の日曜日朝6時に内容が更新されるコンテンツがあります。JSTはUTCに対して+9時間のため、内部的にはJSTの日曜6時から-9時間したUTCの土曜21時を更新時刻として指定しています。

ただし、この対応は失敗だったかもしれません。今ではスタッフもUTCとJSTの変換に慣れ、内部はすべてUTCで動いています。しかし、当初は内部にJSTで実装されたコンテンツが混在していたり、JSTから-9した時刻を設定すべきところを+9してしまったりといった不具合がありました。

一方、中国版の運営は日本版と独立しているため、UTCで統一されているメリットが現状はありません。そのため日本版はJST、中国版はCST（*Chinese*

Standard Time、中国標準時)でよかったかもな、と思っています。

UI対応

UIの対応は、中国版におけるカルチャライズです。

日本は家庭用ゲーム機でゲームをする文化のため、ゲームコントローラでの操作が基本です。日本のドラゴンクエスト伝統のUIは、ゲームコントローラでの操作がしやすい形になっています。

しかし、中国はパソコンでゲームをする文化で、前述したMMORPGの世界標準UIが一般的です。そのためドラゴンクエストXの中国版では、世界標準UIにできるだけ近付けたUIを新たに作りました。中国では逆に、日本のドラゴンクエスト伝統のUIがわかりづらいのです。

このわかりやすい/わかりづらいは感覚的なものですね。つまり対応するには、現地のゲーム文化に精通したスタッフを日本で用意するか、現地のスタッフに任せる必要があります。ドラゴンクエストXでは現地のスタッフに任せて、主にスクウェア・エニックス・グループの中国拠点が実装を担当しています。

1.4 まとめ

本章ではドラゴンクエストXについて、その歴史を含めて解説しました。ドラゴンクエストXはオンラインゲームでありつつもその芯はドラゴンクエストです。ドラゴンクエストらしいUIや、「サポート仲間」「ストーリーリーダー」などの要素でそれを実現しています。

おかげさまでドラゴンクエストXは、一般投票などで決まる日本ゲーム大賞の2013年の年間作品部門で優秀賞を受賞しました。この投票では、7歳から79歳までという幅広い層の方々からの票をいただいています。この結果からも筆者たちは、ドラゴンクエストXがドラゴンクエストシリーズの名に恥じないものだと自負しています。

ところで、ドラゴンクエストXは手軽に始めることができます。無料の体験版がありますし、前述したとおり1人でも問題なくプレイできます。本書の理解が深まりますので、まだドラゴンクエストXをプレイしたことがない読者のみなさんには、ぜひプレイしてみていただきたいです。

第2章

開発・運営体制

ドラゴンクエストXを支える人々

MMORPGの開発・運営には多くの機能や要素が必要です。ドラゴンクエストXの開発・運営は、それらを担当する多くの人々に支えられています。

本章では、各組織やスタッフそれぞれの役割を含めて、ドラゴンクエストXの開発・運営体制を解説します。

2.1 さまざまな人に支えられるドラゴンクエストX

ドラゴンクエストXの開発・運営には、開発コアチームをはじめ多くの組織、スタッフが関わります。これらはスクウェア・エニックス社内スタッフ中心の構成で、それぞれ密に連携して動いています。

開発コアチームが社内スタッフ中心であることはドラゴンクエストシリーズでは珍しく、本書執筆時点ではドラゴンクエストのナンバリングタイトルの中で唯一です。実はドラゴンクエストXも、開発開始当初は社外スタッフを中心とした構成にする予定でした。しかし、MMORPGであるドラゴンクエストXの開発は、大規模な組織を正式サービス開始以降も維持する必要があるため、社内スタッフ中心の構成のほうが良いだろうということになりました。筆者はその決定からの流れで、開発初期メンバーの1人として加わりました。

また、正式サービス開始以降には、ドラゴンクエストXはそのお客さまに支えられて成長していることも特徴的です。これはオンラインゲームならではと言えるでしょう。ドラゴンクエストXは、このようにさまざまな人に支えられています。

2.2 ドラゴンクエストX専属の開発コアチーム

本節ではドラゴンクエストXの開発コアチームについて解説します。形としては**図2.1**のとおりです。ゼネラルディレクター、プロデューサー、ディレクターはそれぞれ1人で、ほかの役割はすべてチームです。

ゲーム開発ではゲームタイトルごとに専属のコアチームが編成されることが多く、ドラゴンクエストXの開発コアチームも専属です。ゲーム開発は感覚的なところがあり、1つに集中できたほうがやりやすいです。

以降では、図2.1中の役割について順に解説していきます。

図2.1 ドラゴンクエストXの開発コアチーム

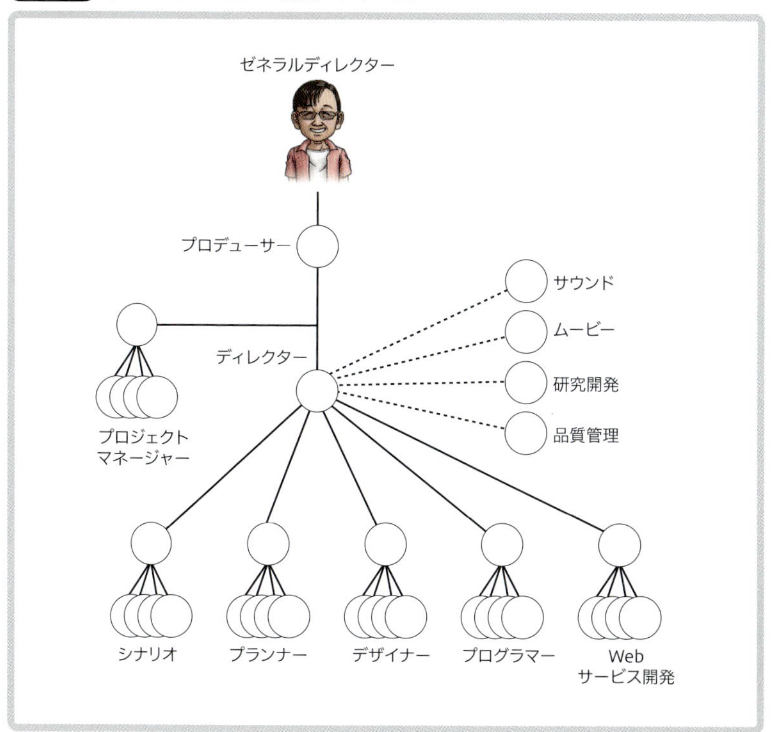

ゼネラルディレクター —— 堀井雄二さんの存在

ドラゴンクエストに関する組織で最も大きな特徴は、生みの親である堀井雄二さんの存在でしょう。

ドラゴンクエストに堀井雄二さんは欠かせません。ドラゴンクエストXにおける役職名はゼネラルディレクターです。常にほかの開発スタッフと机を並べて一緒に作業しているわけではありませんが、絶対的な存在です。

なお、もちろん鳥山明さんの絵、すぎやまこういちさんの音楽も、ドラゴンクエストには欠かせない存在です。ドラゴンクエストの開発スタッフがいろいろとチャレンジしていけるのは、彼らの存在が大きいです。

プロデューサー —— 総責任者

プロデューサーはゲームタイトルの総責任者です。本書の執筆中に、筆者がこの役職に就きました。

プロデューサーは、そのタイトルが生み出す利益に責任を持ちます。昔であればタイトルの利益と売上本数はほぼイコールでしたが、今はいろいろなビジネスモデルがあり、そう単純ではありません。

ドラゴンクエストXは、昔のゲームタイトルと同様、お客さまにゲームをご購入いただきます。それに加えてオンラインゲームならではの部分として、継続してプレイするための利用料金をお支払いいただいています。さらに、ゲーム内で使えるアイテムなど、別料金で提供しているものもあります。売上本数を高めるだけではなく、このようにいろいろな方法で利益を最大化するのがプロデューサーの役割です。

プロデューサーは、関連スタッフの人選や、関係会社の選定にも責任があります。また、ドラゴンクエストXは社内スタッフが中心のため、直接的に人事面でも責任があります。

プロジェクトマネージャー —— 予算やスケジュールの管理者

プロジェクトマネージャーは、主に予算やスケジュールの管理を担当します。

ゲーム業界には、良いものは作るが管理は苦手な、カリスマクリエイタータイプのリーダーが少なくありません。その場合は、プロジェクトマネージャーが各スタッフの実作業スケジュールまで管理します。しかし、ドラゴンクエストX開発コアチームは管理もできるセクションリーダーが多いので、プロジェクトマネージャーは基本的に、全体スケジュールのとりまとめを担当します。

また、プロジェクトマネージャーは、開発コアチーム内外をつなぐ役割も担当します。具体的にどのような部署があるかは本章で順次解説しますが、ドラゴンクエストXは関係者、関係部署が多いため、一般的なゲームタイトルに比べてここは大仕事です。

ディレクター ―― ゲーム内容の責任者

ディレクターはゲーム内容の責任者です。

ゲーム開発者はゲームを作りたくてゲーム業界に入るわけですが、本当の意味で自分のゲームを作ることができるのはディレクターだけです。

ゲームはプレイヤーが楽しい、おもしろいと感じるものを作るべきです。そのために4.2節で解説するプレイ会などで、リリース前にテストプレイをして関係者の意見を集めます。ただし、その結果は、「難しすぎて進めない」「簡単すぎてつまらない」などの矛盾した意見が混在することが少なくありません。

その中で、すべてにおいて、最終的には責任者であるディレクターの感覚で決定します。つまり、一般的にディレクターはそのタイトルにおける絶対神であり、ディレクターだけが自分のゲームを作っています。

ドラゴンクエストシリーズにおいては、生みの親である堀井雄二さんの考えが最も大切なものとして存在するので、そうそうディレクターの自分勝手にはできません。しかしそれでも、ディレクターのゲーム内容に対する権限および責任は大きいです。

ビッグタイトルになればなるほど大変ですが、ディレクターはゲーム開発職の花形です。

シナリオ ―― シナリオドリブン開発の象徴

シナリオセクションは、一般的なゲーム開発では次項で解説するプランナーセクションに内包されています。しかし、ドラゴンクエストのシナリオセクションは独立しています。

単にシナリオと言っても、ドラゴンクエストのシナリオセクションはメインストーリーのシナリオを考えるだけではありません。全NPCのセリフはもちろんのこと、世界観の設定やキャラクターの配置など、ゲームに必要な要素を含めて作り上げます。

筆者はいくつかのゲーム開発を経験していますが、シナリオセクションが明確に独立しているのはドラゴンクエストシリーズが初めてでした。ドラゴンクエストの主要部分はシナリオから制作が開始されるシナリオドリ

Column

絶対的な責任者がいると風通しが良くなる?

ドラゴンクエストXは開発コアチームだけでも人数が多いのですが、風通しの良い、うまく機能している組織だと思います。組織の役割に応じた各責任者が明確であることが、うまく機能している要因だと考えます。

たとえば週報は、開発コアチームに所属する開発スタッフ全員が提出必須としています。専用のシステムに、業務の作業内容や進捗状況など、定期的な報告事項を入力すると、メールが届くしくみです。それを直属の上長以外に、筆者を含むリーダー数名がほかセクションのものも含めすべてに目を通します。

この週報には、改善案を書く欄があります。そこに記載された内容は、たとえば技術に関する提案であればテクニカルディレクターが、ゲーム内容に関する提案であればディレクターが真摯に耳を傾けます。そして、その案を採用するかしないか、堀井雄二さんに確認するかなどを明確にしていきます。

もちろん、スタッフの意見が通らないことは少なからずあります。しかし、通らないから意見が言いづらいということではありません。むしろ逆です。絶対的な責任者が存在し、その決定が明確だからこそ、各スタッフが個々人の感覚で自由に意見を述べても、最終的には方向性が定まります。つまり、自由な意見交換が可能になり、風通しの良さにつながると考えます。

ブン型で、シナリオチームはその象徴的な存在です。ドラゴンクエストXのお客さま向けのアンケートでもメインストーリーに期待する声は常に大きく、シナリオセクションの業務が重視されています。つまりこれが、ドラゴンクエストを開発するための適切な形なのだと思います。

プランナー ―― 細かな設定まで行う各種コンテンツ担当者

プランナーセクションは、各種コンテンツの細部に責任を持ちます。

ゲーム中にはストーリーや戦闘、ミニゲームなど各種コンテンツがあります。ディレクター1人ですべてを細部まで決めることは現実的に難しいので、提示された方向性に合わせて、それぞれのコンテンツをきちんと仕上げるのがプランナーです。

具体的な作業としては、ゲーム仕様を作成するのが主な業務です。それに加えて、スクリプトの記述やパラメータの設定を行い、関係するスタッフとの調整も担当します。

詳しくは3.5節で解説しますが、スクリプトの記述はスクリプト言語を用いたプログラミングです。たとえば、シナリオの進行度に合わせて、NPCが話すセリフを変更するなどの制御を行うためのものです。

パラメータは、たとえばモンスターが持つ「こうげき力」や「しゅび力」などの数値のことです。モンスターはドラゴンクエストXに1,000種類以上いますが、その全パラメータをプランナーが設定します。対炎耐性など明確に表示されない情報を含めて、おそらく読者のみなさんが想像するより多くのパラメータを設定しています。パラメータの設定でできることについて詳しくは、3.7節で解説します。

プランナーはゲームのおもしろさを決める職種ですので、華やかです。ただし、細部のパラメータ設定を行いつつ、ディレクターとデザイナーやプログラマーなどとの間で板挟みに合い、各種調整で走り回る地味で大変な職種でもあります。

デザイナー ―― そのゲームに最適化したデータを作る絵師

デザイナーセクションは絵に責任を持ちます。一般的にはデザイナーと言うとゲームデザイナー、すなわち前述のプランナーを指すかもしれませんが、日本のゲーム業界では絵の担当職種をデザイナーと呼びます。

デザイナーは、2D(*2 Dimensions*、2次元)の絵がうまいだけではありません。専門のツールを使って3D(*3 Dimensions*、3次元)の造形を作る技術も必要です。さらに、リアルタイムに表示するための厳しい制限の範囲内で最適化したデータを作る技術も求められます。また、チームで開発しているので、そのゲームタイトルの絵柄に合致した絵造りができる必要もあります。ドラゴンクエストX開発コアチーム内では、このデザイナーセクションが最大人数です。

デザイナーセクションは、内部的にさらに細かく分かれています。

- **キャラクターセクション**
  キャラクターの造形の制作を担当する
- **モーションセクション**
  キャラクターの動作であるキャラクターモーションの制作を担当する
- **3DBGセクション**
  冒険の舞台となる世界である3DBG(*3 Dimensions Back Ground*)の制作を担当する
- **エフェクトセクション**
  視覚的な特殊効果であるエフェクトの制作を担当する
- **カットシーンセクション**
  リアルタイムに描画演算して再生する映像であるカットシーンの制作を担当する
- **メニューセクション**
  2D素材やメニューUIを担当する

デザイナーの作業内容について詳しくは、第6章で解説します。

プログラマー ―― 仕様調整からコーディングまで行う技術者

プログラマーセクションは技術部分を担当します。筆者は執筆開始時点はプログラマーセクションの責任者でした。また、当時はドラゴンクエストX全体の技術責任者でもあり、テクニカルディレクターを名乗っていました。現在はどちらの役割も現テクニカルディレクターに引き継いでいます。

プログラマーは、ドラゴンクエストXでは最終実装に責任を持ちます。NPCが話すセリフなどのテキストや、ゲーム画面の絵を作るもとになるグラフィックリソースを入れ込んで、ゲームをプレイできるようにします。各種パラメータデータ、音のもとになるサウンドリソースなども入れ込みます。

プログラマーと言うと、狭義ではコーディング、すなわちプログラム記述のみを担当する人という認識です。しかし、日本のゲーム業界でプログラマーと呼ぶ職種は、むしろシステムエンジニアに近いです。プランナーが作るゲーム仕様はあくまでもプレイヤー視点ですので、それに基づいてさまざまな技術的制約を考慮しつつ、プランナーや関係者と仕様調整を行い設計します。そして、実装方針を決めて最終的にコーディングまで行います。

本書は全体として技術を解説していますので、必然的にプログラマーの作業を中心に解説します。詳しくは、次章以降で順次解説していきます。

Column

事件はメールで起きているんじゃない。現場で起きてるんだ！

プログラマーセクションでは、現場進捗報告会と称した、各プログラマーの席、すなわち現場で、リーダー陣に実物を見せながら直近業務の進捗を報告する会を実施しています。

上長は前述した週報のメールを読むことで作業内容や進捗状況を文字ベースで把握できていますが、担当者の席であれば実際の細かい作業内容を見ることができます。特に、普段の担当業務やゲームプレイでは見えてこない部分、たとえばデザイナーやプランナー向けツールの細かい機能追加などを確認するには、現場進捗報告会が有効ですね。また、週報では伝わりづらい改善案を実作業を交えて説明されることがあり、その中で重要な情報共有ができることもあります。現場で起きている事件を解決するのも、リーダーの役割ですからね。

ドラゴンクエストXの開発コアチームには、プログラマーセクション以外でも担当者の席で実施する報告会がいくつかあります。たとえば、担当者の席でディレクターがプレイして確認するディレクター確認会などを実施しています。

Webサービス開発 —— ゲーム連動サービスの実現

Webサービス開発セクションは、主に「目覚めし冒険者の広場」および「冒険者のおでかけ超便利ツール」を担当します。

これらはWeb技術主体で実現しているゲーム連動サービスです。ソフトウェアとしてはゲームと別ですが、密接に連動しているため、開発コアチーム内にWebサービス開発セクションを置く体制にしています。

ゲーム連動サービスについて詳しくは、第10章で解説します。第10章を執筆する縣は、このセクションの技術責任者です。本書ではこの役割をWebテクニカルディレクターと呼びます。

2.3 ゲームタイトル横断の開発関連組織

本節では、ゲームタイトル横断の開発関連組織を解説します。ゲームタイトル横断の開発関連組織には、サウンド、ムービー、研究開発、品質管理があります。専門性が強く、開発の全期間ではなく一部の期間の関わりになる場合は、全タイトル共通の横断的組織で対応するのが合理的です。

以降で順に解説していきます。

サウンド —— 専門設備で作る音の数々

サウンドチームは音に責任を持ちます。

作成するサウンドには大きく分けて、BGM(*Back Ground Music*)すなわち音楽と、SE (*Sound Effects*) すなわち効果音があります。BGMに関しては、作曲からサウンドチームが担当する場合と、外部の作曲者に依頼して、サウンドリソースに変換する部分をサウンドチームが担当する場合があります。ドラゴンクエストシリーズのBGMはすぎやまこういちさんの作曲ですので、後者になります。

これらのデータを作るサウンドスタッフと、サウンド専用プログラムを作るサウンドプログラマーが、サウンドチーム内にいます。

作成には、専用のツールと、防音や音響の設備が整った専門設備を使います。そのためサウンドチームのスタッフは、通常時は開発コアチームと別の場所にいます。そしてどのシーンで何のSEを使うのかを決めるときなどは、開発コアチームの場所に来て、一緒に画面を見ながら、意見交換を行いつつ作業します。

ムービー —— プリレンダリングで作る映像

ゲーム業界では、プリレンダリングした動画をムービーと呼びます。プリレンダリングとは、事前にコンピュータグラフィックス処理をして動画データを作成しておくことです。ムービーチームは、そこに責任を持つ部署です。

ムービーチームの映像にはハイクオリティが求められます。作成には専用のツールを使用し、プリレンダリングには多数のサーバマシンを用いて分散処理しています。そのためスタッフには専門性が要求されます。

ムービーの詳細は、前述のカットシーンと比較しつつ6.8節で解説します。

研究開発 —— 将来のための研究と現在のための支援

研究開発チームは将来のための研究を行うほか、現在開発・運営中の各タイトルを支援し、共通で使用できるプログラムや、それらを統合したゲームエンジンの開発と保守を行います。ドラゴンクエストXが採用したCrystal Toolsも、研究開発チームが開発したものです。

ゲームエンジンおよびCrystal Toolsについて詳しくは、6.4節で解説します。

品質管理 —— さまざまな視点でのテストプレイ

品質管理チームは、ゲームの品質を一定に保つために、主にテストプレイを行う組織です。

ただし、仕様書どおりに動いていればOKというわけにいかないのがゲームです。**図2.2**は、ドラゴンクエストシリーズの序盤で対戦するモンスターの「スライム」です。たとえばこの「スライム」が、序盤で対戦するほかのモンスターより明らかに強い場合、ドラゴンクエストシリーズのプレイヤー視点では異常です。それが仕様書の記載どおりだとしても指摘すべきです。品質管理チームは、こうした感覚的なことを含めて、さまざまな視点でのテストプレイを通して問題を洗い出していきます。

もちろん、最終的な判断はディレクターあるいは堀井雄二さんが行いますので、感覚的な部分はあくまでも意見出しです。それでもプレイヤー視点で異常に感じる部分を未然に防ぐことにつながりますので、これも重要な検証の一つです。

品質管理チームの、ドラゴンクエストX開発コアチームとの関わりについて詳しくは、第4章で解説します。

図2.2 序盤で対戦するモンスター「スライム」

2.4 オンラインサービス関連組織

本節では、ドラゴンクエストXがオンラインゲームであるからこその関連組織を解説します。ドラゴンクエストXのオンラインサービス関連組織には、インフラ、顧客管理、運営、サポート、宣伝があります。これらの組織の関係を、筆者からの視点、すなわち開発との相関で**図2.3**にまとめました。

以降で順に解説していきます。

インフラ —— オンラインサービスを支える基盤

オンラインサービスを支える基盤をインフラと呼びます。インフラチームは、この基盤を担当します。インフラチームはゲームタイトル横断組織で、役割分担はゲームタイトルによって柔軟に変えています。本書では、

図2.3 ドラゴンクエストXのオンラインサービス関連組織

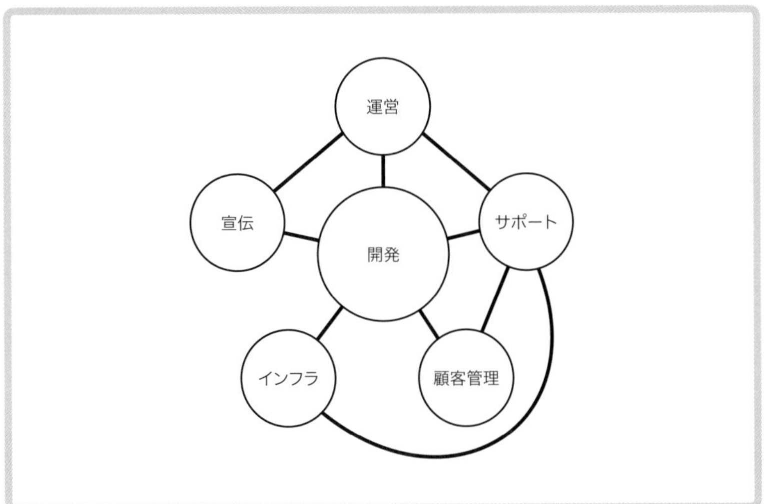

ドラゴンクエストX関連のみを解説します。**図2.4**に、インフラチームとドラゴンクエストX開発コアチームの役割分担を整理しました。

インフラチームはサーバマシンの準備を行います。

また、OS（*Operating System*）とミドルウェアも準備します。OSはマシンの差異を吸収する基本的なソフトウェアで、たとえばWindowsなどです。ドラゴンクエストXのサーバマシンではLinuxというOSを使用しています。ミドルウェアはOS上で動作し、汎用的な機能を提供するソフトウェアです。ドラゴンクエストXではたとえば、10.2節で解説するMySQL、11.2節に登場するZabbixなどが該当します。そのほかにも、本書で解説していないものも含めて、多種多様なミドルウェアを使用しています。インフラチームは開発コアチームと密に連携し、これらをドラゴンクエストXの仕様に適した形で準備します。

OSおよびミドルウェアの上で動作するソフトウェアは、アプリケーションと呼ばれます。ゲームサーバはその一つで、これはドラゴンクエストX開発コアチームが担当します。

なお、図2.4では省略しましたが、通信環境の構築もインフラチームが担当します。

昨今はインフラに、初期投資が不要で規模の拡大／縮小が容易な外部サービスを使用するケースが増えてきました。しかしドラゴンクエストXは、インフラのほとんどをオンプレミス、すなわちスクウェア・エニックス社

図2.4 開発コアチームとインフラチームの担当分担

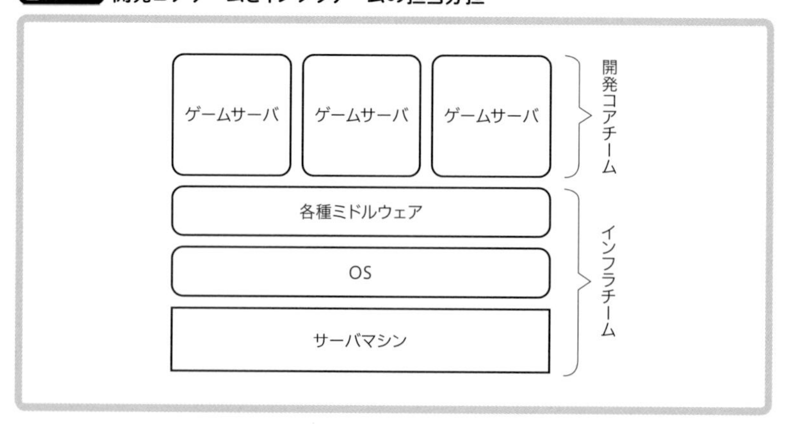

内で管理、運用しています。オンプレミスは初期投資が必要で、短時間の規模拡大／縮小が難しいですが、サーバマシンのハードウェア部分から最適化や調整ができ、規模を含めて適切に運用すれば外部サービスに比べて費用対効果が高くなります。

顧客管理 —— アカウント認証と課金

顧客管理チームは、「スクウェア・エニックス アカウント」の管理システムを担当します。

「スクウェア・エニックス アカウント」とは、ドラゴンクエストXを含む、スクウェア・エニックスが提供するサービス共通のアカウントです。アカウントとは、利用者がサービスにログインするための権利および情報です。ドラゴンクエストXの開発・運営視点では、プレイヤーを識別するための情報でもあります。

顧客管理チームは、「スクウェア・エニックス アカウント」を使用する全タイトルに関わる組織です。アカウント認証や、お客さまからお金を頂戴する課金部分を担当します。アカウント認証はたとえば、アカウントの情報として入力されたIDとパスワードが、事前に登録されているものと一致するか確認することで行います。ドラゴンクエストXにおけるログイン時のアカウント認証処理について詳しくは、7.6節で解説します。

それらに加えて、ドラゴンクエストXではたとえば、一部のクレジットカードやプリペイドカードなどの課金手段により、アイテムをプレゼントするといったキャンペーンが行われています。その課金手段の判定は顧客管理チームが担当し、アイテムプレゼントの部分はドラゴンクエストX開発コアチームが担当します。そのため、顧客管理チームとドラゴンクエストX開発コアチームは、密に連動して進めています。

運営 —— お客さまへ発信する専門部署

運営チームは、お客さまへ情報などを発信する専門部署です。スクウェア・エニックスにはゲームタイトル横断の運営チームもありますが、ドラゴンクエストXの運営チームは専属です。

オンラインゲームはお客さまが継続的に楽しむものですが、その遊び方、楽しみ方は常に変化し、好まれるコンテンツはそのときどきで変わります。そのためドラゴンクエストXにおける運営チームは、コミュニティの動向を見守り、今求められているものを推測します。そして開発コアチームと連携しつつ、各種情報を発信したり、お客さまのコミュニティを活性化する各種運営イベントを企画し開催します。運営イベントとは、写真コンテストや年末年始のカウントダウンなど、運営チーム主催のイベントです。

運営チーム主体で実施しているお客さま要望への対応について詳しくは、11.4節で解説します。

サポート —— お客さまを支援する専門部署

サポートチームは、お客さまを支援するゲームタイトル横断の専門部署です。ドラゴンクエストXを含むオンラインゲームを担当するサポートチームは、オンラインゲームならではの問題に対応します。

サポートチームには、次のスタッフがいます。

- **サポートスタッフ**
  お客さまサポートを行う
- **サーバ監視スタッフ**
  毎日24時間体制で異常の監視を行う
- **ゲームマスター**
  利用規約違反の対応を行う
- **スペシャルタスクフォースのスタッフ**
  不正行為の対応を行う

サポートチームで行っていることについて詳しくは、お客さまサポートおよびサーバ監視関連の対応については第11章で、利用規約違反や不正行為への対応については第12章で解説します。

宣伝 —— 発売日だけではない継続的な露出

宣伝チームは雑誌やテレビ、Webなどに広告を出す部署です。ドラゴンクエストXの宣伝は、ドラゴンクエストシリーズ担当の宣伝チームが担当します。

オンラインゲームは売り切りのゲームと異なり、サービスが継続しています。そのため、以前と同様に発売日前後には集中して広告を出し露出を多くしますが、それに加えて、ドラゴンクエストXでは会場までお客さまにお越しいただくオフラインのイベントや、動画配信を利用した継続的な宣伝も行います。

この宣伝チームおよび、前述の運営チーム、サポートチームは、できるだけ多くのお客さまが継続的に楽しめるよう、尽力しています。

2.5 ユーザーからお客さま、そして冒険者へ

ゲーム業界ではエンドユーザーのことをユーザーと呼びます。

従来の作りきりのゲームは改修できないため、開発側からユーザーへの一方通行しかありません。しかし、オンラインゲームはユーザーと双方向になりますので、自分たちは開発業でもあり、サービス業でもあると考えます。筆者は従来の一方通行に慣れてしまい、正直なところユーザーに対して上から目線になっていました。同様の開発スタッフが多かったと思います。

そこで、ドラゴンクエストX開発コアチーム内のルールとして、ユーザーと呼ぶことを禁止し、代わりにお客さまと呼ぶことで、サービス業の意識を高めることにしました。これは単なる言葉遊びでしかないかもしれません。しかし、意識が変わったと明言している開発スタッフもいますし、実質的な効果は出ていると考えます。

ただ、サービス開始後に「私たちをお客さま扱いするな」という旨のお叱りを受けたことがありました。ドラゴンクエストXのお客さまの中には、その世界の冒険者として筆者たちサービス提供側とともに盛り上げてくださる方が多いのです。そのため、「これからも協力して盛り上げていきましょう」というたいへんありがたいお叱りでした。それから筆者は呼称とし

て、お客さまと冒険者の両方を使用しています。ドラゴンクエストXはこれからも、冒険者のみなさんとともに進化し続けます。

2.6 まとめ

本章ではドラゴンクエストXに関わるスタッフについて解説しました。ドラゴンクエストXは開発コアチームを中心に、多くのゲームタイトル横断の開発関連組織と、オンラインゲームサービスの関連組織の協力のもと、開発・運営しています。

このような大規模な組織は一朝一夕にはできません。筆者はこの組織力こそがドラゴンクエストXの、そしてスクウェア・エニックスの強みだと考えています。

第3章

アーキテクチャ

クロスプラットフォームMMORPGの基本構成

本章からは、技術的な内容に踏み込みます。本章では、まず基礎となるアーキテクチャ、すなわち基本構成から解説します。

ドラゴンクエストXのアーキテクチャは、クロスプラットフォームのMMORPGを実現するためのものです。ゲームにおけるマルチプラットフォームは、複数のゲームクライアントプラットフォームでプレイできることです。それに加えて、それぞれのゲームクライアントプラットフォームのプレイヤーどうしが一緒にプレイできることを、筆者たちはクロスプラットフォームと呼んでいます。本書の発売日の時点で、ドラゴンクエストXにはWii U版、Windows版、dゲーム版、ニンテンドー3DS版、PlayStation 4版、Nintendo Switch版があります。ドラゴンクエストXは、これらのゲームクライアントプラットフォームのプレイヤーどうしが、プラットフォーマーの垣根を越えて、インターネットを介して一緒にプレイできます。

本章では、このドラゴンクエストXのアーキテクチャを解説します。

3.1 ドラゴンクエストXの構成要素は多岐にわたる

MMORPGは、ゲームクライアントからゲームサーバに接続し、ゲームの世界の中で自分のプレイヤーキャラクターを操作してプレイします。その世界およびプレイヤーキャラクターの情報は、ゲームDBに保存されています。

これらゲームクライアント、ゲームサーバ、ゲームDBは、すべてコンピュータ上で動作します。動作させるためにはプログラムが必要で、ドラゴンクエストXの開発に使用するプログラミング言語には、適材適所でいろいろなものを採用しています。また、ゲームクライアントとゲームサーバを接続するためには、通信方式であるプロトコルが必要です。さらに、広大な世界や多種多様なキャラクターを表現するためのリソースデータも必要です。このように、ドラゴンクエストXの構成要素は多岐に渡っています。

以降では、まずコンピュータの基本と、ゲームの構成要素を解説します。

そのあと、ドラゴンクエストXのアーキテクチャを解説します。

なお、すでに専門用語が多数並んでいますが、その解説も順次行いますので、現時点で不明な場合もそのまま読み進めていただいて大丈夫です。

3.2 コンピュータの構成要素 —— ゲームを動作させるハードウェア

まず、本書を読み進めるための基礎となる、コンピュータの基本的な構成要素について解説します。

本書の観点でコンピュータは、ゲームを動作させるハードウェアです。たとえばパソコン、すなわちパーソナルコンピュータは、コンピュータです。サーバマシンもコンピュータですし、家庭用ゲーム機もコンピュータの一種です。筆者世代ですと家庭用ゲーム機と言えばファミリーコンピュータですが、その名前にコンピュータと入っています。

図3.1に、コンピュータの構成要素をまとめました。以降でCPU、メモリ、ストレージについて順に解説します。

図3.1 コンピュータの構成要素

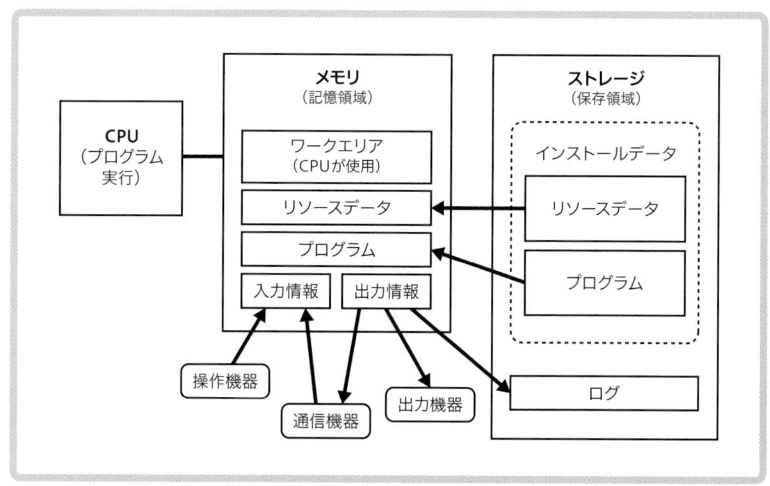

CPU —— 命令を実行する装置

CPU(*Central Processing Unit*、中央演算処理装置)は、プログラム、すなわち与えられた命令を実行します。プログラムに関する詳細は3.5節で解説します。

パソコンの性能を調べると、このCPUという項目があります。家庭用ゲーム機の性能を比較する際にも登場する情報です。その名のとおりコンピュータの中心的な存在で、その性能に直結します。

メモリ —— 記憶領域

メモリとは、CPUが直接読み書きする記憶領域です。メインメモリとも呼ばれます。広義では次項のストレージを含めた記憶領域全般をメモリと呼びますが、本書ではメインメモリの意味でメモリを使用します。メモリはストレージに比べて高速に読み書きができます。ただし、電源の供給が切れると記憶していたデータは消失します。

図3.1のとおり、プログラムとリソースデータはストレージからメモリに読み込んで使用します。リソースデータはゲームに使用する各種データで、3.7節で解説します。

ワークエリアは、計算結果を一時的に保持しておくなど、CPUが各種処理をするのに必要な領域です。

各種入力情報もメモリを介して受け取ります。ゲームコントローラなどの操作機器の情報や、通信機器を経由して別のコンピュータから送られてくる情報を保持します。

一方、テレビなどの出力機器や、通信機器などに送られる出力情報もメモリを介して処理されます。サーバマシンにはディスプレイなどの画面に表示する機器がつながっていない場合もあります。

ドラゴンクエストXにおいてメモリは貴重なため、有効活用する必要があります。この詳細は第5章で解説します。

ストレージ —— 保存領域

ストレージは、電源の供給が切れてもデータが記憶され続ける保存領域です。一般的に、ストレージに保存できる容量は、メモリに記憶できる容量より大きいです。

ストレージには、ファイルと呼ばれる単位で、ひとまとまりのデータが保存されています。それらのファイルは、ファイルシステムと呼ばれるしくみで、ストレージ内の保存位置などが管理されています。

ドラゴンクエストXのリソースデータやプログラムは、インストールによりストレージに保存されます。たとえばWii版では、Wii本体にあるストレージではインストールするための容量が不足していましたので、外付けのUSB(*Universal Serial Bus*)メモリを別途プレイヤーのみなさんに用意していただく必要がありました。このUSBメモリもストレージの一つです。そのほかの代表的なストレージには、ハードディスクがあります。

また、ドラゴンクエストXのサーバマシンでは、各プレイヤーの行動記録をサーバログとしてストレージに保存しています。サーバログの詳細は11.3節で、サーバログの活用については第11章と第12章で解説します。

3.3 ゲームの構成要素

本節では、ゲームを構成する基本要素を、ドラゴンクエストXを例に解説します。

ゲームはインタラクティブ、すなわち、絵や音に応じてプレイヤーが操作し、その操作に応じて絵や音が変化する、双方向タイプのアプリケーションです。その構築のため、ゲームの構成要素には、操作などのインプットと、グラフィクス描画とサウンド再生のアウトプット、そしてそれらをつなぐ各種ロジックが存在します。これらの関係を**図3.2**にまとめました。

以降で順に解説していきます。

図3.2 ゲームの構成要素

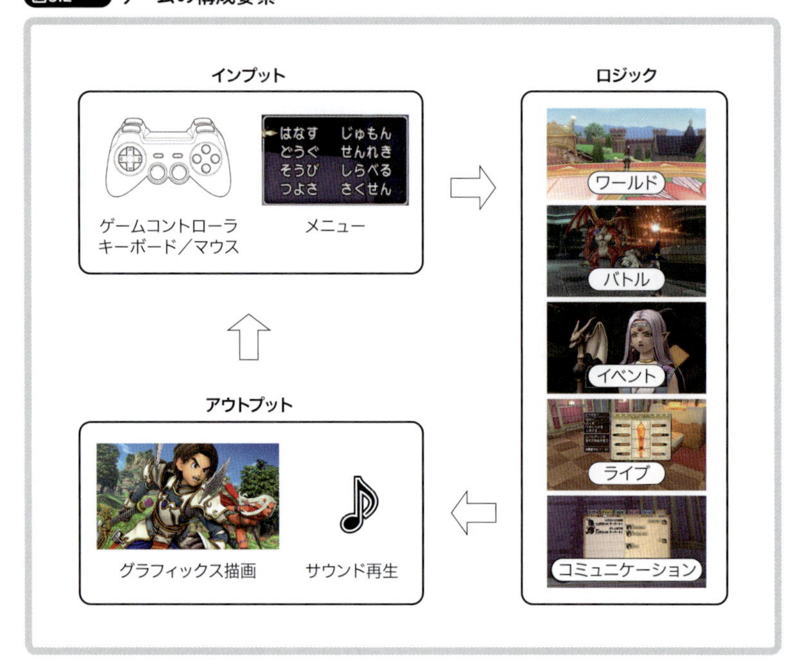

インプット —— プレイヤー操作

インプットは、プレイヤーの操作情報を取得し、ロジックに渡します。

操作機器の操作

家庭用ゲーム機の主な操作機器は、ゲームコントローラです。パソコンではキーボードやマウスが主な操作機器です。これら操作機器を操作した情報がロジックに渡されます。

メニューの選択

画面に表示されたメニューの選択情報も、プレイヤーの操作情報です。

たとえばドラゴンクエストXでは、メニューボタンを押下すると図3.2に記載のメニューが開きます。そしてメニューから「はなす」を選択すると、これは周辺の対象と会話するメニュー項目なので、対象の候補がリストアップされます。そのリストから選択することで会話対象が確定し、これらの情報がロジックに渡されます。

ロジック —— ゲームの挙動

ロジックは、インプットから操作情報を受け取り、規定された挙動に従い処理を行い、アウトプットに渡します。

ロジックには、ゲーム内容に応じていろいろなものがありますので、ここではドラゴンクエストXで実装されているロジックを例に、RPGを構成するものと、オンラインゲーム特有のものに分類して解説します。

RPGを構成するロジック

RPGは世界を旅して、戦闘して強くなり、ストーリーを進行させ、各種ミニゲームで楽しむという形が多く、それらを構成する各ロジックがあります。そしてドラゴンクエストXを含む多くのMMORPGでは、基本的にこれらのロジックがゲームサーバで動作します。

ワールドロジックは、徘徊するモンスターやキャラクターの移動など、ゲームの世界の処理を担当します。

バトルロジックは、戦闘処理を担当します。ほかのゲームでは、バトルロジックはワールドロジックに含まれる形が多いですが、ドラゴンクエストXでは独立しています。

イベントロジックは、NPCと会話することでストーリーを進めるなど、ストーリー進行を伴うコンテンツの処理を担当します。

ライブロジックは生活系コンテンツの処理を担当します。ドラゴンクエストXではたとえば、「武器鍛冶」のミニゲームで武器を作るなどの職人というコンテンツが代表的です。

オンラインゲーム特有のロジック

ドラゴンクエストXでは、チャットすなわち文字による会話でプレイヤーどうしの意思疎通を行えます。コミュニケーションロジックは、そうしたプレイヤーどうしをつなげる処理を担当します。

これはオンライン非対応のゲームには存在しない、オンライゲーム特有のロジックです。

アウトプット —— ゲームの表現

アウトプットは、ロジックからゲームの最新状態を受け取り、それをグラフィックスとサウンドで表現します。

グラフィックス描画

主なアウトプットはゲーム画面への反映、すなわちグラフィックスの描画です。たとえばドラゴンクエストXにおいてプレイヤーがNPCと会話する場面では、NPCは話しているような動作をし、そのセリフの文字が画面に表示されます。

詳しくは、第6章で解説します。

サウンド再生

サウンド再生も重要なアウトプットです。ドラゴンクエストXでは場面に応じたBGMを再生します。また、たとえばNPCがセリフを話すときはポポポ……とSEを再生します。

3.4 ゲームアーキテクチャ —— 基本構成

本節では、ドラゴンクエストXの基本構成である、ゲームアーキテクチャを解説します。

ドラゴンクエストXは、クライアント／サーバ型のオンラインゲームに分類されます。クライアント／サーバ型オンラインゲームの基本アーキテクチャは、複数のゲームクライアントが1つのゲームサーバに接続する形です。そして基本的には、ゲームクライアントがインプットとアウトプット、ゲームサーバがロジックを担当します。

図3.3が、ドラゴンクエストXのゲーム部分のアーキテクチャです。図

図3.3 ドラゴンクエストXのゲームアーキテクチャ

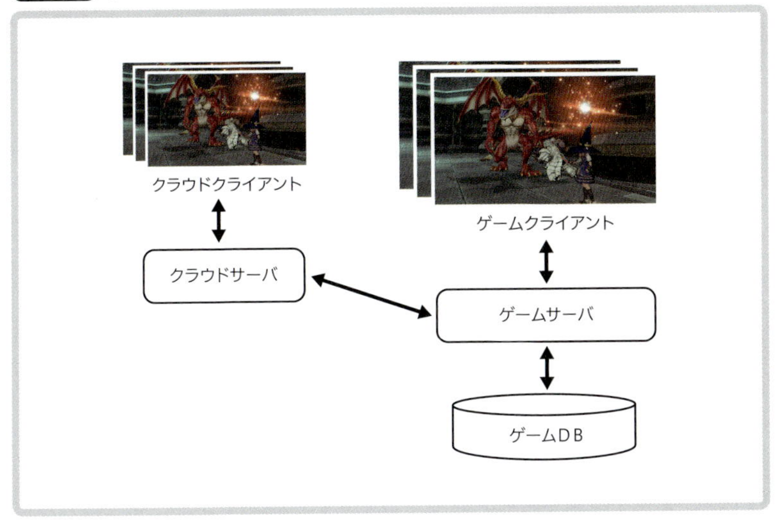

中のものについて、以降で順に解説していきます。

ゲームクライアント —— 見た目上のゲーム本体

ドラゴンクエストXのゲームクライアントは、執筆時現在、Wii U版、Windows版、PlayStation 4版、Nintendo Switch版があります[注1]。サービス開始当初はWii版のみでしたが、現在はここまで増え、逆にWii版はサービスを終了しています。ゲームクライアントは実際にプレイヤーが触るものですので、見た目上のゲーム本体と言えます。

ゲームクライアントで最大の処理であるグラフィックス描画については第6章で、メモリに関する工夫については5.2節で、ワールドロジックの一端を担うキャラクターの移動については第8章で解説します。

ゲームサーバ —— 真のゲーム本体

ゲームサーバは、ロジックを実行するところです。すなわち真のゲーム

注1　dゲーム版とニンテンドー3DS版は、後述するクラウドクライアントです。

本体と言えます。

ドラゴンクエストXのゲームサーバは、ゲームクライアントプラットフォームによらず1セットです。そのため異なるゲームクライアントプラットフォームから一緒にプレイでき、クロスプラットフォームを実現しています。

ゲームサーバについて詳しくは、第7章で解説します。

ゲームDB —— 主要な情報の保存場所

プレイヤーキャラクターデータなどのゲームの主要な情報は、ゲームDBに集約して保存しています。そしてその情報をゲームサーバから読み書きしています。ゲームDBも、ゲームサーバと同様1セットです。

プレイヤーキャラクターデータとは、プレイヤーキャラクターのレベルなどのパラメータや、所持しているアイテムの情報、ストーリー進行度など、そのプレイヤーキャラクターの情報です。

DB（*Data Base*、データベース）とは、データを保存するとともに、保存されたデータを検索して読み出すソフトウェアです。ドラゴンクエストXのゲームDBは、ドラゴンクエストXの世界の情報を保存するたいへん重要なものです。ドラゴンクエストXのお客さまにとっては、自分のプレイヤーキャラクターデータがゲームのすべてと言っても過言ではありません。その取り扱いには万全を期す必要があります。

ゲームDBについて詳しくは、第9章で解説します。

クラウドクライアント —— 操作情報を送信し動画を再生

クラウドクライアントには、dゲーム版とニンテンドー3DS版があります。両者を総称してクラウド版と呼びます。なお、dゲーム版はAndroid専用です。

クラウド版は、次項で解説するクラウドサーバ上で動いているWindows版ゲームクライアントを遠隔操作します。これは、ユビタス社の技術を用いて実現しています。

クラウドクライアントは図3.3の形で接続し、プレイヤーがクラウドクライアントで操作すると、その情報をクラウドサーバに送信します。クラウドサーバが受信した操作情報は、クラウドサーバ上で動いているWindows版ゲームクライアントが処理します。クラウドサーバ上のゲームクライアントはそれに応じて動作し、その結果として変化した画面は動画としてクラウドサーバからクラウドクライアントに送信されます。そしてクラウドクライアントでは、受信した動画を再生します。

また、詳細は3.6節で解説しますが、ゲームではバッファリングがほとんど使えませんので、動画再生に必要な通信量を安定して通信できる環境が必要です。ゲームクライアントとゲームサーバとの間の通信量は実質30Kbps程度ですが、クラウド版では、それに比べてかなり多くの通信量が必要です。K（*Kilo*）はキロと読み、1,000倍または状況により1,024倍を表します。bps（*Bit Per Second*）は1秒間の転送データサイズをビット数で表したものです。ビットは次節のコラムで解説します。

なお、クラウドクライアントで操作すると、その情報がクラウドサーバに送信され、動画として受信するまで、クラウドクライアントの画面には反映されません。そのためクラウド版では、操作に対するレスポンスが悪いと感じることが多くなります。これは、このしくみで実現するためには避けられない制約です。しかしその制約を受け入れることで、通信と操作、動画再生の機能があれば、理屈上はドラゴンクエストXが遊べるようになりました。これは画期的と言えると思います。

クラウドサーバ —— 動作しているのはゲームクライアント

クラウドサーバでは、1サーバマシン内で複数のWindows版ゲームクライアントが動いています。前述したようにクラウドサーバはクラウドクライアントから操作情報を受信し、そのクラウドクライアントに対応するWindows版ゲームクライアントに渡します。そして、そのWindows版のゲームクライアント画面を、対応するクラウドクライアントに動画として送信します。

3.5 プログラミング言語 ―― CPUに与える命令を記述する言語

本節では、ドラゴンクエストXで使用しているプログラミング言語について解説します。プログラムはCPUに与える命令で、プログラミング言語を用いて記述されます。本書では、プログラミング言語で記述することをコーディング、設計やコーディングを含めてプログラムを作ることをプログラミングと呼びます。

プログラミング言語にはいろいろな種類がありますが、ドラゴンクエストXではゲームクライアントとゲームサーバの開発で、主にC++とLuaを使用しています。開発スタッフ向けツールの開発はC#を中心に、適材適所でいろいろなものを使用しています。

以降ではまず、プログラミング言語の基本としてCPUネイティブコードとの関連性を解説し、そのあと、使用しているプログラミング言語について順に解説していきます。

プログラミング言語の基本

CPUが直接理解できる命令をCPUネイティブコードと呼びます。これは数値の羅列であり、各数値の意味はCPUごとに異なりますので、人間には扱いづらいものです。そのためプログラマーは、より人間にわかりやすいプログラミング言語を使用して記述し、それをCPUネイティブコードに変換して利用します。

どういう形式で記述し、どうCPUネイティブコードに変換されるかが、それぞれのプログラミング言語の特徴になります。

CPUネイティブコードと1対1で対応するアセンブリ言語

アセンブリ言語は、CPUネイティブコードと1対1で対応するプログラミング言語です。初期の家庭用ゲーム機のゲーム開発では、主にアセンブリ言語が使用されていました。最小単位の制御ができるので、ドラゴンクエストXでもごく一部ですが、究極的に高速化が必要な箇所で使用しています。

CPUネイティブコードと1対1で対応するという性質上、アセンブリ言語もCPUネイティブコードと同様に、CPUごとに異なります。たとえばZ80というCPUでは以下です。

Z80のアセンブリ言語の例

```
        CP 1
        JR NZ,SKIP
        LD A,2
SKIP:
```

このプログラムは、1行目ではAを1と比較、2行目では直前の比較で値が異なればSKIP:に処理を移動、3行目ではAを2にします。つまりこれは、Aが1ならAを2に変更するプログラムです。1行目のAが暗黙的など、プログラミング経験者でも、Z80のアセンブリ言語を経験していないとわかりづらいと思います。

記述されたプログラムをソースコードと呼びます。前述のアセンブリ言語のソースコードは、次のように1対1でCPUネイティブコードに変換されます。例として、1桁が0から9およびAからFで表される16進数で記載します。こちらはさらにわかりづらいと思います。

16進数で表現されたZ80のCPUネイティブコードの例

```
FE 01
20 02
3E 02
```

これらは各行が対応していて、たとえばCP 1はFE 01に変換されます。ただし、SKIP:はCPUへ与える命令ではないためCPUネイティブコード側にはありません。

余談ですが、Z80は筆者がプログラムを覚えた中学生のときに使用していたCPUです。そのときはアセンブリ言語を使える環境がなかったので、本で調べながら16進数のCPUネイティブコードでコーディングしていました。本項は当時を思い出しながら書いています。

より扱いやすいプログラミング言語

前述の例は、ゲーム開発においてアセンブリ言語の次の世代で主流となったC言語を用いると、以下になります。

C言語の例

```
if ( 1 == A ) {
    A = 2;
}
```

もし1とAが同じなら、Aを2にする、と書かれています。前述のCPUネイティブコードやアセンブリ言語に比べて、わかりやすいと思います。

C言語はCPUネイティブコードに変換されますが、アセンブリ言語と異なり1対1ではありません。その分人間に扱いやすく、すべてのCPUで同じソースコードが使用できるというメリットがあります。これは、アセンブリ言語以外のほかのプログラミング言語でも同様です。

C++ ―― 処理負荷の高い部分の実装

ドラゴンクエストXでは処理負荷が高いところをほぼC++で実装しています。C++は、最近の家庭用ゲーム機やパソコン向けのゲーム開発では主流のプログラミング言語です。

C++は、C言語を拡張したものです。プログラムにおける++は「1を加算」や「次」を表すことが多く、C++の名前はそこからだと思います。

なお、C++の読み方は「しーぷらすぷらす」ですが、筆者は「しーぷらぷら」や「しーぷら」と略すことが多いです。

CPUネイティブコードで動くオブジェクト指向言語

C++は事前にCPUネイティブコードに変換されて動くプログラミング言語です。前述のアセンブリ言語やC言語も同様ですが、現在のプログラミング言語は違う形式のものが多いため、これはC++の特徴の一つです。これにより実行が高速で、処理負荷の高いところの実装に適しています。

また、C++はオブジェクト指向言語でもあります。例を用いて簡単に解説します。

C++の例
```
name = p->getName();
```

これは、pの名前を取得して、nameに設定するプログラムを想定したものです。pはオブジェクトと呼ばれる抽象化されたもので、実際にはたとえばプレイヤーキャラクターやNPCです。つまりこれは、プレイヤーキャラクターの名前やNPCの名前を、nameに設定するプログラムです。

getName()の処理は別の場所に書かれています。プレイヤーキャラクターを担当するプログラマーは、その名前を取得するようにgetName()の処理をコーディングします。NPCも同様です。そして名前を使いたいプログラマーは、それらを区別せずにp->getName()を使用します。ここで、オブジェクトの種類にたとえばモンスターが増えた場合、モンスターの担当プログラマーはgetName()の処理をコーディングする必要がありますが、p->getName()はそのままで大丈夫です。

C++ではこのように、よその変更を受けづらいコーディングができます。これにより、複数のプログラマーで作業しやすくなりますので、大規模な開発に向いています。

記述の自由度が高いのもC++の特徴です。ただ、いろいろなコーディングが可能なことはメリットですが、注意も必要です。たとえば極端に抽象化することもできますが、うまく書かないと実行速度が落ちます。

C++はC言語の形式でも記述でき、実際に以前のプログラムをC言語のまま使用しているところもありますが、複数人での共同作業がしやすいというC++のメリットはなくなります。さらに、C++はソースコード内にアセンブリ言語を記述することもでき、究極の最適化をしたい箇所では実際にドラゴンクエストXでも使用しています。ただし、CPUごとにコーディングが必要ですので、CPUによらないコーディングができるメリットはなくなります。

ドラゴンクエストXのプログラマーは、人数が多くその習熟度に差異があります。そのため、開発初期の段階でコーディング規約を作り、チームとして合わせるべき部分は明示しました。また、勉強会やプログラマークイズを実施して、楽しくレベルアップしています。

Column

プログラマークイズ

ドラゴンクエストX開発コアチームのプログラマーが実施しているプログラマークイズは、たとえば以下です。

問題：この構造体のメモリ上のバイト数は?

```
struct Quiz {
    int QuestionNo;
    char AnswerNo;
};
```

問題の解説

まずは、問題の意味を解説しますね。

構造体とは、複数のデータを1つにまとめるものです。struct Quizで名前がQuizの構造体を定義します。

バイトはデータサイズを表す単位で、1バイトは8ビットです。ビットはコンピュータが扱うデータの最小単位で、0か1です。1ビットで2通りを表現できますので、1バイトすなわち8ビットなら2の8乗で256通りを表現できます。

少し脱線しますが、256通りでたとえば0から255の整数が表現できます。ファミリーコンピュータのころのゲームは、ドラゴンクエストを含めてパラメータの最大値が255のゲームが少なくありませんでしたが、これがその理由ですね。

さらに脱線しますが、ドラゴンクエストにはゲーム内通貨としてゴールド(以下、単位Gで表現します)があります。ドラゴンクエストXでは最大9億9999万9999Gが所持できますが、これは現在4バイトでゴールドの情報を処理しているからです。4バイトすなわち32ビットなら厳密には42億9496万7295Gまで所持できますが、これを最大値とするのは、さすがにわかりづらいですよね。わかりやすさのためには桁で区切るべきですが、10桁の最大値99億9999万9999Gは32ビットでは表現できないので、最大9桁まで所持できるとしました。

では、クイズに戻りましょう。intやcharは、型と呼ばれるデータの種類を宣言するものです。バイト数はintで4、charは1です。

予想される誤答

このクイズで予想される誤答は、int QuestionNoが4バイト、char AnswerNoが1バイトになるため、合計して「5バイト！」とすることです。

正解と解説

このプログラマークイズの正解は8バイトです。解説します。

先頭のQuestionNoはintで4バイトです。これは、実は4バイト単位にアライメントされる必要があります。アライメントとは一定の区切りに配置することです。正しくアライメントされていないと実行速度が低下したり、ハングアップすなわち停止します。

たとえば、この構造体の領域をメモリ内に2つ連続して確保する場合を考えます。そして、1つ目が4バイト単位にアライメントされたとします。この構造体は、実データとしてint QuestionNoの4バイトとchar AnswerNoの1バイトを合わせた5バイトが必要ですが、4バイト単位に区切られた位置から+5バイト目は、4バイト単位の区切りから外れます。そのため、2つ目は+8バイトの位置に確保する必要があり、3バイトが無駄になります。この3バイトは実データとしては使わないものの、この構造体に暗黙的に必要なものとされ、サイズは8バイトとなります。

なお、このクイズは厳密には環境依存です。現存環境の多くは前述のとおりだと思いますが、4バイト単位のアライメントを必要としない場合もあります。また、どうやらintが32バイトで答えが64バイトになる環境もあるようです。

コーディング規約

前述の環境依存をなくすため、ドラゴンクエストXではコーディング規約で使用メモリサイズの明示を義務付けています。ドラゴンクエストXは異なるプラットフォーム間で通信しますので、環境依存をなくすことは重要です。前述の構造体をコーディング規約に従って書きなおすと、次のようになります。

コーディング規約に従い書きなおされた構造体

```
struct Quiz {
    S32 QuestionNo;
    S8  AnswerNo;
    S8  Padding1;
    S8  Padding2;
    S8  Padding3;
};
```

S32やS8はドラゴンクエストX独自のtypedefすなわち型の定義で、その数字でビット数を表します。また、暗黙的に必要な分をPadding1などと可視化しています。合計64ビット、すなわち8バイトですね。これによりたとえば、QuestionNo

を16ビットにする影響や、Padding1の有効活用の検討がしやすくなります。

このように、ドラゴンクエストXのコーディング規約に沿ったプログラムは、ビット数や暗黙的に確保される容量を明示しているので、環境によりサイズが変わることはありません。5.2節で解説するとおり、家庭用ゲーム機での開発は、メモリ使用量がボトルネックになるケースが多いです。そのためメモリの無駄遣いかもしれないソースコードに筆者たちは敏感なんですよ！

プラットフォームごとに異なるC++ビルド環境

ビルドとは、ソースコードなどそのままでは実行できないものを、ツールを使って実行できる形に変換することです。たとえばC++のビルドでは、C++で記述されたソースコードをCPUネイティブコードへ変換し、実行ファイルを作成します。

ドラゴンクエストXで使用しているC++ビルド環境は、対象のプラットフォームごとに異なります。Wii U版などの家庭用ゲーム機版は、プラットフォーマーから提供されている専用のツールを使用します。Windows版は統合開発環境Visual StudioのVisual C++、ゲームサーバ用のLinux版はmakeの中でg++(gcc)という、それぞれに適したツールを使用しています。

ドラゴンクエストXのC++のソースコードは1,000万行以上あり、ビルドには時間がかかります。そこで、分散ビルド環境、すなわち複数のマシンを同時並行で使用し、高速にビルドする環境を構築しています。分散ビルド環境は、IncrediBuild、distccなどの分散ビルドツールを利用して構築しています。

ビルドは基本的には担当プログラマーが実行するものですが、それ以外に一定時間おきに自動ビルドを実行しています。これにより、全プラットフォームでのビルドチェックを行い、各検証環境向けの実行ファイルを構築します。検証環境について詳しくは、4.4節で解説します。

Lua —— 試行錯誤したい部分の実装

ゲームのおもしろさは、実際にプレイすることでわかる部分が多いです。

そのため実行速度より、試行錯誤のしやすさを優先したいことがあります。ゲーム開発ではその箇所にスクリプトを使用します。スクリプト実装担当者は、スクリプト言語を用いてプログラミングします。

なお、一般にスクリプト言語は、前処理なしで実行できるプログラミング言語全般を指すと思いますが、本書では簡易的に書けるプログラミング言語の意味で使用します。

ドラゴンクエストXではそのスクリプト言語に、Luaを採用しました。「るあ」と読みます。初めて名前を聞く方が多いかもしれませんが、ゲーム業界では比較的知られたスクリプト言語です。

実行時に低負荷で、構造的に記述しやすいスクリプト言語

筆者たちがスクリプト言語にLuaを選んだ理由は、実行時に低負荷なことです。

Luaは次の形式で記述します。構造的に記述でき、スクリプト言語の中でも書きやすい部類だと思います。

Luaの例

```
if System:checkFlag(FLAG_XXX_DEFEATED) then -- モンスターXXXを倒した？
    Npc:say(MSG_XXX_THANKYOU) -- NPC「ありがとうございました」
else
    Npc:say(MSG_XXX_HELPME)   -- NPC「助けてください」
end
```

これは、モンスターに困っている村人がいて、モンスターを倒すと主人公に感謝するセリフに変化するストーリーを想定したものです。ドラゴンクエストXでは同様の処理を、実際にLuaで書いています。

また、メニュー操作や各種施設の処理もLuaで書いています。たとえばドラゴンクエストXでは、「宿屋」という施設に泊まるとプレイヤーキャラクターのパラメータが回復します。その際に行われる、BGMとともに画面がフェードするちょっとした演出もLuaで制御して、画面遷移とBGMやSEのタイミングを合わせています。これらは実際にプレイして心地良くなるまで何度も作りなおしますので、試行錯誤のしやすいスクリプト言語が適しています。

仮想マシン上のプログラムとして動作

C++とLuaは実行方式に差異があります。

C++は前述のとおり、事前にCPUネイティブコードに変換されて実行されます。Luaは、バイトコードという、仮想マシン用のプログラムに変換されて実行されます。

仮想マシンは、ソフトウェアで動作する仮想的なコンピュータで、仮想的なCPUを持ちます。ドラゴンクエストXのゲームクライアントとゲームサーバでは、仮想マシンとしてLuaVM(*Lua Virtual Machine*)が動いています。Luaのバイトコードは、そのLuaVMが持つ仮想的なCPUに対する一連の命令です。

つまりLuaは、LuaVMがバイトコードを解釈しながら動作するため、CPUネイティブコードでそのまま動作するC++に比べて高負荷で、動作が遅いです。Luaは低負荷と前述しましたが、それはあくまでもほかのスクリプト言語と比べた場合です。ただし、今のコンピュータは十分に高速ですので、ストーリーの分岐やメニューなどプレイヤー操作に応じるものは、Luaの速度で十分です。

また、ドラゴンクエストXの開発環境においては、Luaのソースコードからバイトコードへの変換は、C++のCPUネイティブコードへの変換より短時間で行えます。そのため、プレイヤー操作を伴い、開発時に試行錯誤を繰り返すところではLuaが適しています。一方、第6章で解説する3D空間の処理など、高速な処理が必要な箇所ではC++が適しています。

なお、Luaには、バイトコードに変換せずに、ソースコードをそのまま読み込んで実行するモードが用意されています。実行時の負荷は上がりますが、試行錯誤はしやすくなります。ドラゴンクエストXでは使用していませんので本書では解説しませんが、興味がありましたら調べてみてください。

プログラマーだけでなくプランナーも担当

各コンテンツのプログラムの実装は、基本的にC++とLuaとの組み合わせで行われています。作業分担は**図3.4**のとおりです。仕様はプランナー、C++の実装はプログラマーが担当しますが、Luaの実装はプランナーが担当する場合とプログラマーが担当する場合があります。

一般的なゲーム開発ではスクリプトをプログラマーがコーディングする

図3.4 ドラゴンクエストXのプログラムの実装分担

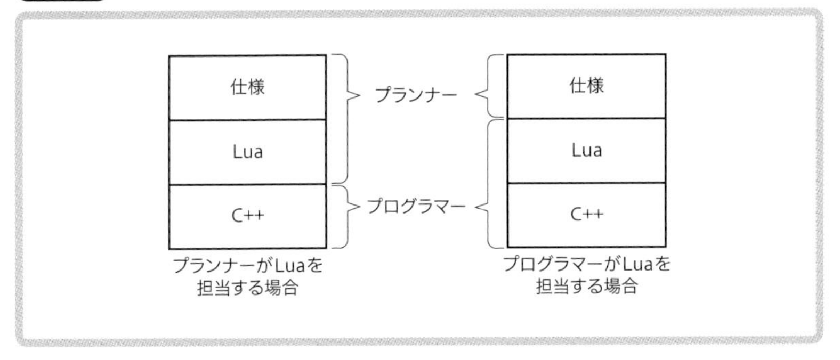

ことが多いと思いますが、ドラゴンクエストX開発コアチームではプランナーもコーディングします。どのような場合にどちらが担当するのかの明確なルールはありませんが、Luaの処理が複雑な場合はプログラマー、それ以外はプランナーが担当するケースが多いです。

C# —— 開発スタッフ向けGUIツールの実装

C#は主に、開発スタッフ向けのGUI(*Graphical User Interface*)ツールの実装に使用しています。GUIはグラフィカルなUIです。つまり、画面に表示されたボタンをクリックするなど、マウスを使用して行う形式の操作方法です。

開発スタッフ向けツールは多種多様で、小さいものを含めると100以上あります。たとえば、ドラゴンクエストXでは、メニューシーケンス、すなわち操作に応じたメニューの遷移はゲームの重要な要素です。これはLuaでコーディングしていますが、メニューシーケンスをGUIで指定することでLuaのソースコードを出力するツールがあります。そのほかにも、Excelの各種ゲーム用パラメータは人間に読みやすい形式で書かれていますが、それを実行時にコンピュータが読みやすい形式に変換するツールがあります。その変換されたファイルどうしを比較し、結果を人間に見やすい形で表示するツールもあります。これらはすべて、C#で作られています。

なお、C#は「しーしゃーぷ」と読みます。これは#を分解するとC++++に見えることから来ているようで、C++の次という意味でしょう。

GUIツール開発に適した開発環境

ドラゴンクエストXの開発環境では、Visual Studio上でC#を使用しています。この組み合わせがGUIツールの開発に適しています。マウスクリックに反応するボタンや、テキストを入力するパーツなどがあらかじめ豊富に用意されており、それらをGUIでレイアウトできるツールも用意されていて、必要なパーツを容易に配置できます。また、たとえばボタンが押された際の処理が容易に記述できます。以前であれば、GUIツールを作る際はそのあたりのコーディングに多くの時間が取られていたのですが、Visual Studio上のC#を使用することで、各ツール特有の機能のコーディングに注力できます。

C++プログラマーが書きやすいプログラミング言語

C#の構造はC++に近く、C++に慣れ親しんだプログラマーが書きやすい言語です。これは、主にC++を使用しているドラゴンクエストX開発コアチームには重要です。

C++とC#のツール実装の分担

開発スタッフ向けGUIツールは基本的にはC#で作りますが、一部はC++を併用しています。

たとえば3D空間のデータを表示して各種設定を行うツールなどでは、ツール上でゲーム画面を表示する部分に、C++で記述されたゲームクライアントのプログラムを流用します。そして主に、ツール専用のGUI部分をC#で開発するという実装分担にしています。

なお、ドラゴンクエストXのC++プログラムは、そのままではC#で使用できません。そのため、CLI（*Common Language Infrastructure*）というしくみを利用して、C#から利用できるようにしています。

そのほかのプログラミング言語 ―― 適材適所

ここまで解説した以外にも、多くのプログラミング言語を適材適所で使用しています。本項でそのいくつかを例示します。

9.2節で解説するOracle Exadataには、Oracle用の言語であるPL/SQLなどを使用しています。10.2節で解説するゲーム連動サービスサーバには、

Column

障害調査に便利なツール

障害調査などで筆者がテクニカルディレクターのときによく使用していたプログラミング言語は、bashシェルスクリプトです。

具体的にはその中で、grep、sed、awk、find、xargsおよび、リアルタイム調査ではtail -fといったツールを頻繁に使用していました。sortやuniqも便利ですね。

これらのツールはテキストで処理を記述し、その結果をパイプと呼ばれる方式でその右側に記述された処理へ渡せますので、複数のパイプを駆使することでだいたいのことがワンライナー、すなわち1行のプログラムでできます。そのため筆者は、障害調査などでは基本的にワンライナーで対応していました。ただし、長くなりすぎてわけがわからなくなり、最初からPerlあたりで複数行に分けてわかりやすく書けば良かったと後悔したことも、少なからずありますけれど。

Webで使用される主要な言語の一つであるJavaを使用しています。シェーダと呼ばれるグラフィックス処理の専用プログラミング言語には、Cg、HLSLおよびGLSLを使用しています。ExcelのマクロはVBAです。

サーバマシンで実施するちょっとしたプログラムでは、bashシェルスクリプトや、Ruby、Perlなどのスクリプトを使用します。ちょっとしたプログラムとは、ゲームサーバをまとめて起動したり、簡易的にサーバログ解析をするものです。これらは各担当者が短時間で対応できれば何でもよいので、統一はしていません。

3.6 プロトコル —— 通信方式

本節では、ドラゴンクエストXで使用しているプロトコルについて解説します。プロトコルとは通信方式、すなわち通信を介してデータをやりとりするための約束事です。

インターネットの通信は、パケットと呼ばれるひとまとまりのデータを送受信して行います。なお、ゲーム開発ではグラフィックス描画処理などでもパケットを使用しますが、本書で使用するパケットという用語は通信用に限定します。

パケットで送ることができるデータは数値のみですので、どの数値がどういう意味かをあらかじめ決めておきます。たとえば、先頭のデータが1の場合は「こうげき」で続くデータは対象キャラクター番号、先頭のデータが2の場合は「どうぐ」で続くデータは使用アイテム番号、その次に続くデータは対象キャラクター番号などです。送信側、受信側ともに、これらの約束に従い処理します。

ドラゴンクエストXのゲームクライアントとゲームサーバ間の通信および、ほぼすべてのゲームサーバ間通信はVceというプロトコルで行います。以降で詳しく解説していきます。

Vce —— オンラインゲーム用プロトコル

Vceは、スクウェア・エニックスの関連会社が開発したオンラインゲーム用プロトコルです。オンラインゲームの通信部分のプログラミングを簡易化するもので、MMORPGの開発にも向いています。

RPC形式 —— プロトコルを意識せずにコーディング可能

Vceは、RPC(*Remote Procedure Call*、遠隔手続き呼び出し)と呼ばれる形式のプロトコルです。これによりプログラマーは、プロトコルを意識せずに、通信しない場合と同様に、通信を伴う処理をコーディングできます。

内部的には、通信するそれぞれの処理に番号が対応付けられます。そしてたとえば、ゲームクライアントである処理が呼び出されると、その処理に対応する番号がゲームサーバに送信されます。ゲームサーバはその番号を受信し、対応する処理を実行します。Vceはこれらを自動的に行い、ツールも整備されていますので、プログラマーがVceを利用するときにその番号や実際に通信されるデータを意識する必要はありません。

ステートフル――状態を保持した継続通信

Vceはステートフルなプロトコルです。ステートフルとは、クライアント／サーバ型のオンラインゲームやオンラインサービスにおいて、サーバがクライアントの状態を保持するしくみです。毎回の通信ではその状態をあらためて送る必要がないため、継続通信の場合は通信量が必要最小限で済みます。MMORPGは、プレイヤーキャラクター移動時の座標情報などの小さい情報を高頻度でやりとりしますので、ステートフルであることは重要です。ステートフルにするためには、コネクション、すなわち接続された状態を確立し、維持する必要があります。

これに対してWebのプロトコルであるHTTP(*Hypertext Transfer Protocol*)とHTTPS (*Hypertext Transfer Protocol Secure*)は、ステートレスなプロトコルです。ステートレスでは、サーバはクライアントの状態を保持しません。そのためクライアントからのパケットの中に、必要な情報が毎回すべて含まれています。ステートレスはコネクションを維持しなくてもよいなどメリットが多いのですが、通信量が大きいためMMORPG向きとは言えません。

通信内容の保証――順番どおり確実な送受信

Vceでは、通信内容が順番を含めて保証されます。MMORPGは順番どおり確実に送受信されてほしい情報が少なくないため、通信内容が順番を含めて保証されていると開発しやすくなります。

Vceには、TCP(*Transmission Control Protocol*)とUDP(*User Datagram Protocol*)の実装があります。TCPとUDPは、それぞれインターネットで利用されているプロトコルです。仕様上、TCPは通信内容を保証しますが、UDPは保証しません。UDP実装版のVceは、Vceのプログラムで通信内容を保証しています。

現在ドラゴンクエストXではTCP版を使用していますので、結果的にはVceではなくTCPが通信内容を保証しています。開発の初期段階ではUDPを使用する可能性がありましたが、Vceはどちらの実装でも同じプログラムで使用できますので、TCPかUDPかの決定を待たずに開発を進められました。

低遅延――レスポンス重視

Vceは低遅延によるレスポンスの良さを重視しています。

たとえば一般的な動画配信は、再生ボタンを押してから実際に映像が開始するまでに数秒遅延しても、そのあとにスムーズな連続再生ができていれば問題ありません。動画配信の再生処理では、その最初の数秒間でバッファリング、すなわち先行してデータを受信し一定量を貯め込むしくみを

Column
インターネットは不具合だらけ

本節で解説したとおり、TCPの仕様上は通信内容を保証しています。具体的には、まず通信されるデータからチェックサムを計算して送信側でパケット内に記録します。チェックサムはデータ全体に対して一定の方式で計算して求められる数値です。そして受信側でもチェックサムを計算します。それが送信時のものと一致しなければデータが壊れたと判断して、パケットの再送を要求します。

理屈上はこれで問題なさそうですね。しかし、長くオンラインサービスに関わっている方であれば、パケットが壊れている状態を経験しているかもしれません。筆者も、『PlayOnline』のベータテスト開始直前だったと思いますが、検証環境において、インターネット経路上で頻繁に破損するTCP通信を経験しました。そのときは、パケットキャプチャ、すなわち実際のパケットのデータを取得して調べました。その結果、TCPのチェックサムは正しいのに、データが壊れていることが確認されたのです。どうやらある通信機器が、パケットの中身を破壊したあとに、ご丁寧にチェックサムを計算しなおして記録していたようです。そのため、壊れているのに壊れていないパケットとして扱われていました。

今の通信は、パケットが届くまでに多数の通信機器を経由します。それらの中には、パケットを中継するために内容を書き換えて、チェックサムの再計算を行うものがあります。これ自体は正しいしくみですが、通信機器に不具合があると、パケットが壊れてしまう状態になることもあるのだと思います。

筆者たちはこの経験を活かし、インターネットには不具合がある前提で物事を進めています。具体的には、パケットの破損を自分たちで検知する処理を入れたり、不具合でたまたまうまく動いていただけの可能性を常に考慮するなどです。

ドラゴンクエストXの正式サービス開始後にも、インターネットの経路の一部でパケットが破損する障害が発生していたことがありました。ここまで大規模な障害はめったにありませんが、個別の通信環境の問題と思われる通信データの破損検知報告は、普段からときどきあります。やはり、不具合を考慮はしておくべきだと思います。

用いて、再生開始後はスムーズな連続再生を行えるようにしています。

しかしオンラインゲームで操作ごとに数秒遅延するのは問題です。そのためVceでは、受信したパケットをバッファリングせず逐次処理し、低遅延で動作させてレスポンスを良くしています。

また、送信においても低遅延にこだわっています。これはVceと直接は関係ありませんが、たとえばTCPには、一定時間内の小さなパケットをまとめることで、送受信するパケット数を減らして効率化するNagleアルゴリズムというしくみがあります。しかし、このしくみはバッファリングと同様に遅延を伴いますので、ドラゴンクエストXのゲームサーバではそれを無効にする設定をしています。

安定した通信環境が必要 —— MMORPGで要求される通信環境の厳しさ

Vceにはデメリットと言える面もあります。

Vceは数多くのパケットすべての送受信に、低遅延で成功し続けなければなりません。そのため、安定した通信環境が要求されます。通信環境は回線速度で表されることが多いですが、安定しているかどうかは別です。

たとえば毎秒30Kビットを安定して通信している環境と、無通信の1秒と60Kビットを通信する1秒が交互にある環境の回線速度は、どちらも30Kbpsです。後者の不安定な通信環境でも1秒以上バッファリングしていれば、コンスタントに30Kbpsで処理できます。しかし、Vceはバッファリングしませんので、後者の不安定な通信環境では、パケットを処理するタイミングが不安定になります。

これはVceのデメリットとも言えますが、MMORPGで要求される通信環境が厳しいとも言えます。

3.7 リソースデータ —— ゲームに必要な各種データ

本節ではリソースデータについて解説します。

ゲームにはリソースデータが各種必要です。リソースデータを大きく分類すると、デザイナーが作るグラフィックリソース、ムービーやサウンドの担当者が作るムービーデータやサウンドリソース、主にシナリオ担当者が作るテキストデータ、主にプランナーが作るパラメータデータがあります。以降で順に解説していきます。

グラフィックリソース —— ゲーム画面の絵素材

グラフィックリソースは、ゲーム画面を構成する絵素材となるものです。

ドラゴンクエストXはプレイヤーが、ゲームクライアントを家庭用ゲーム機やパソコンにインストールしてからプレイしますが、そこでインストールされるデータの大部分が、このグラフィックリソースです。

インストールされたデータは、ゲームクライアントがゲームサーバと通信せずに使用できます。たとえばあるモンスターが画面に出ている状況では、ゲームクライアントはゲームサーバから送信されたモンスターの種類や座標、方向などを数値として受信します。しかし、モンスターのグラフィックリソースはゲームサーバから送信されません。ゲームクライアントはインストールされているグラフィックリソースから該当モンスターのものを読み込み、座標と方向に基づいて画像を生成して画面表示を行います。

グラフィックリソースの詳細や制作方法については、第6章で解説します。

ムービーデータ —— ストリーミング動画データ

ムービーデータは2.3節で解説したムービーのデータで、ゲームクライアントにインストールされます。圧縮された映像を伸張しながら再生するストリーミング形式の動画データです。

圧縮とはデータのサイズを小さくすることで、伸張とは圧縮されたデータをもとに戻すことです。たとえば動画では、画面上で変化のない部分の情報を削除することでデータのサイズを小さくできます。

1ムービー1ファイルですが、シーンによっては複数のムービーをつなげる場合もありますので、必ずしもシーン数とは一致しません。

サウンドリソース —— BGMとSEのデータ

サウンドリソースにはBGMとSEのデータがあり、ゲームクライアントにインストールされます。

ドラゴンクエストXのBGMはストリーミング形式で再生されます。すなわち、圧縮された音情報を逐次伸張しながら再生する方式で、1曲1ファイルです。

SEは音源に音階、音量、音の長さを指定する形で再生しています。これは本来であれば曲を作るための組み合わせです。たとえばピアノ音源にドレミの音階を付けてメロディーを作り、音量の強弱で抑揚を付けて演奏させます。しかしドラゴンクエストXでは、いろいろな音源にさまざまな変化を付ける形でSEを作っています。これは職人技です。正直筆者は、何をどう組み合わせたらあの特徴的な、移動時の音や呪文発動時の音など、いろいろなSEができるのか不思議に思っています。わかっているのは、SEには音源を表現する波形データと、音階などを表す譜面データがセットで必要なことです。なお、波形データは複数のSEで共用する場合が多いです。譜面データは1SEにつき1つです。

テキストデータ —— セリフや名称のデータ

テキストデータは、NPCのセリフや、アイテムやモンスターの名称などが含まれるデータです。

テキストデータの一部は、ゲームクライアントにインストールされます。しかし、たとえばストーリーのネタバレを防ぐために、ゲームサーバのみに存在しているものもあります。

ネタバレはできるだけしたくないが、使用する際に通信を挟みたくないテキストデータについては、難読化してゲームクライアントにインストールされています。難読化とは、データを変換して簡単には読めないようにすることです。

パラメータデータ —— 多岐にわたる変更が可能なデータ

パラメータデータは、ゲームロジックに使用する各種パラメータのデータであり、原則としてゲームサーバで使用します。ただし、操作に対するレスポンスを早くするために、ゲームクライアントにインストールされるものもあります。また、ゲームDBでも使用可能にしてあります。

パラメータの内容の主なものは、プレイヤーキャラクターやモンスターの戦闘時のつよさなどを数値化したものです。さらにドラゴンクエストXでは、パラメータデータのみで多岐にわたる変更ができます。たとえばモンスターの行動パターンの指定や、「つかう」とランダムな何かに変化するアイテムの設定などが行えます。これらを行うためにはプログラムやスクリプトの変更が必要なゲームが多いと思いますが、ドラゴンクエストXではパラメータの変更のみで行えます。そのため、プランナーによる迅速な試行錯誤ができます。

パラメータデータはExcelで制作し、ゲームサーバなどで扱いやすい形式に変換して使用しています。できることが多い分、その中身は膨大かつ複雑なため、Excelのみならずそのデータに精通している熟練のプランナーが担当することが多いです。

3.8 まとめ

本章では技術解説の最初として、まずゲームが動作するコンピュータの基本を解説をしました。そしてドラゴンクエストXのアーキテクチャとして、クライアント／サーバ型オンラインゲームおよびクラウド版の構成要素を解説し、そのあと、使用しているプログラミング言語やプロトコル、リソースデータについて解説しました。

本章のコンピュータやプログラミング言語に関する基本的な解説は、筆者のこだわりで入れさせていただきました。以降も専門用語にはすべて解説を入れ、複数箇所に登場する用語は索引にも載せています。これらにより技術に詳しくなくても理解できる内容にしているつもりですので、できるだけ多くの方に最後まで読み進めていただきたいです。

第4章 開発と検証

並走する
追加と保守のサイクル

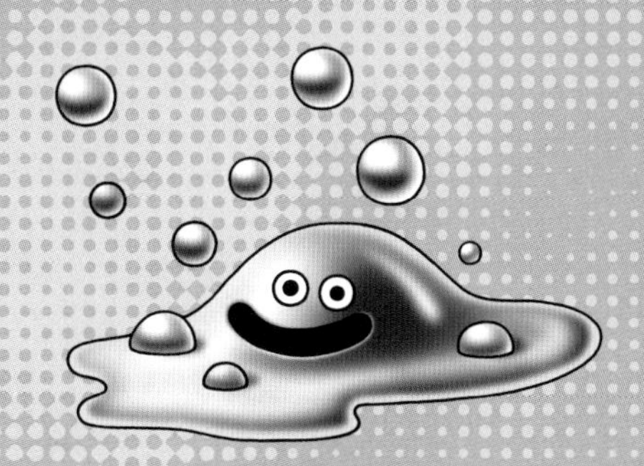

ドラゴンクエストXにおいて開発とは、新規コンテンツの追加および、既存コンテンツの保守のために、プログラムやリソースデータを制作し、改修することを指します。そして検証とは、実際にゲームをテストプレイするなどして確認することを指します。

本章では、ドラゴンクエストXではどのようなサイクルで開発、検証し、どのように並走させ、継続的にリリース版を完成させているのかを解説します。

4.1 ドラゴンクエストXに求められる追加と保守の並走

ドラゴンクエストXでは、各バージョンのリリース版を完成させるまでをそれぞれの区切りとして開発し、検証を進めます。

ドラゴンクエストX開発コアチームは、新規コンテンツの追加と既存コンテンツの保守を並走させています。また、検証環境は、それぞれに適したものを並走させています。

これらの並走は、オンラインに非対応で、一度のリリースで完了するゲーム開発では不要なものです。つまり、更新し続けるオンラインゲーム開発の特徴と言えます。プログラマーとしてオンラインゲーム開発をする場合、通信関連のプログラミングができるかどうかが重要視されると思います。たしかにそれは重要ですが、既存コンテンツの保守ができるか、保守と新規コンテンツの追加を並走させられるかといった、周辺にある部分はさらに重要です。

4.2 開発と検証のサイクル

本節では開発と検証のサイクルについて解説します。

新規コンテンツの追加は、開発、検証を経てリリースされることで行われます。そして新規コンテンツはリリース後に既存コンテンツとなり、既存コンテンツの保守は継続的に開発、検証、リリースされることで行われます。そのサイクルを**図4.1**に示します。コンテンツによっては、図の一部を省略することもあります。

以降では、新規コンテンツの追加における開発と検証、リリース、既存コンテンツの保守における開発と検証の流れについて順に解説します。

新規コンテンツ追加の流れ

本項では、図4.1の新規コンテンツの追加における、開発開始から、リリース前の検証までの流れを解説します。

図4.1 開発と検証のサイクル

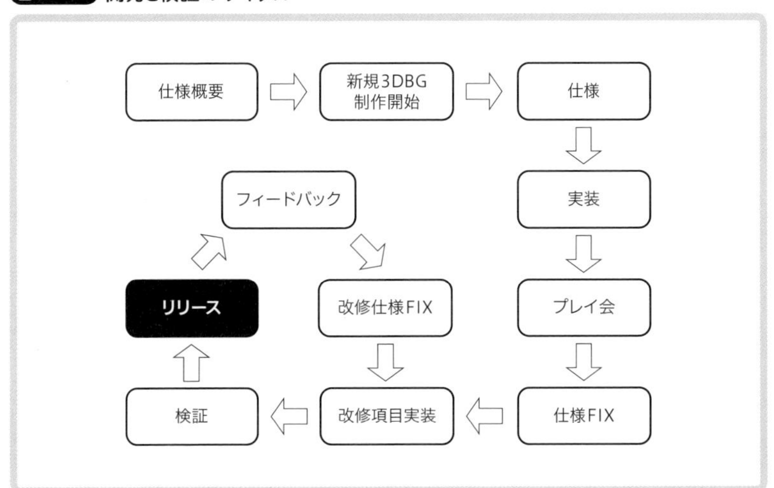

仕様概要の作成 —— 実装の開始を可能に

まず、仕様の概要を作成し、実装が開始できる状態にします。ここで、ストーリーや遊びの概要が決まります。

仕様概要の作成は、一般的なゲーム開発ではプランナー主導で行われます。しかしドラゴンクエストXの開発コアチームにおいては、ストーリーが主体のコンテンツはシナリオセクション主導で行います。それ以外の各種コンテンツは、通常のゲーム開発と同様にプランナーセクション主導で行います。

なお、この仕様概要を作成する段階で、キャラクターや3DBGなど制作に必要なものは、概要レベルで決めておきます。

新規3DBGの制作開始 —— 最も時間がかかる舞台制作

全開発工程の中で最も時間がかかるのが、3DBG、つまり冒険の舞台となる世界の新規制作です。

そのため新規3DBGが必要な場合は早期に担当デザイナーが参加して、地形、建造物、空、動植物などを空気感を含めて設計し、制作を開始します。

既存の場所でそのまま行われるコンテンツでは、この作業はありません。

仕様の作成 —— プレイヤー視点の遊び方

仕様概要をもとに、プランナーが実装に必要な仕様を作成します。

ゲーム業界における仕様は、プレイヤー視点の遊び方です。メニューシーケンスなどは詳細に作成しますが、あくまでもプレイヤー視点の遊び方として記述されています。そのため、そのままプログラマーがコーディングできる情報ではありません。

実装 —— 開発作業の中心

開発作業の中心となるのが実装です。

プログラマーは仕様を受けてプログラミングします。仕様で規定されていないコーディングに必要な情報は担当プログラマーが補い、コーディングを進めます。技術的な制約がある場合は、仕様担当プランナーと調整しつつ、コンテンツの目的を達成できる範囲で仕様変更を行います。コンテンツの目的とは、プレイヤーにどう遊んでいただくか、楽しんでいただくかです。技術的な制約は、新技術を導入することで乗り越える場合もあります。

デザイナーは、仕様を受けて各種グラフィックリソースを制作します。こちらも、仕様で規定されていない実装に必要な情報は担当デザイナーが補います。技術的な制約がある場合は、実装担当デザイナーと仕様担当プランナーで調整します。実装できる情報が整えば、キャラクターやメニューは制作に入ります。しかしたとえばカットシーンは、キャラクターや3DBGを使用して制作しますので、それがそろってから作業を開始します。それぞれのグラフィックリソース制作について詳しくは、第6章で解説します。

プランナーは、プログラマーやデザイナーと調整しつつ、自らもスクリプト記述やパラメータ設定などの実作業を行います。

プレイ会の実施 —— 開発スタッフによるテストプレイ

メインストーリーなど大規模なコンテンツは、ある程度完成したタイミングで、丸1日かけて大人数でテストプレイを行います。開発コアチームのスタッフを中心に、対象となるコンテンツを担当しているかどうかにかかわらず、多くの関係者が参加します。これは全体プレイ会、もしくは遊ぼう会と呼んでいます。参加者は一通りテストプレイをしたら、感想や要望を提出します。

小規模なコンテンツでも、規模に応じたプレイ会を実施します。そこでテストプレイをするのは、ディレクターとそのコンテンツの担当者です。

仕様FIX —— 残りの改修項目の洗い出し

プレイ会で集められた感想や要望を担当スタッフとディレクターが検討して、改修すべき項目を洗い出してまとめ、決定します。これが仕様FIXです。

この洗い出しとまとめは量が多いので大変です。従来はツールとしてはExcelを使用していましたが、そののちは専用ツールを制作して効率化しています。

改修項目は、残り作業時間と対応に要する作業工数を考慮して決めています。この仕様FIXで、仕様側からの改修項目の追加は完了となります。

一般的なゲーム開発では、プレイ会を実施して改修する時間はなかなか取れていないかもしれません。しかしドラゴンクエストXでは、この時間を重視しています。さまざまなスタッフから意見を集めてクオリティを一定以上に保ち、できるだけ幅広い層のお客さまに満足していただけるよう工夫しています。

改修項目の実装 ―― ディレクターの要望への対応も

改修項目が決定したら、その実装を行います。

また、ドラゴンクエストXではここをディレクターからの要望対応期間としています。仕様FIX後の仕様変更は原則なしですが、ディレクターが修正必須と判断した件に関しては仕様変更を含めて対応します。

締め切り直前ですので、実装担当者は改修リスクを考慮しなければなりません。改修リスクが高い場合はテクニカルディレクターとも検討し、改修を中止したり、コンテンツのリリースを次回に遅らせたりする場合もあります。

検証 ―― 品質管理チームによるテストプレイ

ドラゴンクエストX開発コアチームとして完成の状態になると、品質管理チームの検証が始まります。実際には開発途中から検証していますが、いったん完成の状態になってから本格化します。

検証は、プレイヤーの環境をできるだけ再現し、プレイヤーに近い状況で行います。全ゲームクライアントプラットフォームでテストプレイを行い、通信の速度を遅くする機材や、パソコンの性能差による不具合を確認するための機材も活用しています。

しかし、プレイヤーの環境は千差万別で、たとえば通信速度の若干の違いが不具合に結び付く場合もあり、これで全環境の検証をしているとはとても言えません。また、ドラゴンクエストXはできることが多いため、通常のテストプレイだけでは全パターンを網羅できません。そのため、品質管理スタッフは意図的に、このタイミングで回線を切断してみる、この状況でボタンを連打してみるといった、不具合の出そうなプレイを行います。これらはパターン化されたものもありますが、コンテンツしだいのところが多く、各品質管理スタッフのセンスが必要な場合もあります。

検証で発覚した不具合や、問題のある仕様は、ドラゴンクエストX開発コアチームが随時検討し修正します。これをしばらく繰り返します。

なお、ドラゴンクエストXではこの作業効率を上げるため、Redmineという BTS(*Bug Tracking System*、バグ管理システム)を使用しています。BTSは、バグ、すなわち不具合をチケット化して、修正完了まで管理するシステムです。各不具合に関する情報、たとえば症状や担当者などはすべて、対応するRedmineのチケットに集約しています。

また、このタイミングで負荷検証も行います。こちらは品質管理チームではなくプログラマーが実施しています。擬似的なゲームクライアントを多数接続し、大量のプレイヤーキャラクターをログインさせて自動的に動かします。そして、CPUやパケット量などの情報を継続的に取得して、急増しているパラメータがないかを確認します。

リリースの流れ

検証が終わるとリリースです。本項では、図4.1のリリース部分の流れを解説します。

リリース版の完成

社内の検証が終わり修正すべき不具合がなくなったら、Windows版はリリース版の完成です。Windows版以外は、プラットフォーマーへ提出します。

ゲームクライアントについては、Wii U版、Nintendo Switch版は任天堂へ、PlayStation 4版はソニー・インタラクティブエンタテインメントへ提出します。また、第10章で解説する「冒険者のおでかけ超便利ツール」については、iOS版をAppleへ、Android版をGoogleへ、ニンテンドー3DS版を任天堂へ提出します。

プラットフォーマーの審査でリジェクト、すなわち却下された場合は、急いで作りなおして再提出し、再び審査を受けます。プラットフォーマーに承認されれば、ついにリリース版の完成です。オンラインゲームでは、各バージョンのリリース版の完成がマスタアップです。

製品サービス環境へのリリース

マスタアップしたリリース版は、製品サービス環境へリリースされます。

これについては詳細な手順を、11.2節で解説します。リリース後は、ドラゴンクエストXのプレイヤーが新規コンテンツをプレイできるようになります。

既存コンテンツ保守の流れ

本項では、図4.1のリリース後に行われる、既存コンテンツの保守における開発と検証の流れを解説します。

各コンテンツのリリース後は、お客さまからのフィードバックを受けて、継続的な改修のための開発と検証を行います。

なお、お客さまからいただくご意見、ご要望、不具合報告を開発コアチームへフィードバックする流れについては、第11章で解説します。

改修仕様FIX ―― フィードバックに基づく改修項目の決定

リリース後のフィードバックに基づき改修項目を決定します。これが改修仕様FIXです。

リリース後の改修には注意が必要です。ドラゴンクエストXの多くのお客さまから要望が来ていたとしても、もっと多くのお客さまが現状のままのほうが良いと考えているかもしれません。

たとえば、ゲームコントローラのLボタンとRボタンが視点変更機能だった状態から、要望が多かったためにLボタンを決定機能に変更したことがあります。すると今度は、もとの仕様が良かったという要望を多数いただきました。このケースでは一度もとに戻したうえで、プレイヤー側で選択できるようにオプション化しました。

戦闘のバランス調整も同様です。ドラゴンクエストXのお客さまから強すぎる／弱すぎるという意見は多くいただきます。遊び方に直結するところですので、バランス調整に対するお客さまの反響は比較的大きいものになります。それでも、原則としてリリース後にバランス変更は行いません。しかしどうしても必要と開発側で判断した場合は、きちんと告知して変更を実施します。

改修項目の実装 ―― 暫定修正を行う場合も

決定した改修項目に従い実装します。

基本的にはリリース前と同様ですが、不具合で早急に修正すべきだが根本修正を行うと影響範囲が大きすぎる場合、それを限定するために暫定修正を行う場合があります。

根本修正と暫定修正について詳しくは、次節で解説します。

改修の影響範囲の検証 ―― 影響範囲に限定したテストプレイ

リリース後の改修に対する品質管理チームによる検証は、その影響範囲に限定してテストプレイを行います。

もし変更が根本部分に及ぶ場合は、影響範囲が広いため、時間をかけて全体検証を実施する必要があります。そのため、前述の改修仕様FIXの段階で、影響範囲を考慮して改修すべきかどうかの判断を行います。

4.3 追加と保守の並走体制

本節では、新規コンテンツの追加と既存コンテンツの保守を並走させている体制について解説します。

ドラゴンクエストXではサービス開始以降、既存コンテンツを保守しつつ、継続的に新しいコンテンツを追加しています。

以降ではその組織体制および、バージョン番号との関連性、並走することで発生する問題を減らすための各種工夫を順に解説していきます。

追加と保守は同じチーム

ドラゴンクエストXの開発コアチームは、追加と保守の両方を担当しています。つまり、追加と保守でチームが分かれてはいません。

これには一長一短があります。同一スタッフが担当することで各コンテンツはより良質になりますが、保守に引っ張られて追加が遅れ、新規コンテンツのリリーススケジュールを調整しなければならないケースもあります。

バージョン番号から見る追加と保守

ドラゴンクエストXのバージョン番号は、**図4.2**のように3つの数値と1つのアルファベットから成ります。図の4.1.3cは、2018年4月20日時点のバージョンです。以降でその意味を解説し、追加と保守の関係を見ていきます。

1つ目の数値 ―― 追加パッケージのバージョン

1つ目の数値は、パッケージおよび追加パッケージのバージョン番号です。正式サービス開始時点での数値は1でした。そのあと1～2年に一度、追加パッケージをリリースし、バージョン4『5000年の旅路　遥かなる故郷へ』は2017年11月16日にリリースされました。そのタイミングでこの1つ目の数値が4になっています。

追加パッケージのタイミングでは、新展開のストーリーが開始するなど、大きな区切りとなります。

2つ目の数値 ―― 新規コンテンツ追加のメジャーバージョン

2つ目の数値は、数ヵ月に一度のメジャーバージョンのアップデートタ

図4.2 ドラゴンクエストXのバージョン番号の内訳

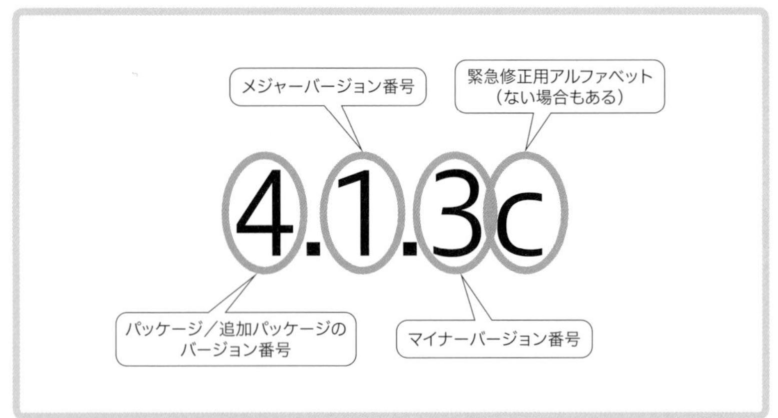

イミングで更新しています。バージョン4.1は2018年2月21日にリリースされました。

このタイミングでは、ストーリーや大きめの新規コンテンツの追加が行われます。

3つ目の数値 —— 既存コンテンツ保守のマイナーバージョン

3つ目の数値は、1週間から数週間ごとのマイナーバージョンのアップデートタイミングで更新しています。バージョン4.1.3は2018年4月12日にリリースされました。

マイナーバージョンでは既存コンテンツの保守、より具体的には不具合の修正と機能開放が行われます。

バージョン4.1.3は、「聖守護者の闘戦記」というコンテンツが開始したタイミングでした。つまり、プレイヤー視点では追加に見えます。しかしこのコンテンツは、メジャーバージョンである4.1の時点で、その機能を無効にした状態でリリースしていました。そして、そのあとの検証で発覚した不具合を修正し、4.1.3のタイミングで機能開放しています。そのためこれは、お客さまからのフィードバックはない段階ですが、内部的には既存コンテンツの保守として扱っています。

アルファベット —— 既存コンテンツの緊急修正

アルファベットは、不具合の修正など、緊急修正をしたタイミングで更新しています。最初はアルファベットなしとし、アルファベットが付くケースには、リリース前に発覚した不具合の緊急修正と、リリース後に発覚した不具合の緊急修正とがあります。

リリース版が完成したあと、リリース前に問題が発覚しても、原則として緊急修正は行わず、対応は次回以降のタイミングにまわします。たとえば4.1.2はアルファベットがありませんでしたので、リリース前に発覚した不具合の緊急修正はありませんでした。しかしバージョン4.1.3は最初から4.1.3aでしたので、リリース前に発覚した不具合の緊急修正を1回行っていることがわかります。

リリース後に発覚した不具合の緊急修正の例としては、2018年4月12日に4.1.3aをリリースしたあと、8日後の4月20日にリリースした4.1.3cがあります。これは図4.2の例に使用したバージョンですが、このバージョン番号遷移から裏のバタバタが読み取れます。

まず、4.1.3aリリース直後に大きな不具合が発覚し、急いで4.1.3bを作りました。しかし4.1.3bのリリース前の検証で問題が発覚したため、さらに緊急修正を行い4.1.3cを作成しました。その検証は問題がなかったため、4.1.3aリリース後に発覚した不具合の緊急修正版として、4.1.3cをリリースしました。

並走バージョン管理

ここから、本節の本題である追加と保守の各バージョンの並走管理について解説します。

追加用のTrunkと保守用のMasterの並走

ドラゴンクエストX開発コアチームでは、**図4.3**のようにTrunkとMasterという2種類のバージョンを管理し、並走させています。

図4.3 TrunkとMaster

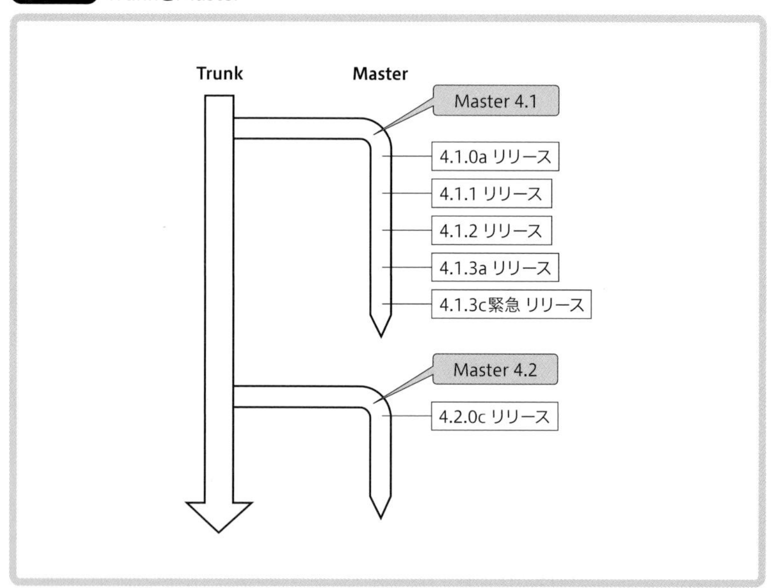

ドラゴンクエストX開発コアチームでは、Subversionというバージョン管理ツールを使用しています。バージョン管理ツールはファイルの変更履歴を管理するツールで、特に複数人での開発に有用です。

Column

バージョン管理ツールあれこれ

本書のもとになった『WEB+DB PRESS Vol.90』の特集の反響の中で、最も多いと感じた、そして意外だったのが、バージョン管理ツールについてでした。具体的には「Gitじゃないのか」という反応ですね。

Subversionを採用した理由は、単純に開発初期時点の主要バージョン管理ツールだったからです。実は『WEB+DB PRESS Vol.90』の特集へ寄稿した時点で、すでにプログラマーは各自でGitやMercurialなどを導入して併用していました。これらはSubversionと共存できますし、特にGitはブランチ管理がしやすく、筆者個人で使用している感触としても、良いバージョン管理ツールだと思います。

ただし、ドラゴンクエストX開発コアチーム全体でブランチを管理する場合には、プログラムだけでなく、スクリプトや、各種リソースデータのブランチ管理も必要になります。たとえば、リソースデータのブランチ切り替えを、単純にgit checkoutで実施すると、規模が大きいために、ある程度ハイスペックなマシンでも数時間かかります。つまり、気軽に作業環境を変更できず、Gitのメリットをあまり活かせません。ここについてSubversionが優れているということはなく、同様にsvn swに時間がかかりすぎる問題を抱えています。その問題を解決できないのであれば、Gitに変更するのは費用対効果が悪いです。

実は、ゲーム業界で使用されているバージョン管理ツールには、大量のリソースデータを含めたブランチ操作の時間を、ある程度短縮できるPerforceというものがあります。そのため、ドラゴンクエストX開発コアチームはSubversionからPerforceへの移行を検討しました。移行が完了すれば良い環境になることは予想できたのですが、移行中はどうしても開発が遅くなるなど、デメリットが大きすぎて断念しました。

現在は、Subversion管理を前提とした各種専用ツールが整備され、普段の作業ではSubversionによるリソースデータのブランチ切り替えは不要です。つまり、Perforceへ移行するメリットが少なくなりました。そのため、全体として使用するバージョン管理ツールはSubversionを継続しつつ、リソースデータ管理にはこれら専用ツールを使用しています。

Subversionでは、主に作業を行う本流のことをTrunkと呼ぶところから、ドラゴンクエストX開発コアチームでも主に作業しているバージョンをTrunkと呼んでいます。ここでは、主にコンテンツの追加が行われます。対象となるバージョンは、前述の追加パッケージおよびメジャーバージョンです。

そして、ゲーム業界では納品する最終版をマスタと呼ぶところから、ドラゴンクエストX開発コアチームはリリース用バージョンをMasterと呼んでいます。Materは各メジャーバージョンのリリース直前でTrunkからブランチ、すなわち枝分かれさせて作成しますので、Masterブランチとも呼びます。ここでは保守が行われます。対象となるバージョンは、前述のマイナーバージョンおよび、緊急修正対応です。

なお、処理時間短縮などのために、ドラゴンクエストXではリポジトリを複数に分割しています。リポジトリとは、バージョン管理用の情報を保存する場所のことです。プログラム用リポジトリ、スクリプト用リポジトリ、リソースデータ用リポジトリなどがあります。そして、それぞれのリポジトリに、TrunkとMasterがあります。

普段の開発はTrunkで管理

前述のようにTrunkが本流です。そのためドラゴンクエストXの普段の開発作業は、ほぼTrunk上で行われています。次のメジャーバージョン用の実装を中心に、その先に向けた実装もTrunkで行います。

リリースはMasterで管理

そして、リリースはMasterで管理します。具体的には、毎回のメジャーバージョンのアップデート直前に、たとえばバージョン4.2向けであれば、

```
# svn cp trunk branches/Master4_2
```

などとしてそのときのTrunkの最新版を複製し、Masterブランチとして枝分かれさせます。

そのあと、リリース版を作成するための環境を、直前のバージョン4.1から、今回の4.2に切り替えます。この作業は変更のあったファイルすべてをSubversionの処理で更新するものですが、数時間から十数時間かかります。

また、それと並行して、各種Master用ツールの設定を4.1から4.2へ切り替えます。Subvesionの処理については完了を待つのみで特に手を動かす作業があるわけではないのですが、以前にこの処理中に、規模が大きすぎることに起因するエラーでSubversionが停止したことがありました。現在は同じ問題が再発しないようにはしていますが、目は離せません。

なお、これらの作業の間で不整合が発生しないように、完了するまで全スタッフの更新作業を禁止しています。

Masterブランチが完成したら、検証を実施します。Trunkで十分検証してからMasterブランチの作成を行っていますが、念のためリリース直前の最終検証を行います。そこで不具合が見つかった場合は、Trunkとは切り離してMaster側でのみ修正します。

リリース後も図4.3のように、マイナーバージョンなどのアップデートをMaster側で行います。

修正ポリシーの違い

TrunkとMasterでは修正のポリシーを変えています。ここでは、両者の違いについて解説します。

Trunkの修正は根本、Masterの修正は暫定

ドラゴンクエストXは、本書執筆時点ですでに6年以上サービスを継続していますが、サービス開始当初から10年以上続けたいと考えて運営しています。そのため、たとえば不具合に対して臭いものに蓋をする形でその場しのぎの対応を行うと、あとあとの改修で蓋が外れて不具合が表面化する可能性があります。そこで、不具合の修正は根本から行うポリシーで進めています。ただし、それはTrunkの話です。

Masterでは、気付いていなかった別の不具合が表面化して問題が発生しないように、できるだけ影響範囲を小さくする暫定的な修正を行います。

具体例で解説します。たとえば「あるアイコン画像が正しく表示されない」という不具合があり、その原因が「その画像ファイルの読み込みが完了する前に表示している」だとします。実際に似た事例がありました。

正しく表示されない不具合を含む仮想Luaソースコード

```
readItemIconFile(ItemNo) -- アイコン画像ファイルの読み込み開始
displayItemIcon(ItemNo)  -- アイコン画像の表示
```

これを根本からきちんとなおすには、ファイルの読み込みを待つ必要があります。

Trunkで根本修正された仮想Luaソースコード

```
readItemIconFile(ItemNo)        -- アイコン画像ファイルの読み込み開始
waitItemIconFileRead(ItemNo) -- ファイル読み込み終了まで待つ
displayItemIcon(ItemNo)         -- アイコン画像の表示
```

Trunkの修正としてはこれで問題ありません。しかし、Master修正の場合はリスキーです。もしかすると、waitItemIconFileReadの中でファイルの読み込みの完了をうまく検知できず永遠に待ってしまい、その次の処理に進まない不具合が潜んでいるかもしれません。その場合、「あるアイコン画像が正しく表示されない」だけだった不具合が、「ゲームが進行しなくなってしまう」という不具合に変わります。あくまでも気付いていない不具合が潜んでいた場合の話ですが、万が一でもそうなってしまったら改悪です。

ドラゴンクエストXはいろいろなことを行えるゲームですので、全パターンを短時間で洗い出すことは不可能です。このケースでは、十分な検証時間が取れるTrunkはともかく、Masterでは次のように1秒待つくらいが妥当でしょう。

Masterで暫定修正された仮想Luaソースコード

```
readItemIconFile(ItemNo) -- アイコン画像ファイルの読み込み開始
waitSecond(1)            -- 1秒待つ
displayItemIcon(ItemNo)  -- アイコン画像の表示
```

もちろんwaitSecondに不具合がないとは言えませんが、ファイルの読み込み完了を永遠に待ち続ける処理よりは安全そうです。読み込みが1秒以内に収まらない場合はなおっていませんが、改悪にならないことがMasterでの修正の最低条件です。

加えてMaster側の改修は、想定外の改修が混入しないよう、差分が最小になるように各種チェックを行っています。まずソースコードの差分チェックは必須です。そしてリソースデータであれば最低限サイズの変化を、パラメータデータであれば専用の比較ツールで数値の差分を確認します。

こうすることで、本来入れるべきではない修正が混入するなどの想定外の事態を極力減らしています。

Masterの修正はテクニカルディレクターを通す

ドラゴンクエストXでは、Masterを修正するにはテクニカルディレクターの承認を必要としています。

昔の話になりますが、家庭用ゲーム機向けゲームのマスタアップは緊張しました。今は、大きな不具合を残してマスタアップしてもネットワークを通して修正できますが、昔はゲームを全回収することになり大損害でした。そのため、マスタアップ直前の修正はできるだけしない、修正する場合も可能な限り慎重に実施していました。

ベテラン陣にはこの感覚は自然ですが、若手を含む全員でこの緊張感を共有することは難しいものです。実際、ドラゴンクエストXの正式サービス前のベータテスト時にMasterで不適切な改修が行われ、大きな改悪になったケースがありました。

開発スタッフは担当箇所で不具合が発見されると、早急に修正したい気持ちになります。しかし、ミスはどうしてもゼロにはできないので、Masterに反映したい場合はテクニカルディレクターの承認が必要としました。

承認が必要なのはプログラマーだけに限りません。シナリオ、プランナー、デザイナー、サウンド担当者なども含めて全員にこのルールに従ってもらっています。ここに関しては、ディレクターもテクニカルディレクターの判断を尊重しています。

Masterに反映したいスタッフは、不具合なら原因と修正方法、リスクなどを説明します。以前テクニカルディレクターだった筆者の判断基準としては、開発スタッフが筆者に説明するという時点でハードルが高いと思うので、一生懸命説明に来ているなら、基本的には許可していました。

ただし、筆者の直観が「やばい」と訴えてきたら話は別です。たとえば、前述のソースコードを見ると筆者は「やばい」と感じます。説明している開発スタッフが自信満々の場合も「やばい」と感じます。自信満々の場合は見えている範囲が狭く、考察が不足している場合が多いです。このような合理的な説明ができない場合もありますが、直観は経験からくる有益な情報だと考えていますので、明確なリスクがなさそうでも、軽視せず慎重に判断しています。

改修ミスの自動検知

ドラゴンクエストXでは継続的に追加と保守をしているため、新規コンテンツのために入れた改修が、リリース済みのコンテンツに影響を与える場合があります。たとえば何かのパラメータが変わってしまうなど、意図しない変更は大問題につながります。

それを防ぐため、改修ミスの自動検知、およびメールによる通知のしくみがあります。本項でその一部を解説しますが、検知対象は随時増やしています。

不審な変更検知メール

ドラゴンクエストXのサービス開始後に導入したしくみに、不審な変更検知メールがあります。すでにリリースされている項目が変更された場合、たとえば装備品のパラメータ変化などを検知した場合には、そのファイルの最終更新者および担当者にメールが送信されます。

リリース後にゲーム性に関わる部分を改修することは原則としてありません。そのため変更がある場合は原則として検知メールを送信します。意図的な改修の場合は例外設定をして検知対象から除外します。

ネタバレワード検知メール

開発時は将来リリースするコンテンツも含めて開発しています。ネタバレワード検知メールは、そこに使用されている文言をリリースしないためのしくみです。

具体的には、ネタバレワードとして登録された単語を毎朝検索します。検索にヒットした場合は対象ファイルの最終更新者および担当者へメールを送信します。ゲームクライアントが解析されることを考慮し、ゲーム内で使用されるかどうかにかかわらず、単純に文字列がリリース対象に含まれるかを見ています。

ドラゴンクエストXのテキストデータはメジャーバージョンごとに管理され、ネタバレワードもメジャーバージョンごとに登録して、検索しています。たとえば、ドラゴンクエストXのゲーム世界には「戦士」「魔法使い」といった職業があります。バージョン4.0で「天地雷鳴士(てんちらいめいし)」が追加されましたが、公式に発表するまで存在は秘密でした。そのため、**図4.4**のようにバージョン4.0より前のメジャーバージョンに「天地雷鳴士」をネタバレワード

図4.4 ネタバレワード検知メールのしくみ

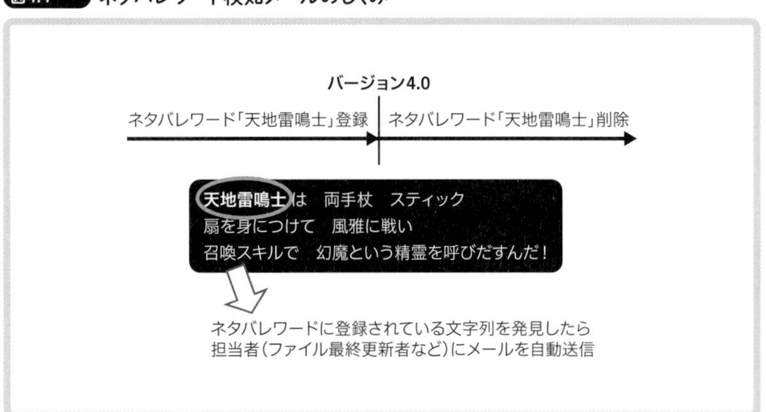

Column

メール送信後もフットワークは軽く、粘り強く

ほとんどの単純な改修ミスは、本節に記載の、改修ミスの自動検知のメールで解決します。しかしまれに、ミスへの対応が行われないことがあります。

多くのプログラマーはおそらく、ミス自動検知メールが正しく送信できていれば、自分の仕事は完了と思うのではないでしょうか。しかし、ドラゴンクエストX開発コアチームでミス検知を担当しているプログラマーは、検知されたあと、対応状況を追いかけます。対応されない場合は担当スタッフと直接話をして、修正されるまで見届けます。フットワークは軽く、しかし粘り強く動いています。

これは本来、ミスしたのに対応していない担当者の問題ですし、指導すべきはその上長です。そのため対応状況を追いかけることは、プログラマーの枠を越える業務内容とも言えます。しかし、直接話すことで、問題の担当者はその重要さに気付けますし、ミス自動検知メールのわかりづらい点を把握できることもありますので、チーム力の向上につながります。

この例に限りませんが、組織の枠を越えて動けるスタッフがいるチームは強いと思います。

として登録し、バージョン4.0以降では登録を解除することで、適切にネタバレを防いでいます。

なお、マイナーバージョンで機能開放するコンテンツの文言は、メジャーバージョンのリリース後にゲームクライアントデータを解析されると、見えてしまいます。ただし、メジャーバージョンの告知をするときにマイナーバージョンで機能開放する内容を含むことが多いので、通常はネタバレにはなりません。どうしても隠しておきたいものがある場合は、メジャーバージョンの時点ではそのコンテンツの文言は含めず、マイナーバージョンのアップデート時に追加します。ネタバレワードもそれに合わせて登録と削除を行います。

また、ネタバレワード検知メールは名称変更時も使用できます。たとえば「アストルティア学園」と発表されていたコンテンツが、そのコンテンツのリリース前に「アスフェルド学園」に変わりました。開発も「アストルティア学園」として進めていたので、置換が必要です。そこで「アストルティア学園」をネタバレワードに入れ、変更し忘れや、うっかり以前の呼び名を使用してしまうケースを防止しています。

シンプルですがこのしくみで苦労したのは、システムよりも、漏らさずネタバレワードを登録する人力の部分です。最初はなかなか登録されませんでしたが、しくみが浸透してからは適宜登録されています。

4.4 多数並走する検証環境

本節では、ドラゴンクエストXの開発コアチームが管理している検証環境について解説します。製品サービス環境を含めた概要を**図4.5**に示します。多数並走していることがわかるかと思います。

検証環境には大きく分けて、社内環境と呼んでいるLAN（*Local Area Network*）環境と、非公開環境と呼んでいるWAN（*Wide Area Network*）環境があります。LANは社内からのみ、WANはインターネット経由でアクセスできます。

図4.5 各種検証環境および製品サービス環境

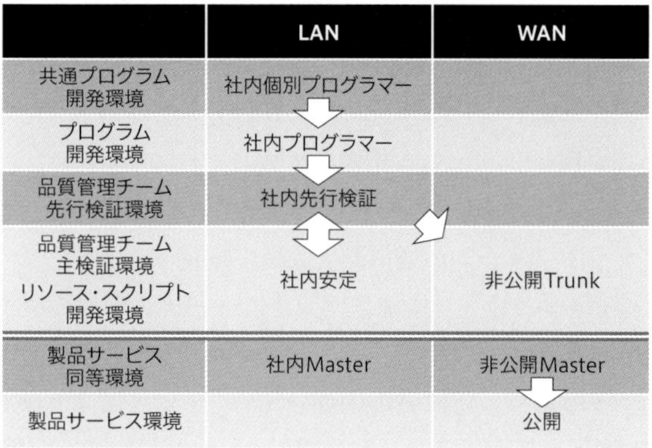

	LAN	WAN
共通プログラム開発環境	社内個別プログラマー	
プログラム開発環境	社内プログラマー	
品質管理チーム先行検証環境	社内先行検証	
品質管理チーム主検証環境 リソース・スクリプト開発環境	社内安定	非公開Trunk
製品サービス同等環境	社内Master	非公開Master
製品サービス環境		公開

製品サービス環境はWANにありますので、非公開環境はそれと同等です。ただし、製品サービス環境が誰でもアクセスできるのに対して、非公開環境は関係者以外のアクセスを制限しています。そのためその対比で、製品サービス環境を公開環境とも呼び、WANの検証環境を非公開環境と呼んでいます。

以降ではまず、複数の検証環境をどう切り替えているかを解説し、そのあと順次、各検証環境の用途を解説します。

検証環境の切り替え ―― DNSを利用

検証のための機能があると、その部分の検証は製品サービス環境へリリースしたときに意味をなしません。そのため全検証環境で、製品サービス環境へリリース予定のものをできるだけそのまま検証しています。

たとえばゲームクライアントからの接続先の住所に相当するIPアドレス(*Internet Protocol address*)は、検証環境ごとに固有のものです。ただし、その接続先IPアドレスを切り替えるために、検証環境ごとにプログラムを変更するのは避けたいです。ドラゴンクエストXではこれを、DNS(*Domain Name System*)という既存機能を利用して解決しています。DNSはFQDN (*Fully*

Qualified Domain Name)をIPアドレスに変換するシステムです。FQDNはサーバマシンのインターネット上の名前で、たとえば「目覚めし冒険者の広場」のFQDNはhiroba.dqx.jpです。

ゲームクライアントでは、FQDNで接続先を指定します。たとえば、ゲームクライアントから「目覚めし冒険者の広場」へアクセスする場合は、検証環境によらずhiroba.dqx.jpを指定します。

そして、検証環境ごとにDNSを用意します。このDNSは、ゲームクライアントプラットフォームの通信環境設定で指定できます。こうすることで、たとえばゲームクライアントプラットフォームの通信環境設定のDNSに非公開Trunk用のものを指定すると、hiroba.dqx.jpへのアクセスは、非公開Trunkの「目覚めし冒険者の広場」へのアクセスになります。非公開Master用のDNSを指定すると、非公開Masterの「目覚めし冒険者の広場」へのアクセスになります。

なお、製品サービス環境用のDNSは、あらためては用意していません。プレイヤーのみなさんと同様、プロバイダに指定された方法でDNSを設定することで、製品サービス環境へのアクセスになります。

このしくみにより、ドラゴンクエストXでは検証環境で検証したゲームクライアントを、そのまま製品リリース環境へリリースしています。

社内環境 —— LANに構築された開発用

社内環境はLAN内に構築され、主に開発コアチームのスタッフが使用します。検証時間を短縮するため、キャラクター情報などは自由に書き換えられます。

社内個別プログラマー環境 —— 共通システム担当プログラマー用

7.6節で解説するロビープロセスや、9.2節で解説するゲームDBの内部機能などの共通システム部分を担当するプログラマーには、一人一人にサーバマシンが割り当てられています。これが、社内個別プログラマー環境です。Trunkで開発した最新のものを検証します。

社内プログラマー環境 —— プログラマー用

社内個別プログラマー環境で開発されたものが、1日1回まとめられて社内プログラマー環境へ反映されます。

ドラゴンクエストX開発コアチームのプログラマーの多くは、この社内プログラマー環境で開発しています。社内プログラマー環境には共通サーバが起動していて、プログラマーはそこを利用します。

なお、プログラマーがゲームクライアントをビルドおよび確認する場合は、多種ある対応ゲームクライアントプラットフォームすべてに対しては行わず、その一部のみで行います。ゲームサーバについては、製品サービス環境のゲームサーバ用OSはLinuxですが、ゲームサーバはWindowsでも動くように作られていて、Windows版でビルドおよび確認をしているプログラマーが多いです。そして、ゲームクライアント、ゲームサーバともに、自分自身が確認しないOSやプラットフォームについては、3.5節で解説した自動ビルドのチェックに任せる形で進めています。

社内先行検証環境 —— 品質管理チームによる更新可否の判断用

社内プログラマー環境で作られた実行ファイル一式と、後述の社内安定環境で作られたリソースデーター式が、1日に1回、社内先行検証環境に反映されます。

社内先行検証環境では、品質管理チームの一部である先行検証担当セクションが検証を行い、社内安定環境および非公開Trunk環境に反映できるかの更新可否を判断します。具体的には、本日のバージョンが、明日、品質管理チーム全体で検証するに値する品質かどうかを、少人数で確認します。多少の不具合であれば許容しますのでこの段階で不合格になることはあまりありませんが、起動しない、頻繁に切断されるなどの大きな不具合があると不合格になります。

社内安定環境 —— リソースデータ制作を担当する開発スタッフ用

社内安定環境は、主にプログラマー以外の、リソースデータ制作を担当する開発コアチームのスタッフが使用します。スクリプト記述担当者もこの環境で開発します。先行検証を通っていますので、ある程度安定したバージョンです。

社内Master環境 —— Masterの社内検証用

社内Master環境はMasterブランチに対応し、製品サービス環境を社内に再現するための、Masterの社内検証環境です。前述までの社内環境はすべてTrunk側ですので、社内Master環境はそれと大きく異なります。

製品サービス環境で発生した不具合の緊急修正を行う場合に、開発コアチームのスタッフはこの環境で検証します。

非公開環境 —— WANに構築された本検証用

非公開環境と呼ばれる検証環境は、主に品質管理チームが使用します。いわば本検証用の環境です。WANに構築されていますが、アクセスは関係者のみに許可されています。

非公開Trunk環境 —— 次メジャーバージョンの検証用

非公開Trunk環境はWAN上に構築された検証環境で、その内容は社内安定環境と同じです。社内安定環境とほぼ同タイミングで更新され、次メジャーバージョンの検証に使用されます。品質管理チームのほとんどのスタッフは、ここで日々検証します。

各サーバマシンのOSバージョンやインストールされている内容を製品サービス環境に近付け、できるだけ製品サービス環境を再現した中で検証しています。負荷検証はこの非公開Trunk環境で行います。

また、社内環境に比べると限定的ですが、検証時間を短縮するためのキャラクター情報操作が行えます。

非公開Master環境 —— 製品サービス環境の検証用

非公開Master環境は、製品サービス環境へリリースするための検証用環境で、Masterブランチに対応します。普段は製品サービス環境と同じバージョンが動いていますが、製品サービス環境のバージョンをアップデートする直前に、先行して非公開Master環境をアップデートして検証します。そのため、非公開Trunk環境よりも製品サービス環境に近いです。

リリース前の最終検証環境のため、キャラクター情報操作は原則使用できません。各サーバマシンの製品型番、OSとそのバージョン、ミドルウェアは基本的に製品サービス環境と同一です。そのほかについてもできるだけ製品サービス環境と同一にしています。ただし、サーバマシン台数などの規模は、製品サービス環境よりも小さいです。

製品サービス環境を更新するための作業を、事前に実施して確認するリハーサルと呼ばれる作業は、非公開Master環境の更新で行います。たとえば、製品サービス環境の緊急メンテナンスで一部ファイルのみを更新する予定なら、非公開Master環境でも同じファイルを同じ形で更新し、問題ないことを確認します。

ドラゴンクエストXのサービス期間中に何度か製品サービス環境へのリリースに失敗したことがあります。その原因は、非公開Masterでの検証やリハーサルでは発見できない、非公開Masterと製品サービス環境との差異が原因です。大前提として差異はできるだけ小さくしていますが、規模の違いなどからくる差異は、どうしても出てしまいます。問題が発生した箇所についてはチェックツールを充実させて、少なくとも再発は防止し、順次、問題になる箇所を減らしています。

4.5 まとめ

本章では、ドラゴンクエストXのリリース版が完成するまでの開発と検証について解説しました。

ドラゴンクエストXのやり方では多数のバージョンを保守する必要があり、実際に大変なのですが、大規模な組織でオンラインゲームを開発し検証するには、これくらいは必要だと考えています。

第5章

メモリ管理

MMORPGのボトルネック

メモリ管理とは、メモリを有効活用する方法です。家庭用ゲーム機のゲームでは、ゲームクライアントのメモリの容量がボトルネックになる場合が多いです。MMORPGでは、ゲームサーバのメモリの容量がボトルネックになる場合があります。さらに、家庭用ゲーム機のMMORPGでは、ストレージの容量も気にしなければなりません。ドラゴンクエストXは、このすべてに対応が必要です。

本章では、メモリやストレージをギリギリまで有効活用するために行っている、ドラゴンクエストXの挑戦について解説します。

5.1 重要度の高いドラゴンクエストXのメモリ管理

前述の通りドラゴンクエストXでは、メモリの容量がボトルネックになる場合が多いため、メモリ管理は重要です。そのため各環境に合わせてさまざまなメモリ管理を行っています。

まず、ゲームクライアントは、リソースデータのサイズを厳密に意識する必要があります。それは、家庭用ゲーム機で使用可能なメモリおよびストレージの容量は比較的小さいためです。同じ理由で、プログラムが使用するメモリサイズも厳密な管理が必要です。MMORPGでは特に、同時に表示すべきキャラクター数が多いため使用するメモリが多くなり、メモリ管理は重要です。また、アプリケーションを更新しつづけるため使用するストレージも増えていきますので、ストレージの容量管理も重要になります。

ゲームサーバは、サーバマシンの比較的大容量のメモリとストレージが使用できますので、ゲームクライアントほどはメモリ管理を意識する必要はありません。ただし、ドラゴンクエストXの広大な世界のロジックを担当するゲームサーバは大量のメモリを使用しがちなため、気を付けなければならないことがあります。

また、一般的にはメモリ管理が不要とされるスクリプト言語でも、ドラゴンクエストXではある程度意識する必要があります。

以降では、これらについて順に解説していきます。

5.2 ゲームクライアントのメモリ管理

本節では、ドラゴンクエストXのゲームクライアントのメモリ管理を解説します。

筆者は長年にわたり何本もゲームを開発してきましたが、ほぼすべての家庭用ゲーム機タイトルでメモリは貴重な資源でした。メモリがボトルネックになることも少なくありません。ドラゴンクエストXでも同様、あるいはそれ以上にメモリは貴重です。MMORPGは表示されるプレイヤーキャラクターが頻繁に入れ替わるため、後述するメモリフラグメントが発生しやすい状態です。また、他人を含めたプレイヤーの行動で状況が変化するため、多様な状況に対応する必要があります。

以降では、メモリフラグメントの問題と解決方法、リソースデータとパラメータデータの管理方法、プログラムオーバーレイによる実質的な使用メモリサイズの節約について順に解説していきます。

メモリの確保と解放 —— メモリフラグメントの傾向と対策

家庭用ゲーム機のメモリ管理の中で必ずと言ってよいほど問題になるのが、メモリの確保と解放を繰り返すことで発生する、メモリのフラグメントです。本項で、その傾向と対策を解説します。

メモリフラグメント問題 —— メモリの断片化

メモリのフラグメント問題を、**図5.1**で解説します。

❶では、ドラゴンクエストXの3種のモンスターのリソース用にメモリの領域が確保されています。モンスターは左から順に、「たけやりへい」「ホイップゴースト」「モーモン」です。この例では、リソースデータのサイズは「たけやりへい」が最も大きく、次いで「モーモン」「ホイップゴースト」の順です。

❷では、「たけやりへい」「モーモン」のリソース領域が解放されます。「モ

ーモン」用の領域が再び確保された❸が、空き領域が断片化した状態です。こうなると、❹のように連続領域として「たけやりへい」の分が確保できません。これがメモリフラグメント問題です。

最近のパソコンやサーバマシンでは、メモリフラグメント問題はOSが解決します。しかし家庭用ゲーム機のゲームでは、OSに任せる形はまだ一般的ではありません。ドラゴンクエストXでは開発コアチームのプログラマーが解決し、ギリギリまでメモリを有効活用しています。

メモリフラグメント問題の解決には主に2種類の手法を用いています。一つはコンパクションを伴う間接参照方式で、もう一つは固定長ブロックを利用した直接参照方式です。前者はサイズが大きく参照頻度がそこまで高くないデータ領域に、後者はサイズが小さく参照頻度が高いデータ領域に使用します。次項と次々項でそれぞれ解説します。

なお、サイズが大きく参照頻度が高いデータ領域は、起動時に読み込み常駐させることでメモリフラグメント問題を回避しています。サイズが小さく参照頻度が低いデータ領域は、関連するデータに合わせて、2種類の

図5.1 メモリフラグメント問題

方式のどちらかにしています。

コンパクションを伴う間接参照方式 —— 詰めて断片化抑制

コンパクションを伴う間接参照方式は、隙間を詰めてメモリフラグメント問題に対応する方式です。コンパクションとは、図5.2❷のように断片化しているメモリの確保済み領域を、❸のようにメモリ内で連続する領域に移動することです。これによりメモリの空き領域も連続しますので、メモリフラグメント対策になります。ただし、データのアドレスが変更されるため、そのデータを使用する場合はそのアドレスを間接参照する必要があります。アドレスとは、メモリ内の位置のことです。

具体的に解説します。C++では通常、次に示す例のように、ストレージからメモリに読み込んだリソースデータの先頭アドレスをポインタに保持し、使用します。ポインタとは、アドレスを保持するものです。

図5.2 コンパクションによるメモリフラグメント問題への対応

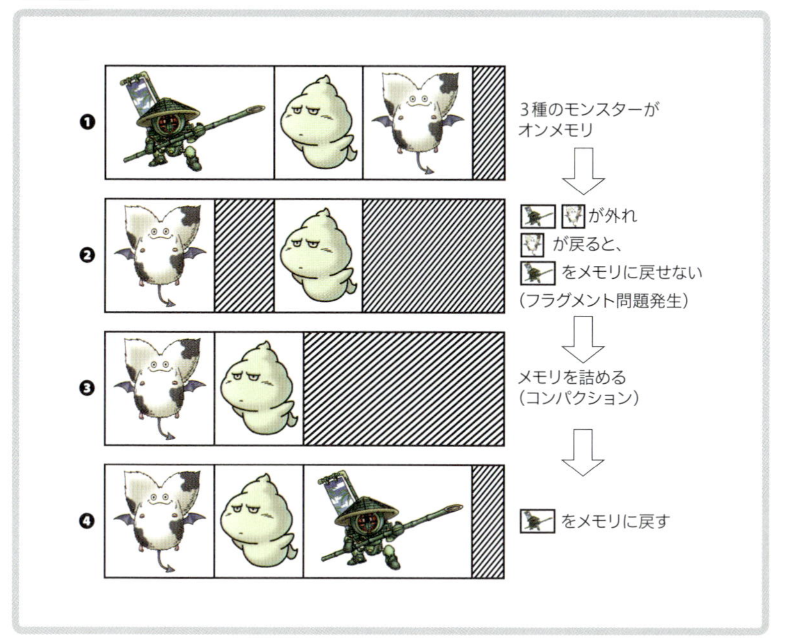

リソースデータを使用する仮想C++ソースコード

```
// 「スライム」のリソースデータを読み込みポインタ`p`に保持
Resource *p = readResource(スライム);

    (省略)

// ポインタpの内容に基づき画面に表示
displayResource(p);
```

ここでコンパクションが実施されると、リソースデータの先頭アドレスが変わります。しかしこの例では、ポインタpの値は一度セットされるとそれ以上変更されませんので、そのアドレスの変更に追従できません。

そのため、コンパクションに対応するには、次に例示するハンドルを使用した、間接参照方式にします。ハンドルはポインタの情報を保持するもので、そのポインタの値が変更された場合にはハンドル経由で変更後のポインタの値を取得できます。

コンパクションに対応したリソースデータを使用する仮想C++ソースコード

```
// 「スライム」のリソースデータを読み込みポインタpに保持
Resource *p = readResource(スライム);
// ポインタpの情報をハンドルhに保持
CompactionHandle h(&p);

    (省略)

// ハンドルhが示すデータの使用開始宣言
h.useResource(true);
// ハンドルhからリソースデータの先頭アドレスを取得しポインタqに保持
Resource *q = h.getResourceAddress();
// ポインタqの情報に基づき画面に表示
displayResource(q);
// ハンドルhが示すデータの使用終了宣言
h.useResource(false);
```

この例では、ストレージからメモリに読み込んだリソースデータの先頭アドレスをポインタに保持し、そのポインタの情報をハンドルに保持します。そしてハンドルが保持するポインタの情報に基づき、リソースデータの先頭アドレスを取得し、使用します。リソースデータを使用するたびに取得することで、コンパクションによるアドレスの変更に追従しています。

また、リソースデータを使用中にコンパクションによる移動をされてはいけませんので、使用する前後で開始と終了を宣言し、その移動を抑制します。

この手法は、特にデータサイズが大きい場合にメモリを効率良く使い切ることができます。しかし、実行速度は遅くなりますので、ドラゴンクエストXではグラフィックリソースなど、基本的にはサイズが大きいデータのメモリ管理に限定して使用しています。

固定長ブロックを利用した直接参照方式 ── 位置固定で断片化抑制

固定長ブロックを利用した直接参照方式は、**図5.3**のように、固定長ブロックを用いてメモリフラグメント問題に対応する方式です。この例でも、リソースデータのサイズは「たけやりへい」が最も大きく、次いで「モーモン」「ホイップゴースト」の順です。ただし、「たけやりへい」が使用するブロックのサイズはほかより大きく、「モーモン」と「ホイップゴースト」が使用するブロックのサイズは同じです。あらかじめそれぞれのブロックのサイズの部屋に区切ることで、位置が固定されメモリフラグメントの発生を

図5.3 固定長ブロックによるメモリフラグメント問題への対応

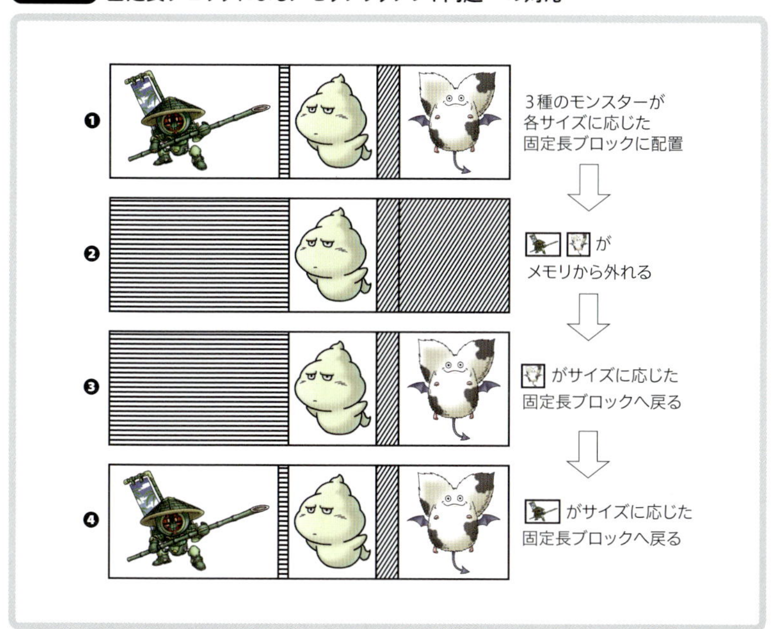

防ぐことができます。また、ポインタで直接参照が行えますので、比較的高速に処理できます。

この手法は、リソースデータが対応するブロックのサイズより小さくても、そのブロックすべてを使用状態にします。そのためデータのサイズがそろっている場合に効率が良い管理方法です。また、データのサイズが小さければブロックのサイズとの差も比較的小さくなりますので、無駄が少なくなります。そのためドラゴンクエストXでは、比較的サイズの小さいデータのメモリ管理に固定長ブロックを使用しています。

実際のドラゴンクエストXが用意している固定ブロックのサイズと数は、16バイトや32バイトの固定長ブロックが数千、512バイトや1,024バイトの固定長ブロックが数百程度です。C++の特徴を活かしたプログラムでは小サイズのデータがメモリ内に大量に必要になるため、この割り振りにしています。

この固定長ブロックを利用したメモリ管理の機能は、Wii版ベータテスト開始時点では実装していませんでした。その時点では、グラフィックリソースなどサイズの大きいデータをコンパクション管理するのみで、メモリフラグメント問題は解決していると考えていたためです。社内で事前に実施していた負荷検証でも、特に問題はありませんでした。

しかし、Wii版ベータテスト開始後すぐに問題が起きました。多数のプレイヤーキャラクターが表示されている場所で30分ほどプレイしていると、メモリが確保できなくなります。詳細に調べていくとその原因が、コンパクション管理していないデータのメモリフラグメントにあるとわかりました。そのため、この固定長ブロックを利用したメモリ管理を実装して解決しました。

規則的な負荷検証ではメモリの動きも規則的でメモリフラグメント問題が発生せず、ベータテストをするまでこの状況になることを発見できませんでした。人間の操作で行うベータテストの目的は主にゲームサーバの負荷検証ですが、この例のようにゲームクライアントの観点でもたいへん貴重でした。

グラフィックリソース —— 圧縮状態でインストール

ドラゴンクエストXのグラフィックリソースは、圧縮状態でインストー

図5.4 圧縮リソースデータ

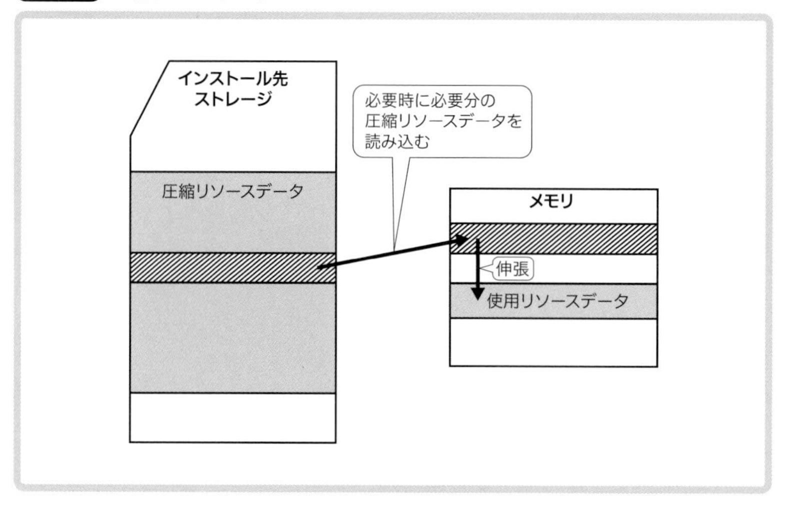

ルされています。

ゲームクライアントのゲームデータはストレージにインストールされ、実際に使われる際はそこからファイル単位でメモリに読み込まれて動作します。パソコンとは異なり、家庭用ゲーム機はストレージの容量を増やしづらいことが多いため、インストールされるデータサイズを小さくする必要があります。

グラフィックリソースは、**図5.4**のように圧縮状態でストレージへインストールされます。そして、使用時にはメモリの一時的な領域であるバッファに圧縮状態のまま読み込まれ、伸張してメモリで使えるリソースデータになります。

パラメータデータ ―― 3種類の方法で管理

ドラゴンクエストXでは、パラメータデータは基本的にゲームサーバが使用します。ただし、通信量を減らすために、画面に表示される情報に関わる一部のパラメータデータはゲームクライアントでも保持しています。

ゲームクライアントで保持するパラメータデータすべてを、ゲームクライアントプラットフォームのメモリに読み込んでおくことは容量的に不可能です。そのため、それらをメモリに常駐する常駐パラメータデータ、必要な場面で都度ストレージからメモリに読み込む都度読みパラメータデータ、読み込むデータを一時的かつ最小限に絞るキャッシュ対応パラメータデータの3つに分類して管理することにしました。以降で順に解説していきます。

常駐パラメータデータ —— メモリ内で圧縮保持し都度伸張

頻繁に、いろいろな場所で使用され、データ量の上限が決まっているパラメータデータは、ファイル単位でメモリに常駐することにしています。これを、常駐パラメータデータと呼んでいます。

常駐パラメータデータはたとえば、戦闘時の計算に使用する、レベルごとのつよさのパラメータなどです。厳密に言えば、レベルは無限に高くなる可能性があります。しかし、最大レベルはサービス開始当初で50、6年経過した執筆時現在は105で、ここから増えても一定以内で収まると予想できます。そのため、データ量の上限が決まっているパラメータデータの一つとして常駐パラメータデータ扱いになります。

なお、ドラゴンクエストXでは、**図5.5**のようにメモリ内では圧縮状態

図5.5 常駐パラメータデータ

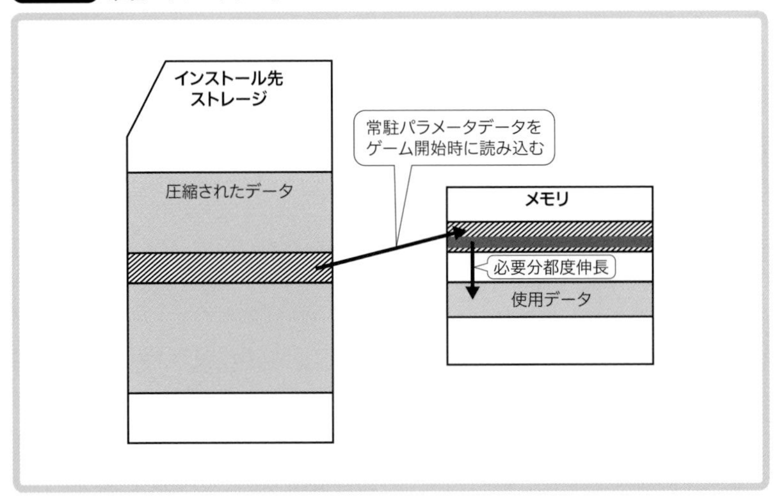

で保持しておき、必要になったときに必要な分だけ都度伸張して使用する形式にしています。

Column

メモリ不足でメモリ空く

ドラゴンクエストXのメモリ管理で最も制限が厳しかったのが、Wii版ゲームクライアントでした。

開発初期にメモリマップ、すなわちメモリの割り当て表を作成し、どのリソースデータなどがどれだけメモリを使用するかのルールを厳密に決めて進めました。しかし、サービス開始から2年ほど経過した2014年ごろに、Wii版でキャラクターがほとんど表示されなくなる不具合が発生しました。メモリ不足に陥っていたのです。

調査の結果、常駐パラメータデータが、ルールで決めたサイズより数倍も大きくなっていたことが判明しました。当時は常駐パラメータデータのサイズオーバーを検知するツールがなかったこともあり、決めたルールが守られていないという認識がありませんでした。これは油断していたと言わざるを得ません。ルール化するだけではだめで、守る努力をしないと無意味なことを痛感しましたね。

そうなった原因はどうやら、各担当者がパラメータデータを増やすときに、とりあえず常駐パラメータデータにしてしまっていたことにあるようです。常駐パラメータデータはいつでも使用可能なため、そのほかのタイプに比べて簡単という理由でしょう。逆に言えば、常駐パラメータから外せるものが多いということですね。というわけで、それらを削って対処しました。

そのあとで、常駐パラメータデータのサイズオーバーを検知するツールを作成し、どれを常駐パラメータデータにしてどれをしないかといった設計を、将来に向けてしなおしました。それでも、メモリのやりくりが苦しいことに変わりはありません。そのとき、プログラマーの1人から「圧縮しましょう」と提案があり、なんとか実装。この圧縮のおかげで、むしろ余裕ができました。

結果的には、雨降って地固まるとでも申しましょうか、メモリ不足に陥ったことにより、開発初期の設計よりもメモリが空きました。ただし、ルール化して慢心していたことは反省です。今回は守るしくみを強化する方向での対応でしたが、守れないルールなら削除したほうがよいでしょうね。

都度読みパラメータデータ ―― 必要な場面でメモリに読み込み

都度読みパラメータデータは、必要な場面に応じて読み込むパラメータデータです。

ドラゴンクエストXには、たとえば「魔法の迷宮」「カジノ」といった、ゲーム内の場所に紐付く(ひもづく)コンテンツが存在します。そこで、「魔法の迷宮」用パラメータデータ、「カジノ」用パラメータデータは、その場所に来たら必要な分だけ都度メモリに読み込み、その場所から出たら破棄してメモリを空けています。

キャッシュ対応パラメータデータ ―― ファイルの一部をメモリにキャッシュ

キャッシュ対応パラメータデータは、ファイルの一部をメモリにキャッシュするものです。

キャッシュとは、低速な記憶領域のデータを、より高速な記憶領域へ一時的に保持して使用することです。利用時は、必要なデータが高速な記憶領域に読み込まれていればそれを使用し、そうでなければ低速な記憶領域からデータを読み込み使用します。

図5.6のアイテムパラメータのケースで具体的に解説します。まずゲーム起動時に、キャッシュ対応パラメータデータ用のキャッシュ領域を確保

図5.6 キャッシュ対応パラメータデータ

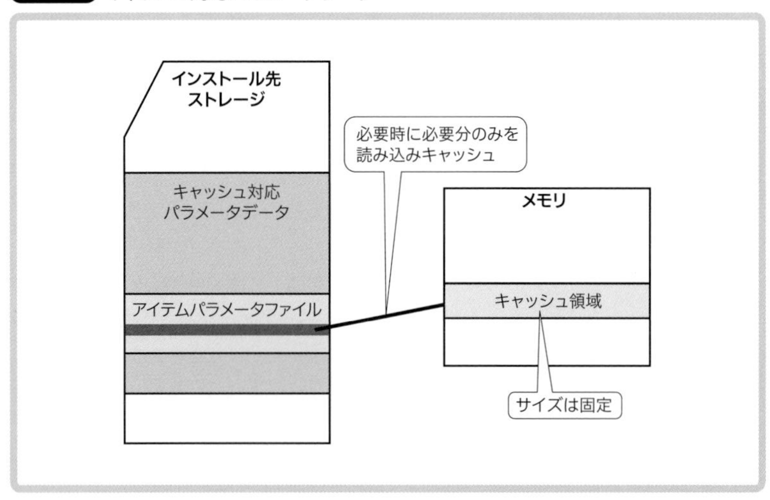

します。そして、たとえば「どうのつるぎ」というアイテムのパラメータデータが必要な場合には、対応するキャッシュ領域を探して存在すればそのまま使用します。存在しなければ、アイテムのパラメータデータのファイル内にある「どうのつるぎ」の情報をキャッシュ領域に読み込み使用します。

このキャッシュ領域はサイズが固定で、すぐに埋まります。そのため、古いキャッシュは順次破棄して領域を空けています。

アイテムやモンスターなどのパラメータデータは参照頻度が高いため、本来は常駐したいものです。しかし、ドラゴンクエストXはアップデートし続けるため、アイテムやモンスターのデータは増え続けます。それを常駐してしまうと、ゲームクライアントで使用するメモリが不足します。そこで、メモリの少ないゲームクライアントプラットフォームでは、キャッシュ対応パラメータデータのしくみを利用しています。このしくみにより、限定的なメモリサイズで、頻度の高い参照に対応しています。

プログラムオーバーレイ —— プログラムの入れ替え

メモリに余裕のない一部のゲームクライアントプラットフォームでは、**図5.7**のようにCPUネイティブコードのプログラムを常駐部とオーバーレ

図5.7 プログラムオーバーレイ

イ部に分け、プログラム的に特殊なところで入れ替えをしています。これをプログラムオーバーレイと呼びます。

プログラム的に特殊なところとは、たとえば「住宅村」や「カジノ」です。「住宅村」では家具の配置や家を建てることができますが、「住宅村」以外ではできません。「カジノ」ではスロットマシンやルーレットなどの「カジノ」専用コンテンツが遊べますが、「カジノ」以外では遊べません。

これを利用して、一部のゲームクライアントプラットフォームにおいては、たとえば「住宅村」に入ると「住宅村」に対応するオーバーレイ用プログラムをメモリに読み込み、動的リンクと呼ばれる処理でそのオーバーレイ部分を使用可能な状態にします。「住宅村」に対応するオーバーレイ用プログラムの中には、家具を配置するなどの専用の処理が含まれています。そして「住宅村」から出るときに、そのオーバーレイ部分のメモリを解放します。

そのため、たとえば「住宅村」にいるときは「住宅村」の専用処理が実行できますが、「カジノ」専用処理は実行できません。つまり、「住宅村」で「カジノ」をプレイするゲーム仕様が作れない制約があります。しかしこの制約を入れることで、実質的な使用メモリの削減を実現できています。

5.3 ゲームサーバのメモリ管理

本節では、ゲームサーバのメモリ管理を解説します。

ドラゴンクエストXのサーバマシンにはメモリを大量に搭載していますが、それでも無尽蔵に使用できるわけではありません。ゲームサーバはプロセス数が多いため、特に全プロセス分を合計したメモリ使用量には注意が必要です。プロセスとは、OSがアプリケーションを実行するときに対応して作られるもので、プロセスごとにメモリを使用します。

以降でゲームサーバのメモリ管理で注意している点について解説します。

4Gバイト制限 ―― 32ビットアプリケーションの限界

ドラゴンクエストXのゲームサーバは、メモリを32ビット分の領域まで使用できる32ビットアプリケーションです。Linux上では、32ビットアプリケーションは1プロセスで4Gバイトまでメモリを使用できます。G(*Giga*)はギガと読み、約10億倍を表します。

4Gバイトは十分に大きいサイズですが、サービス開始初期のころには4Gバイト超えが原因でゲームサーバが停止したことがありました。ドラゴンクエストXにおいて4Gバイトは、気にすれば大丈夫だが、気にしないと問題になる程度の制限です。

スワップアウト抑制 ―― サーバマシン搭載のメモリ容量が上限

ドラゴンクエストXのゲームサーバのプロセスは、サーバマシンに搭載しているメモリの容量を意識して配置しています。

ドラゴンクエストXのゲームサーバは、数百のサーバマシンで、合計数万のプロセスが動作しています。つまり、サーバマシン1台あたり、数十から数百のプロセスを稼働させています。ここでもし、あるサーバマシンで稼働している全プロセスの使用メモリサイズの合計が、サーバマシンのメモリの容量を上回ると、メモリ不足の状態に陥ります。

実は、OSが提供する仮想メモリと呼ばれるしくみにより、サーバマシンのメモリが不足していても、各プロセスは仮想的にメモリが十分にあるものとして動いています。そのため通常は、メモリ不足でも問題にはなりません。ただし、メモリが不足すると、スワップアウトが発生します。スワップアウトとは、プロセスが使用しているメモリの内容の一部をストレージに退避することです。つまりこの状況は、ストレージの応答速度でメモリを使用することになります。ドラゴンクエストXでこの状態になるとゲームサーバの動作が遅くなり、状況にもよりますが大きな問題になります。つまり、スワップアウトの発生を抑制する必要があります。

そのためには、各サーバマシンで稼働しているプロセスの使用メモリ量合計を、サーバマシンが搭載しているメモリ容量を上限として、それ以内に収めなければなりません。そのため、ドラゴンクエストXでは、定期的にメモリ使用量を監視し、ゲームサーバの各プロセスを各サーバマシンに適切に分散して配置しています。

5.4 Luaのメモリ管理

本節ではLuaのメモリ管理について解説します。

3.5節で解説したとおり、ドラゴンクエストXで主に使用しているスクリプト言語はLuaです。Luaはゲームクライアントとゲームサーバの両方で使用しています。スクリプト言語は通常メモリ管理を意識しなくてもよいのですが、メモリに余裕がないドラゴンクエストXでは、開発スタッフはある程度意識する必要があります。

以降で、ゲームクライアントとゲームサーバの両方で注意している、Luaのメモリ管理について解説します。

場所や機能ごとにファイルを細分化

ドラゴンクエストXでLuaの実行時に読み込まれるのはバイトコードのファイルです。そのファイルは、たとえば世界の区切りや各施設、コンテンツなど、機能ごとに細分化されています。ゲームサーバの各プロセスは、そのプロセスが持つ機能に必要なバイトコードファイルに限定して、すべて起動時にメモリに読み込み使用します。ゲームクライアントは最初にすべては読み込まず、そのバイトコードが必要なタイミングで都度ファイルからメモリに読み込んで使用します。

つまり、メモリには必要な分のみ読み込まれているため、メモリを効率良く使用しています。

ガベージコレクションを意識したコーディング

Luaはメモリのガベージコレクション(*Garbage Collection*、GC)が行われる言語です。後述する理由で、ドラゴンクエストXではガベージコレクションを意識したコーディングが必要です。

まず、LuaVMのガベージコレクションの挙動を、図5.8を用いて解説します。LuaVMは、❶のように必要なメモリを都度確保して使用します。ここで❷のように使用済みとなっても、その領域をすぐに別の用途で使用可能とはしません。ガベージコレクションを別途実施することで❸になり、使用済みだった領域が空けられて別の用途で使用可能になります。

ドラゴンクエストXでは短時間に多数のガベージコレクション対象領域が発生します。そのためガベージコレクションは負荷の高い処理になり、高頻度で実施するのは難しいです。しかし、低頻度にするとメモリ不足に陥る場合があります。

そのため、ドラゴンクエストXでは、ガベージコレクションを実施するタイミングをLuaを記述するプログラマーやプランナーが指定しています。具体的にはたとえば、「そうび」メニューなど一部のメニューを開く際に、その処理の直前に強制的にガベージコレクションするようコーディングしています。

Luaは、メモリを細かく管理できません。逆に言えば、メモリを意識し

図5.8 Luaのガベージコレクション

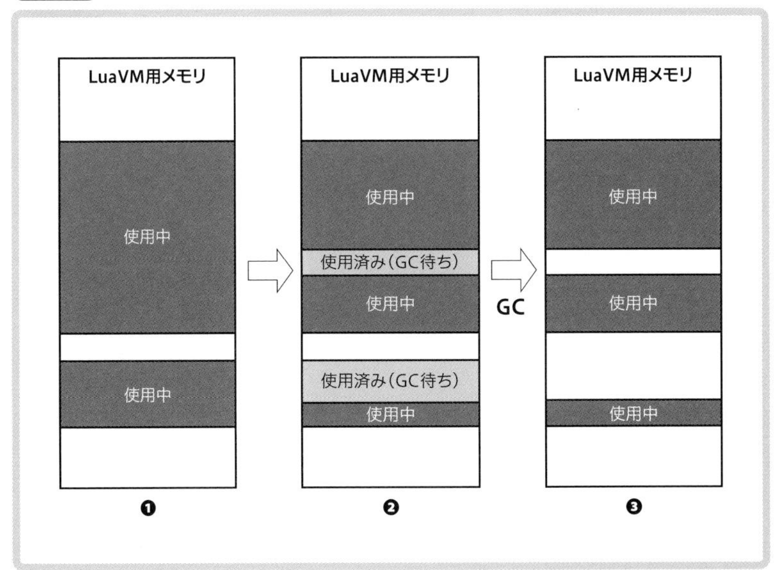

なくてよいという意味でもあります。そのLuaでメモリを意識しなければならないのは正直残念です。それでも、C++で要求される厳密なメモリ管理は不要ですので、その分は楽になっています。

5.5 まとめ

本章ではドラゴンクエストXのメモリ管理として、ドラゴンクエストXに限らずほとんどの家庭用ゲーム機のゲームで苦労しているゲームクライアントのメモリ管理と、ドラゴンクエストXの特徴でもあるゲームクライアントのストレージ管理、ゲームサーバのメモリ管理およびLuaのメモリ管理について解説しました。

最も苦労したWii版のサービスが終了したため、ゲームクライアントのメモリサイズには余裕ができたはずです。しかしどうやら、ドラゴンクエストXの開発コアチームのスタッフは、ギリギリまでメモリを使用しないと気がすまないようです。本書執筆時現在は日々、Wii U版のメモリサイズに収める工夫をしています。

第6章

ゲームクライアントグラフィックス

魅力的な絵を描画する工夫

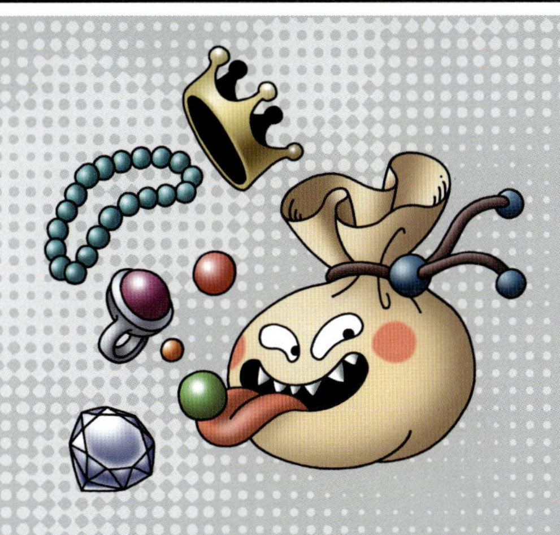

ゲームクライアントグラフィックスとは、ゲーム画面のグラフィックス描画処理のことです。描画処理で十分な性能を出すためには、ゲームクライアントプラットフォームのハードウェアの能力を活用する必要があります。ドラゴンクエストXはクロスプラットフォームのため、ゲームクライアントプラットフォームごとに、そのハードウェアの能力を活用するように実装します。つまり、各ゲームクライアントプラットフォーム固有の実装が必要になりますが、ドラゴンクエストXではその部分をCrystal Toolsというスクウェア・エニックス社内製のゲームエンジンを用い実現しています。

本章では、まずゲーム全般に共通の基本的なしくみをドラゴンクエストXの実装を例に解説し、そのあと、ドラゴンクエストXで魅力的な絵を描画する工夫について解説します。

6.1 クロスプラットフォームのゲームクライアントグラフィックス

ドラゴンクエストXではゲームエンジンのCrystal Toolsを中心にコンピュータグラフィックス処理を行い、3D空間を表現するゲームクライアントグラフィックスを作成しています。これは負荷の高い処理です。ドラゴンクエストXはクロスプラットフォームのため、各ハードウェアの性能をできるだけ活かしつつ、その性能差も考慮して実現しています。

ゲームクライアントグラフィックスを構成する要素には、冒険の舞台となる広大な世界である3DBGや、その中を動くキャラクター、華やかに画面を演出するエフェクト、物語を彩るカットシーンがあります。

また、メニュー操作のための2D表示機能も充実しており、ドラゴンクエスト伝統のメニュー表示を支えています。

6.2 ゲームが動いて見えるしくみ

まず本節で、ゲームの画像がなぜ動いて見えるのか、その基本的なしくみを解説します。

実のところ、動いて見えているのは錯覚です。実際には**図6.1**のように、静止画を高速に切り替えているだけです。

以降では静止画についてと、その切り替えについて解説します。

フレーム —— ゲーム画面の静止画1枚1枚

ゲーム画面の静止画1枚1枚をフレームと呼びます。そして、フレームの画像情報を保持しているメモリ空間をフレームバッファと呼びます。フレームバッファは、各ピクセルの色情報を画面の解像度分保持しています。ピクセルとは、画像を構成する色の1点1点です。解像度とは、絵の細かさを表す値です。たとえば、テレビの画面解像度の表現で用いられるHD(*High*

図6.1 高速に切り替えると物体が右に動いているように見える静止画群

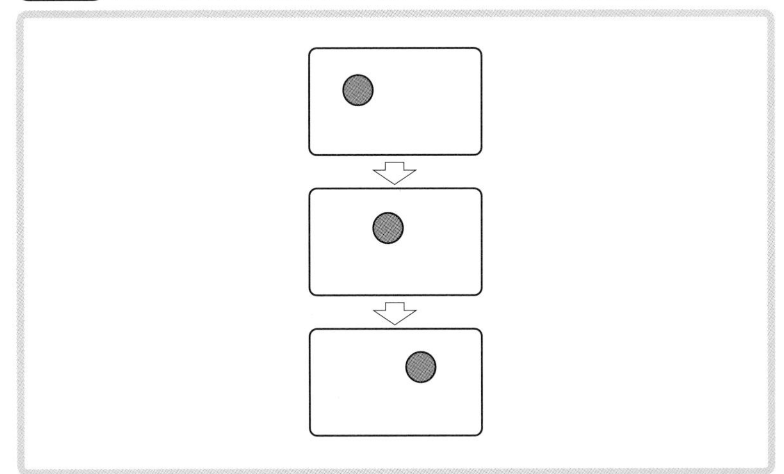

Definition)は横1,280ピクセル、縦720ピクセル、フルHDは横1,920ピクセル、縦1,080ピクセル、4Kは横3,840ピクセル、縦2,160ピクセルの場合が多いです。4Kはよんけい、あるいはふぉーけいと読みます。Kはキロの意味で、4Kで約4,000です。

色は、光の3原色である赤(*Red*)、緑(*Green*)、青(*Blue*)の組み合わせで表現されます。通常はそれぞれ1バイト、すなわち0から255の256段階で、256×256×256=16,777,216通りの色が表現できます。たとえばRGBの順に255、255、255なら白、0、0、0は黒、0、0、255は青、255、255、0は黄色、127、127、127は灰色です。余談ですが、広告などで1600万色以上という表現をときどき見ます。厳密には16,777,216色だと思います。

ピクセルの色情報は、そこに透明度情報のAlphaを加えたRGBAの組み合わせで表現されます。Alphaも1バイトのため、1ピクセルの色情報はRGBAで4バイトになります。たとえばRGBAの順に255、255、255、255なら不透明の白、255、0、0、127なら半透明の赤です。Alphaが0の場合はRGBの値にかかわらず完全な透明になります。0が透明で255が不透明なので、Alphaは不透明度と呼ぶべきかもしれませんが、慣習的に透明度と呼んでいます。

フレームバッファに必要な色情報は、たとえばWii U版ドラゴンクエストXの画面解像度は横1,280ピクセル、縦720ピクセルですので、1,280×720=921,600ピクセル分です。つまり、Wii U版ドラゴンクエストXのフレームバッファのサイズは、921,600×4=3,686,400バイトです。

30～60FPS ——— 動いているように見えるフレームレート

フレームの更新頻度をフレームレートと呼びます。単位はFPS (*Frames Per Second*)で、1秒間に何フレーム更新するかを表します。ドラゴンクエストXのゲームクライアントは30FPSか60FPSで動作しています。

人間の目は20分の1秒より短い変化は連続していると認識するため、20FPS以上で動いているように見えるようになると、以前に本で読んだことがあります。テレビや映画もこの近辺の値を基準にしているようです。たとえばデジタル化される前の日本のテレビはNTSC (*National Television System Committee*) という、30分の1秒で画面全体が更新される方式でした。より詳細には、60分の1秒ごとに、インターレースと呼ばれる方式で画面を半分ずつ更新していました。この方式は、1世代前の家庭用ゲーム機の映像のテレビ出力に使用されています。そして、最近のゲーム機はHDMI（*High-Definition Multimedia Interface*）という方式でテレビに出力します。こちらは、基本的に60分の1秒ごとに画面全体を更新します。

この場合、60分の1秒より短い時間でフレームを更新しても意味がありません。そこで各ゲームは60分の1秒に1回、フレームを更新する設計にします。これが60FPSです。30FPSはその半分の更新頻度ですが、十分に動いて見えるフレームレートです。そのためドラゴンクエストXでは、30FPSか60FPSかを開発初期に検討しました。

図6.2のように、30FPSに比べて60FPSのほうが滑らかです。ただし、60FPSに対応するには、30FPSの半分の時間で画面に表示する要素の処理を行う必要があります。言い換えると、同じ処理能力ならば、60FPSでは30FPSの半分の要素しか画面に表示できません。滑らかさと画面に表示し

図6.2 30FPSと60FPSの滑らかさの比較

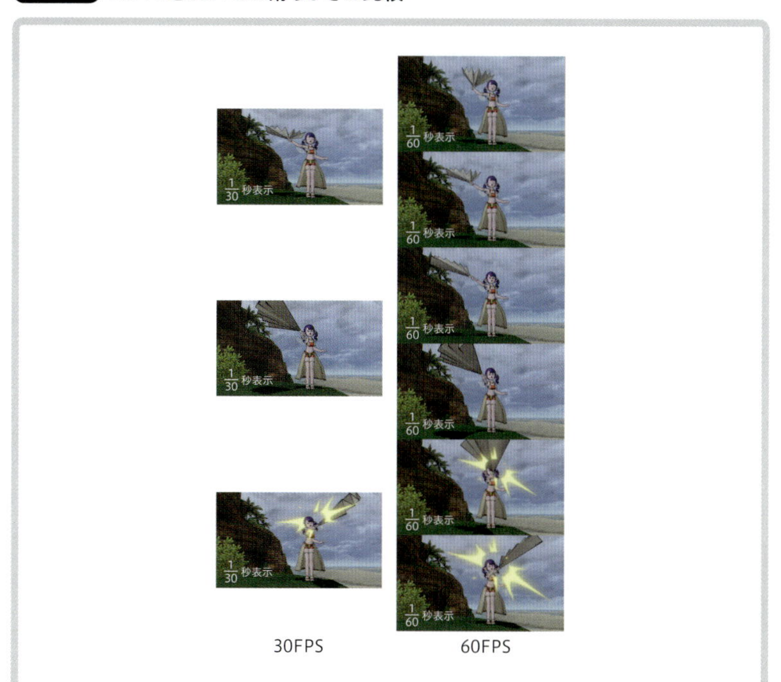

たい要素を天秤にかけて検討した結果、当初すなわちWii版のドラゴンクエストXは、30FPSで設計しました。そのあとに処理能力のより高いゲームクライアントプラットフォーム版を出したため、表示要素を減らさずに60FPSに対応しています。

Wii版やWii U版は、30FPSで動作します。PlayStation 4版は、60FPSで動作します。Windows版とNintendo Switch版は、30FPSと60FPSのどちらにするかをプレイヤーが選択できます。Windows版を選択式にしたのは、処理能力がパソコンのスペックに依存するためです。Nintendo Switch版は、電源につないだり外したりが気軽にできるゲームクライアントプラットフォームで、理屈上は30FPSのほうがバッテリー消費量を抑えられるため、選択式が良いと考えました。なお、クラウドサーバ上のWindows版は、30FPSで動作させています。

6.3 3Dゲームのしくみ

本節では、3Dゲームの基本的なしくみについて解説します。

ドラゴンクエストXなどの3Dゲームのキャラクターや冒険の舞台となる世界は、3D空間内で多数の頂点をつないだ多面体の集合でできています。多面体を構成する多角形一つ一つをポリゴン(*Polygon*)と呼び、多面体をポリゴンモデルと呼びます。Polygonという英語の意味は多角形ですが、最近の実装ではほぼ3角形ですので、ポリゴンモデルは事実上3角形の集合体です。

3Dゲームでは、この3D空間内の各ポリゴンモデルを、2Dのテレビ画面に表示できる形式に変換してゲーム画面を作ります。以降ではその基本的な変換処理と、3Dの表現で重要な光と影の処理について解説します。

透視変換 —— 3Dゲーム空間を2Dゲーム画面へ投影

3Dゲームの画面を見ると、3D空間そのものを見ていると感じます。しかし、実際に見ているのは、3D空間から投影された2Dのゲーム画面です。

この3Dから2Dへの変換を透視変換と呼びます。

3Dのゲーム空間は**図6.3**のように、プレイヤーの目から見てテレビ画面の向こう側に広がります。その3D空間内にある各ポリゴンモデルの各頂点から、プレイヤーの目を想定して3D空間内に設定された点へ線を引きます。そしてこの線と、テレビ画面を想定して設定された面との交点を計算して求めます。このテレビ画面はフレームバッファと対応します。つまり、計算で求められた交点の情報から、フレームバッファの位置が求まります。そして、もとのポリゴンモデルを構成する各ポリゴンの情報に従ってフレームバッファ上で3角形を作り、色情報を書き込みます。色情報の求め方については次項で解説します。

なお、この方法では、フレームバッファの同じピクセル位置に複数の色情報が書かれる場合、最後に処理されたポリゴンの色情報が残ります。しかし実際には、プレイヤーの目に最も近いポリゴンの色情報を残す必要があります。それを実現するのが、デプスバッファあるいはZバッファと呼ばれる、フレームバッファと対応する奥行き情報を持つメモリ空間です。フレームバッファに色情報を書き込むときに、デプスバッファに奥行き情報を書き込みます。その際、奥行き情報を比較して、プレイヤーの目により近いポリゴンの情報がすでに書き込まれていたら何もしません。こうすることで最終的に、プレイヤーの目に最も近いポリゴンの色情報がフレームバッファに残ります。

図6.3 透視変換

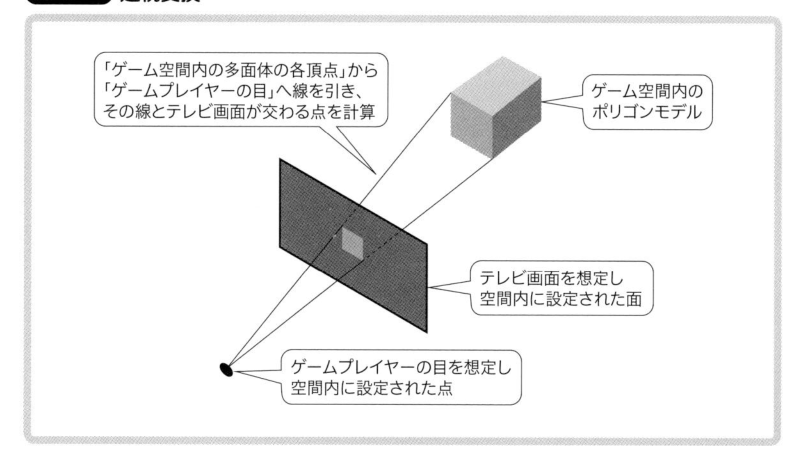

3Dのゲーム空間から2Dのゲーム画面は、このようにして作られています。

ライティング —— 光源の影響の反映

ライティングとは、太陽やたいまつなどの光源の影響を反映して色情報を求めることです。

各ポリゴンは、テクスチャと呼ばれる2Dの絵が貼り付けられた状態で、もともとの色情報を持ちます。その色情報をベースに、3D空間内の光源の影響を計算して色情報に反映します。

光源の影響は、対象のポリゴンと光源の角度情報を用いて計算します。各ポリゴンには向きが設定されていて、光源のほうを向いていれば明るく、逆なら暗くします。たとえば光が強く当たっていれば白っぽく、またはその光源の色に近付きます。

具体例で解説します。たとえば立方体があり、その真上に白い光源があるとします。立方体を表現する各ポリゴンは、その外側を向いています。つまり、上の面は上に向いているので、光源のほうを向いていることになり、白っぽくなります。下の面は下を向いているので、光源と逆方向のため黒っぽくなります。

ライティングでは、ポリゴンと光源の間に遮蔽物があるかどうかは考慮しません。前述の例で下の面が黒っぽいのは、その立方体が光を遮っているからではなく、光源と逆方向を向いているからです。もしその立方体と光源との間に何か別の物体があっても、ライティングの処理では上の面は白っぽくなります。遮蔽物への対応は次項で解説します。

影 —— 光が届かない場所の判定

3Dゲームでの影は、地面に立っているのかジャンプしているのかがわかり、立体感を演出しますので重要です。

影になる場所かどうかを判定するには、その場所に光が届いているかどうか、すなわち光源との間に遮蔽物があるかどうかで調べます。この判定は、正確に計算すると高負荷になりますので、ドラゴンクエストXでは負荷の異なる2種類の判定方法を採用しています。一つは、シャドウマッピングと呼ばれる手法でキャラクターの形に沿った影を表現するもの、もう一つは、丸い影です。

シャドウマッピングの具体的な実装の解説は本書では行いませんが、イメージとしては、まず**図6.4**ⓐのような光源から見た画像の情報を作成します。そして、プレイヤーの目から見た画像を作成する際に、その光源から見た画像の情報を組み合わせます。具体的には、プレイヤーの目からは見えていて光源から見えていない場所を影にして、ⓑを作ります。これは、キャラクターの形に沿った影を表現する方法としては比較的低負荷な処理です。ただし、光源から見た画像の生成は、1回分多くゲーム画面を作成する処理に近いので、キャラクターの形に沿った影を出さない場合に比べれば高負荷です。

丸い影は、ドラゴンクエストXでは**図6.5**のような表示です。こちらは

図6.4 キャラクターの形に沿った影

ⓐ実装イメージ

光源視点の画像を作成し判定に利用

ⓑ実際の画面

光源視点から見えない場所が影

図6.5 キャラクターの丸影

光源の角度とキャラクターの位置に基づいて影の位置を計算するだけなので、キャラクターの形に沿った影と比べると低負荷です。

ドラゴンクエストXでは、Wii版が丸い影で、Wii U版、PlayStation 4版、Nintendo Switch版はキャラクターの形に沿った影です。Windows版はキャラクターの影のタイプをプレイヤーが選択できます。クラウドサーバ上で動くWindows版には丸い影を指定しているため、クラウド版は丸い影になります。なお、ドラゴンクエストXの世界の中には、この設定によらず丸い影になる場所もあります。

6.4 ゲームエンジン ── ゲーム開発の基本機能の提供

本節では、ゲームエンジンについて解説します。

ゲームエンジンは、ほとんどのゲームで共通して使用する基本機能を提供し、ゲーム開発を効率化するためのものです。前節で解説した透視変換、ライティング、影の処理は、ほとんどの3Dゲームで必要な基本機能です。それらをゲームエンジンに任せることで、ゲーム開発者は、そのゲームタイトルに特有の部分の開発に専念できます。

以降では、一般的なゲームエンジンについてと、ドラゴンクエストXで採用しているゲームエンジンのCrystal Toolsについて解説します。

マルチプラットフォーム対応 ── 各ハードウェアの機能の有効活用

ゲームエンジンはマルチプラットフォームに対応します。各ゲームクライアントプラットフォームの性能を引き出すために、ゲームエンジンはそれぞれが持つハードウェア固有の機能を有効活用する必要があります。

たとえば、各ゲームクライアントプラットフォームには専用のGPU (*Graphics Processing Unit*) が搭載されています。GPUは、描画に必要な計算を高速に処理できるなど、グラフィックス描画処理に特化したハードウェアです。GPUが各家庭用ゲーム機の特徴と言っても過言ではありません。

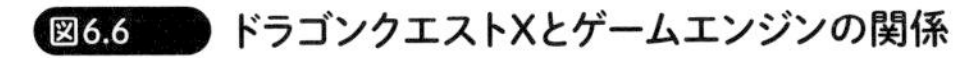
図6.6 ドラゴンクエストXとゲームエンジンの関係

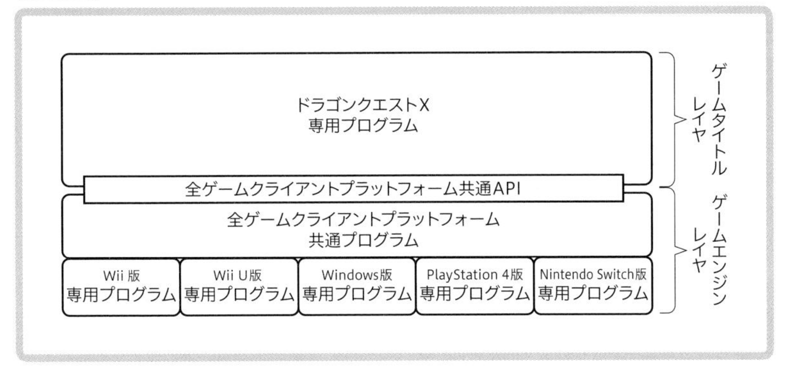

各家庭用ゲーム機のプラットフォーマーは、グラフィックス描画処理がより高速に行われるGPUを競って開発しています。ただし、各GPUは独自進化をしていて、その性能を活かすためには家庭用ゲーム機それぞれに専用プログラムが必要です。ゲームエンジンは、その専用プログラム部分を担当します。

図6.6は、ドラゴンクエストXとゲームエンジンとの関係図です。ドラゴンクエストXはクロスプラットフォームのため、ゲームクライアントではマルチプラットフォーム対応が必要です。ゲームエンジンレイヤでは、それぞれのゲームクライアントプラットフォームに特化した処理は専用プログラムが吸収し、依存しない共通機能は全ゲームクライアントプラットフォーム共通プログラムが対応します。それらはゲームタイトル側から、全ゲームクライアントプラットフォーム共通API（*Application Programming Interface*）で使用できます。APIとは、プログラムの呼び出し方法です。このAPIにより、ドラゴンクエストX専用プログラムは、同じソースコードを全ゲームクライアントプラットフォームで使えます。

各種ツールの提供 —— 整備されたリソースデータ制作環境

ゲームエンジンにはツールも含まれます。具体的には、いろいろなゲームタイトル共通で使用可能なリソースデータを制作するための各種ツールが用意されています。

たとえば、グラフィックリソースやサウンドリソースを制作するための基本的なツールは、ゲームクライアントプラットフォームにもゲームタイトルにも依存せず、共通のものを使用できる場合が多いです。また、ストーリーの進行度に応じて物体を配置するといったゲーム性に関係する設定も、各ゲームタイトルで行われていることですので共通のツールが使えます。

ゲームエンジンを使用すれば、これらのよく整備されたツールが使用できますので、類似ツールを各ゲームタイトルであらためて作る必要はありません。

Crystal Tools ―― 内製ゲームエンジン

ゲームエンジンには市販のものがあります。たとえばドラゴンクエストXの次のナンバリングタイトルである『ドラゴンクエストXI』では、PlayStation 4版のゲームエンジンとしてUnreal Engine 4を採用しました。ほかにもUnityなど、広く使用されているゲームエンジンがあります。

しかし、スクウェア・エニックスの社内開発チームではゲームエンジンを社内で開発することが多く、ドラゴンクエストXでは、内製ゲームエンジンのCrystal Toolsを使用しています。Crystal Toolsができる前の内製ゲームエンジンは、スクウェア・エニックスの各ゲームタイトルで個別に作られていました。Crystal Toolsは、それぞれのゲームエンジンを担当していたスタッフを研究開発チームに結集して、新たに開発したゲームエンジンです。採用当時『ファイナルファンタジーXIII』でも使用されており、各種ツールも含めてよく整備されていました。

ただし、Crystal Toolsには、ドラゴンクエストXの開発においては大きな問題もありました。当時のCrystal ToolsはまだWii版に特化した最適化はほとんど行われておらず、未実装の箇所もありました。Wii版はドラゴンクエストXしか予定がなかったため優先度が低く、完成時期は未定でした。

そのため、ドラゴンクエストXチームでWii版に特化した部分を開発することにしました。ただし共通エンジンとして開発するには、ドラゴンクエストX以外のタイトルの分も考慮して進める必要があるため、開発速度が鈍ります。そのため、ある時期に共通エンジンとしてのCrystal Toolsから切り離し、以降はドラゴンクエストX専用Crystal ToolsとしてドラゴンクエストX開発コアチームで開発することにしました。そしてWii版専用プログラムを整備し、後日になりますがWii U版、PlayStation 4版、Nintendo Switch版の専用プログラムもドラゴンクエストX開発コアチームが独自開発しました。

6.5 キャラクター――手描きアニメ風の表現と着替えによる多様化

本節では、ドラゴンクエストXのキャラクター描画について解説します。

特徴的な要素の中から、以降で、手描きアニメ風表現であるトゥーンレンダリング、着替えによる多様化、キャラクターモーション、キャラクター制作の流れについて順に解説します。

トゥーンレンダリングによる手描きアニメ風の表現

手描きアニメ風に表現されたキャラクターは、ドラゴンクエストXの特徴の一つです。これはトゥーンレンダリングと呼ばれる技術で、具体的にはキャラクターに手描きのような色塗りを行い、キャラクターの周りに輪郭を描くことで、**図6.7**のような見た目を実現します。

図6.7 トゥーンレンダリングされた「スライム」

手描き風の色塗り

人間が手描きしたような色塗りを実現するには、通常のコンピュータグラフィックス処理にひと手間加える必要があります。

トゥーンレンダリングをしない通常のコンピュータグラフィックスでは**図6.8**のようになります。すなわち、ライティングにより光源に近いほうは白く、遠いほうに向かって滑らかに黒くなります。この色塗りの部分を取り出したのが**図6.9**ⓐです。

それに対して人間が手描きで色を塗る場合は、ここまで滑らかな塗り分けは困難です。そのためⓑのように、あえて少ない段階数の変化で色塗りをすることで、手描き感を出せます。

図6.8 コンピュータグラフィックスの球

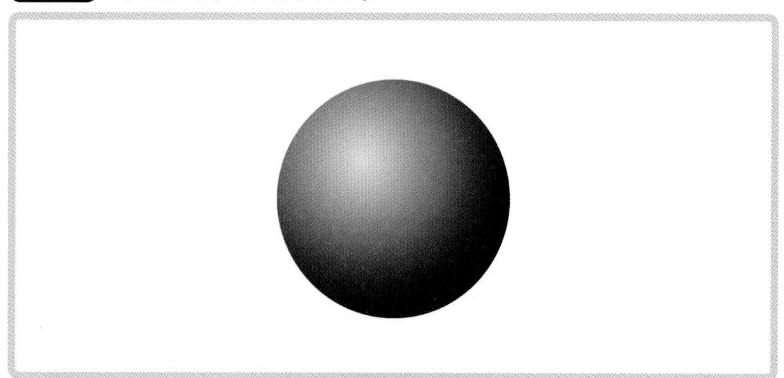

図6.9 手描きをイメージして3階調に制限された色塗り

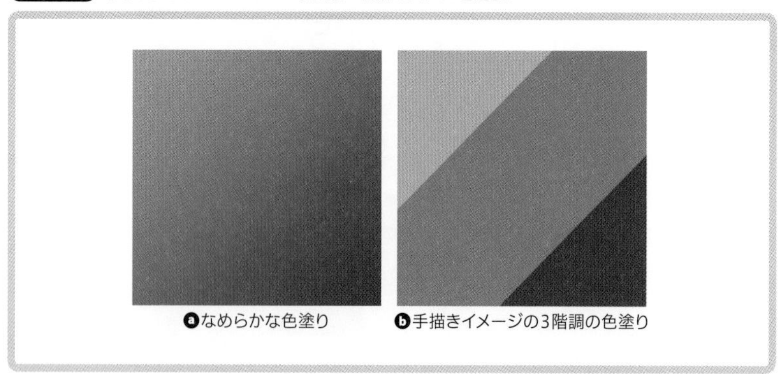

ⓑは明確な3段階に分かれていますが、ドラゴンクエストXではその境界をぼかしています。具体的には、明るい光源によるライティングで明るいところを、暗い光源によるライティングで暗いところを表現することで、その境界をあいまいにしてぼかす手法を用いています。暗い光源とは、照射されると暗くなる光源のことです。キャラクター担当デザイナーは、これらの光源の角度を細かく調整し、さらに各キャラクターに合ったテクスチャを描き込みます。結果として、図6.7のような良い感じの手描き風色塗りになります。このあたりは理屈ではなく、キャラクター担当デザイナーの職人技です。

輪郭の描画

色塗りだけでもある程度は手描きらしくなりますが、輪郭がないと物足りません。

ドラゴンクエストXでは輪郭の描画を実現するために、フレームバッファと同サイズの別のバッファを用意しました。そして、フレームバッファにキャラクターの色情報を書き込むと同時に、**図6.10ⓐ**のように、その別バッファに各キャラクターを番号化したものを書き込みます。

すべてのキャラクターの描画処理を完了したら、その別バッファを調査

図6.10 キャラクターの番号付けと輪郭描画

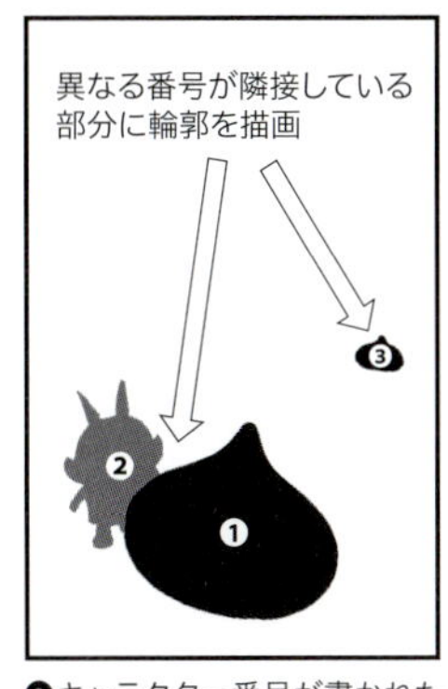

ⓐキャラクター番号が書かれた別バッファ

ⓑ輪郭が描画されたゲーム画面

します。そして、キャラクターの番号が割り当てられている領域の外側、つまり隣と違う番号の箇所を黒くしていくことで、ⓑのような輪郭の描画を実現しています。

着替えによる多様化

ドラゴンクエストXではプレイヤーキャラクターの装備を変更できます。これにより、「しゅび力」などのパラメータが変化するとともに、見た目も変わります。つまり、装備を変更することで着替えられます。

着替えをプレイヤーが楽しめるように工夫もしています。たとえば「ドレスアップ」や「マイコーデ」というゲーム内の機能で装備の性能と外見を独立させられますので、パラメータは強い装備で、見た目は好きな装備といったことが実現できます。また、**図6.11**の「妖精の姿見」で、持っていない装備を含めて試着できます。

RPGの主人公であるプレイヤーキャラクターは自分でもあり、見た目は

図6.11 装備を試着できる「妖精の姿見」

その実感のための重要な要素です。ドラゴンクエストはファミリーコンピュータ版の初代から、厳しいハードウェアの制約の中、装備の一部を画面の見た目に反映していました。ドラゴンクエストXはオンラインゲームのため、ほかのプレイヤーキャラクターと同時に画面に映ります。その差別化のため、プレイヤーキャラクターの見た目の多様化はさらに重要です。

以降では、部位の変更、部位間の接続、そしてカラーリングについて順に解説します。

部位の見た目の変更 ―― 装備に対応したポリゴンモデルの差し替え

ドラゴンクエストXでは、装備による見た目の反映は、対応するポリゴンモデルを単純に差し替えることで実現しています。

すなわち、各装備のポリゴンモデルを制作し、武器はそのまま差し替え、防具も対応した部位のポリゴンモデルを差し替えます。つまり、地肌の上に重ねるのではなく、地肌が見えている装備は地肌ごと差し替えます。キャラクター本体の部位は、頭髪、顔、頭、体上、体下、足、腕の7つに分かれていて、装備アイテムごとに対応する部位が決まっています。

部位間の接続 ―― 隣接箇所の表示／非表示の切り替え

前述のとおり、着替えは対象部位のポリゴンモデルの差し替えで実現しています。ただし、単純に差し替えると、部位間の接続、すなわち部位と部位をつなぐ部分が不自然に見える場合があります。そのためドラゴンクエストXでは、ほかの部位と隣接する箇所の表示／非表示を適切に切り替えることで、できるだけ自然に見せています。

たとえば「手編みのてぶくろ」は部位としては腕装備で、前腕と手のポリゴンモデルを持ちます。「手編みのてぶくろ」は、**図6.12**ⓐのように「手編みのセーター」と組み合わせると手首部分が中に入り、ⓑのように「クローバーTシャツ」と組み合わせると手首部分が外に出ます。

ⓐでは、「手編みのてぶくろ」の前腕ポリゴンモデルを非表示にしています。逆にⓑでは、「手編みのてぶくろ」の前腕ポリゴンモデルの手首部分を表示し、「クローバーTシャツ」の手首部分を非表示にしています。複数のポリゴンが重なった状態で両方を表示すると、手前と判定されるポリゴンが頻繁に入れ替わり見た目がチラチラしますが、片方を非表示にすること

図6.12 「手編みのてぶくろ」と体上装備の組み合わせ

ⓐ「手編みのセーター」装備時　ⓑ「クローバーTシャツ」装備時

でそれを回避できます。また、計算対象が減るので処理負荷も下がります。

各装備はグループ分けされ、グループの組み合わせにごとにどう重ねるかが設定されています。すべての境目で設定があり、図6.12のシャツとズボンの関係も同様です。

また、頭装備は頭髪との組み合わせで表示／非表示が指定されています。具体的には**図6.13**ⓐのように頭髪をすべて表示するタイプや、ⓑのようにすべて非表示にするタイプ、ⓒⓓのように一部のみ非表示にするタイプが存在します。

頭髪を非表示にできる境目は初期設計の段階で定めました。頭髪および頭装備のモデルは、この仕様に厳密に従って制作されています。そのため、ⓒⓓのように頭髪の一部を表示する装備はその境目の位置がすべて同じという制約があります。しかし、これにより髪型の差異を吸収できるため、この制約内なら頭装備や髪型にいろいろなバリエーションを持たせられます。

カラーリング —— 色の変更

各装備は、カラーリング、つまり色を変更できます。その解説のためにまず、ダイレクトカラーとインデックスカラーという、色を表現する方式について解説します。

図6.13 頭髪と頭装備の組み合わせ

図6.14 ダイレクトカラーとインデックスカラー

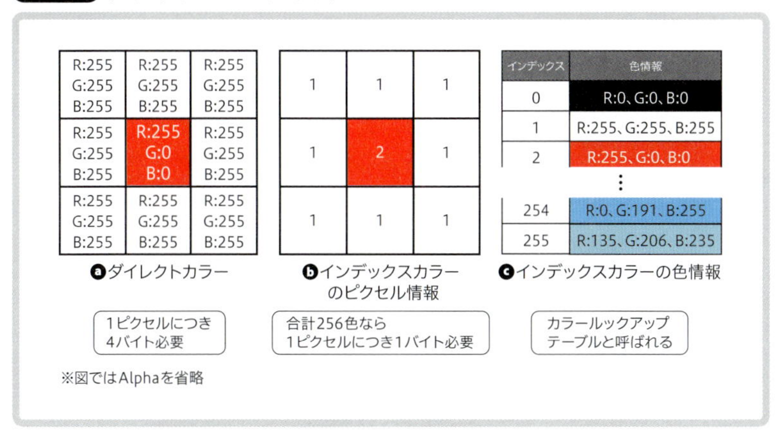

ダイレクトカラー方式は、**図6.14ⓐ**のように、ピクセルの色をRGBAで直接指定します。

インデックスカラー方式は、ⓑのように、テクスチャの各ピクセルの色をインデックスと呼ばれる番号で表現します。実際の色情報は、カラールックアップテーブルと呼ばれるⓒのようなインデックスと色情報の関係を示す情報を使用して求めます。つまり、テクスチャの各ピクセルはインデックスを用いて、1はR:255、G:255、B:255の白、2はR:255、G:0、B:0の赤などと、実際の色情報を間接的に参照する方式です。Wiiなど一部の家庭用ゲーム機では、このインデックスカラー方式がハードウェアでサポートされています。

インデックスカラー方式は、もともとはメモリを節約するためのものです。たとえば解像度が256×256のテクスチャをダイレクトカラーで表現するには、256×256×4=262,144バイトが必要です。ここで、使用する色の組み合わせを256パターンに制限してインデックスカラーで表現すれば、各ピクセルは1バイトで済みます。つまり、256×256×1=65,536バイトで表現できます。ただし、カラールックアップテーブルとして、テクスチャごとに別途256×4=1,024バイトの情報が必要です。ある程度大きな画像なら、カラールックアップテーブル分が増えてもメモリの節約になります。

ドラゴンクエストXでは、このインデックスカラー方式を利用して装備のカラーリングを実現しています。各装備の各部位のテクスチャをインデックスカラーで作成し、インデックスの何番から何番までが色替え対象なのかを厳格に仕様化します。そして、カラールックアップテーブルの色情報を変更することで、カラーリングされます。たとえば、**図6.15**ⓐの下半身の赤い部分に使用しているテクスチャのインデックス情報が2、すなわ

図6.15 装備のカラーリング

ⓐカラーリング赤

ⓑカラーリング黒

ち図6.14 ⓒのインデックス2の色情報R:255、G:0、B:0を参照しているとします。ここで、インデックス2の色情報をR:0、G:0、B:0にすれば、テクスチャの各ピクセルのインデックス情報は2のままで、図6.15 ⓑのように赤だった部分がすべて黒に変わります。同様にR:0、G:255、B:0にすれば緑色に変わります。

この仕様では、各装備の各部位に使用できる色数は256です。ダイレクトカラーであればRGBの組み合わせで1600万色以上を使用できるので、これは大きな制約です。その中で、色替え可能なインデックスにどのような色が設定されても問題ない装備を作ります。また、前述の例では1ヵ所の変更で解説しましたが、実際には複数の色の組み合わせを考慮する必要があります。この制約の中で良い絵を作ることができるのは、デザイナーの職人技としか言いようがありません。なお、このような制約を伴う仕様はプログラマーが決める場合が多いと思いますが、ドラゴンクエストXでは技術力の高いデザイナーを中心に決めています。だからこそ、より良い絵作りができるとも言えると思います。

最近のゲームクライアントプラットフォームでは、インデックスカラーのハードウェアサポートがなくなりました。そのため、ドラゴンクエストXでは独自にインデックスカラー機能を実装し、全ゲームクライアントプラットフォームにてインデックスカラー方式によるカラーリングを可能にしています。なお、このインデックスカラー方式はポリゴンのテクスチャの色を参照するときに使用され、それ以降はダイレクトカラーに変換された状態で計算、処理されることを補足しておきます。

キャラクターモーションによる多彩な動作

モーションとは、3D空間上のポリゴンモデルの動作です。アニメーションとも呼ばれますが、本書でこの用途ではモーションで統一します。キャラクターモーションはキャラクターの動作です。ドラゴンクエストXではキャラクターの多様化のためキャラクターモーションを多数用意し、それぞれのキャラクターの多彩な表現を実現しています。

以降では、まず基本的な骨とモーションのしくみを解説し、ドラゴンクエストXのキャラクターモーションの大きな特徴である関節が外せる点や、分岐などについて解説します。

キャラクターには骨がある

図6.16はモーションの基本動作です。キャラクターには、ⓑのように骨が入っています。骨はボーン、その組み合わせでできる骨格はスケルトンとも呼ばれます。キャラクターの骨を回転させることで、ⓐの基本ポーズからⓒのポーズになります。

3D空間上のキャラクターは、前述のとおりポリゴンモデルの集合体です。各ポリゴンモデルを構成する各頂点は、どの骨に付いているかの情報を持ちます。モーションにより骨を動かすと、その骨に付いている各頂点が、その骨の動きに合わせて移動します。つまり、その骨に頂点が付いている部位のポリゴンモデルが動いて見えます。

ドラゴンクエストXでは頂点ごとに最大4つの骨に付けることが可能で、その依存割合も自由に設定できます。関節部分にある頂点はその関節を構成する複数の骨に依存設定することで、関節の変形に滑らかに追従します。その結果、キャラクターの肌に相当する各ポリゴンの変形が滑らかになり、

図6.16 キャラクターの骨とモーション

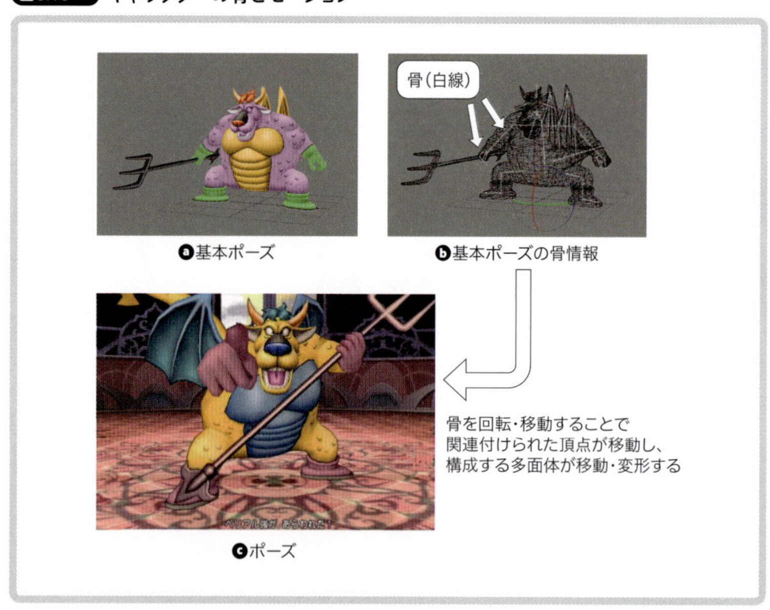

生物のような自然な動きを実現できます。あえてすべての頂点およびポリゴンが1つの骨に100%依存するように作れば、関節でパキッと折れるロボットのようなキャラクターになります。これらにより、さまざまな種類のキャラクターを表現できます。

関節が外せるキャラクターモーションで多彩な表現

ドラゴンクエストXでの骨の動きは回転に加えて、拡大／縮小や平行移動も行えます。拡大／縮小により、たとえば特定の部位を大きくできます。平行移動により、たとえば関節を外せます。これらは非現実世界だからこその動きですが、キャラクターモーション担当デザイナーはこれらの機能を積極的に使い、多彩な動きを表現をしています。

具体例を**図6.17**に示しましたが、自然に作られているので明確にはわからないかもしれません。こうした細かいところにまでこだわって作ることで、高品質なものが生まれます。

パート分けと分岐で多様な表現

ドラゴンクエストXのキャラクターモーションは、パートごとに分けることができます。これにより多様な表現を実現しています。

たとえば呪文使用時のキャラクターモーションは、**図6.18**のように、手を胸元に持ってくる詠唱モーション、手を前に突き出す発動モーション、待機状態へ戻る終了モーションという3つのパートに分かれています。こ

図6.17 拡大／縮小や平行移動を利用したキャラクターモーションの拡張

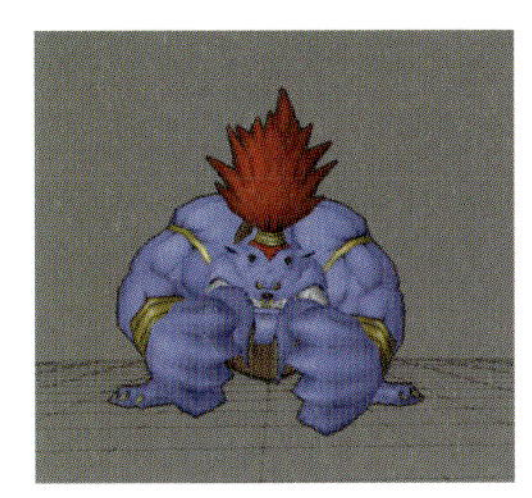

ⓐ手が巨大化している

手の骨を拡大

ⓑあごが外れている

あごの骨を平行移動

図6.18 呪文使用時のキャラクターモーション

れらはパートごとに再利用できます。

詠唱モーションや発動モーションがループ状態に入ってから次のパートへ遷移するタイミングは、任意に変更できます。パート遷移のタイミングは、ある条件が成立したら次のパートに遷移し、成立していなければ遷移しないという分岐の処理で実現しています。このしくみは、特に戦闘のバランス調整作業において有効です。たとえば、呪文に要する時間が何秒かをプランナーが設定する際に、威力の強い呪文は時間を長くして連発できないようにするなど、ゲーム性を考慮できます。すなわち、このタイプのバランス調整はプランナーのみで完結できます。もし任意にキャラクターモーションの長さを変更できるしくみがないと、設定変更のたびにデザイナーがキャラクターモーションを作りなおす必要があります。

パート遷移のタイミングは、動的に変えることもできます。たとえば、あるパートを再生している状態でゲームサーバからの指示を待ち、次のパートを再生するといったことが行えます。これは、通信遅延を考慮する必要があるオンラインゲームにおいて、特に有効だと思います。

パート遷移の分岐は、乱数にも対応しています。たとえばドラゴンクエストXではプレイヤーキャラクターがジャンプができ、その際のジャンプモーションは**図6.19**のように各種族2種類あります。これはデザイナーが、乱数がある値ならレアジャンプ、それ以外なら通常ジャンプになるよう分岐を設定しています。これにより、プレイヤーキャラクターのジャンプ時はランダムでどちらかのキャラクターモーションが再生されます。通常のゲームですとプログラマーが乱数を使用して分岐する処理を作りますが、ドラゴンクエストXではデザイナーのみで完結できます。

ただし、デザイナーで完結できるキャラクターモーションの変化はゲームクライアントのみです。ゲームサーバを介した連携はしていません。つまり、同じプレイヤーキャラクターがジャンプしているのを別々のゲームクライアントで見た場合に、それぞれのゲームクライアントで乱数を使用しますので、それぞれが違った種類のジャンプを見ている可能性があります。

このように、パートごとに再利用できたり、プランナーやデザイナーのみで作業が完結できたりすることで、開発効率を高めつつ、表現範囲を広

図6.19 ランダムに見た目が変わるジャンプモーション

ⓐ通常ジャンプモーション

ⓑレアジャンプモーション

げられています。また、プレイヤーキャラクターのジャンプのように遊び心を反映しやすくなり、ゲームとしての楽しさを向上させられています。

物理骨による動的制御で揺れを表現

ゲーム業界では、「物理」という表現が一般的に使用されるようになりました。これは、風などの外部要因を加味して物理演算と呼ばれる計算を行い、キャラクターモーションを動的に制御することです。ドラゴンクエストXのキャラクターモーションでも、図6.20ⓐのように頭髪やスカートが風に揺れる表現に物理演算を使用しています。

頭髪やスカートには、筆者たちが物理骨と呼ぶ種類の骨が入っていて、風などの影響に基づき物理骨に対して物理演算を行います。そのあとは、通常の骨と同じです。つまり、それぞれの物理骨に付いている頂点を、物理骨の動きに合わせて動かします。これにより、頭髪やスカートが風に揺れる表現を実現しています。

図6.20 物理骨を含む部位と装備

この手法は、ポリゴンモデルの頂点一つ一つを物理演算するよりも計算量が少なく効率的ですが、それでも物理骨一つ一つの物理演算が複雑で計算が高負荷なため、多用はできません。そこでドラゴンクエストXでは、物理演算に対応するのは1キャラクターにつき同時に2ヵ所までと決めました。

たとえばⓐは、頭髪とスカートが物理演算対象です。

ⓑは、頭髪とマントが物理演算対象です。このマントは体上下一体型の装備に付いていますので、体下装備であるスカートと同居できません。ドラゴンクエストXの中に、体上のみの装備に付いているマントはありません。つまり、ゲーム仕様上の制約で、同時に3ヵ所以上の物理演算対応の装備や、頭髪を組み合わせられないようにしています。

この制約内で、ⓒのように振り袖も実装できます。こちらもスカートが同居できません。左右の袖が揺れるので振り袖だけで合計2ヵ所のように見えますが、1ヵ所分の物理骨の数でできる範囲で実現しています。少し変わったところではⓓのように、頭髪を消すことでマントとスカートの同居を実現しています。

また、**図6.21**のように、両方に物理骨を含む装備を重ね合わせる場合は、物理骨を含む部分の片方を非表示にします。

開発初期には、2ヵ所の物理演算は頭髪とスカートで使用し、マントは実装しないと決めていました。しかしそのあと、同時に2ヵ所までであれば

図6.21 物理骨を含む装備の表示優先順位

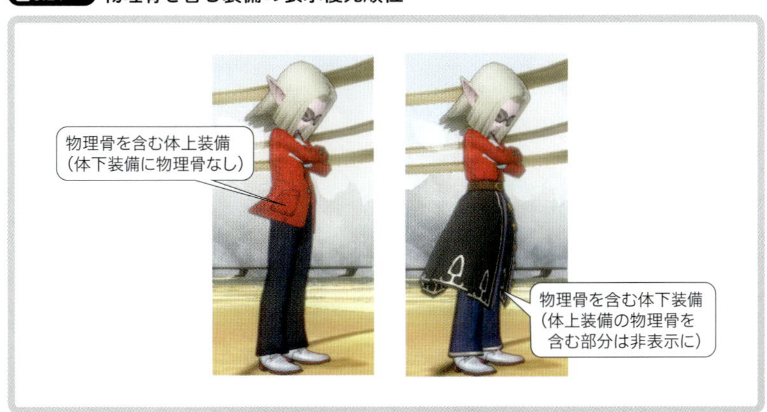

よいことを利用して、ゲーム仕様上の制限を設けてマントを実装できました。昔からゲームクリエイターは、家庭用ゲーム機の性能限界へ挑戦し、いかに工夫して魅せるかを考え抜いてきました。ドラゴンクエストXでも考え抜き、プログラマー、プランナー、デザイナーが協力して、マントを実現しています。ドラゴンクエストXに限らず、このような工夫はさまざまなゲームの随所に散りばめられています。

なお、厳密には物理骨を使用している箇所は、ランタンや帽子の一部など若干ですがほかにもあることを補足しておきます。

フェイシャルアニメーションによる表情変化

フェイシャルアニメーションとは、キャラクターの顔の変化です。ドラゴンクエストXのプレイヤーキャラクターは、顔のポリゴンモデルに貼り付けられている目と口のテクスチャを差し替える2D画像表現で、**図6.22**のような表情変化を実現しています。

最近の3Dゲームの多くは、本物の人間同様に顔の骨格を3D空間上で動かして表情を作ります。これにより、フォトリアル、すなわち現実世界の写真のような表現ができます。それに対してドラゴンクエストXでは、ほぼすべてのフェイシャルアニメーションがテクスチャを差し替える2D画像表現です。2Dの絵を描くことで目や口が大胆に変わる表情を実現できますので、ドラゴンクエストXの絵柄に合致していると思います。

図6.22 フェイシャルアニメーションによる表情変化

キャラクター制作の流れ

本項では、ドラゴンクエストXでキャラクターを制作する流れを解説します。キャラクターを制作する際は、まずキャラクターセクションがキャラクターモデルを制作し、続いてモーションセクションがキャラクターモーションを制作します。キャラクターモデルは、キャラクターのポリゴンモデルに各種設定を加えたものです。

キャラクターモデル制作の流れ

キャラクターモデル制作の流れを**図6.23**に示します。

まず、アートすなわち、完成形をイメージできる2Dの手描きの絵を作成します。この段階でドラゴンクエストXの仕様範囲内のイメージにしますので、アート担当者は絵が上手なことに加えて、ゲーム仕様や技術仕様の理解も必要になります。仕様というのはたとえば、使用可能なポリゴン数です。プレイヤーキャラクターの装備であれば、部位間の接続も考慮します。

次に、作成されたアートをもとに、Mayaという市販ツールで3Dの形状データを作成します。ツールはほかのものでも技術仕様上は問題ありません。しかし、3D関連のツールを使いこなすには知識が相当に要求されますので、ノウハウ共有のためにも使用ツールはドラゴンクエストX開発コアチーム内でできるだけ統一しています。

図6.23 キャラクターモデル制作の流れ

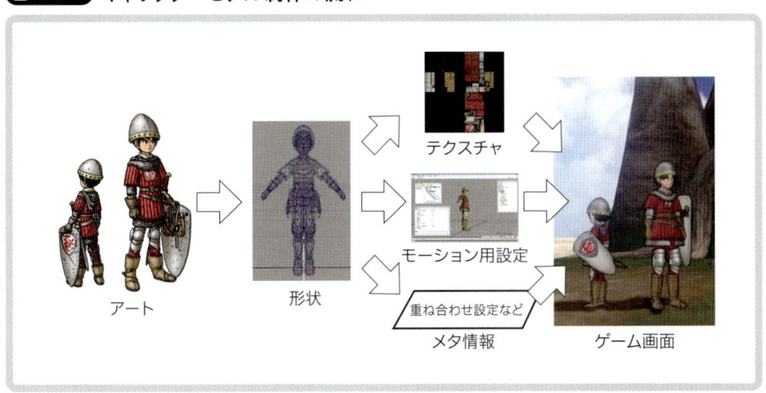

形状データが完成したあとは、3グループで並行作業です。

1つ目は、形状データの表面に貼り付けるテクスチャの制作です。テクスチャ制作には主にPhotoshopという市販の画像制作ツールを使っていますが、技術仕様上の制限はありません。テクスチャを表面に貼り付けることで、キャラクターモデル表面の色や、形状データだけでは表現しきれない細部を表現します。

2つ目は、キャラクターモーション用設定の制作です。プレイヤーキャラクターは種族ごとに基本となる骨格が決まっていますので、その部分は新たには作りません。モンスターなど特殊な形状の場合は、Mayaを使用して、骨情報の制作および、リグと呼ばれる、骨を動かす作業をしやすくする設定をします。また、物理骨がある場合は、その揺れやすさや、めり込まない範囲の指定などを、Crystal Toolsのキャラクター用ツールにて行

Column

制作されし十四の種族

ドラゴンクエストXはプレイヤーキャラクターとして操作可能な種族が人間以外に5種類あり、これがバージョン1のタイトル『目覚めし五つの種族』につながります。

つまり、人間を含めると合計6種族で遊ぶことができるのですが、これはゲーム仕様の観点で数えた場合ですね。人間には体型に大小の区別があり、全種族に男女があります。それぞれ見た目が大きく異なり、骨格も異なりますので、制作データの観点ですと、プレイヤーキャラクターは合計14種類存在します。

そのため、防具を追加する場合は14種類制作します。「しぐさ」と呼ぶプレイヤーキャラクターのキャラクターモーションを追加する場合も14種類です。つまり、防具や「しぐさ」は1つ増やすだけで14増やすことになるので大変なんですよね。

そのため、プレイヤーキャラクターのグラフィックスに関わるスタッフは、ドラゴンクエストXのプレイヤーキャラクターの種族数は14という認識です。進捗会議では、「14種族中8種族分完成しました」などと表現するのが普通になっています。あらためて考えると少し変かもしれませんが、開発初期から使用している表現なので、筆者の認識も制作されるのは14種族ですね。

います。

3つ目は、メタ情報、すなわち絵のデータとは独立した管理用データの制作です。こちらは主にExcelを使用し、重ね合わせ時の表示優先度などを設定します。

これで、ゲーム画面上に表示されるキャラクターモデルは完成です。

キャラクターモーション制作の流れ

キャラクターモーション制作の流れはまず、パートごとに、骨の動きのデータであるモーションデータをMayaで制作します。

そのあと、Crystal Toolsのキャラクター用ツールなどを用いて、たとえば攻撃モーションではこのタイミングで敵に攻撃が当たったエフェクトを出す、抜刀モーションではこのタイミングで武器を手に持たせる、といったタイミングの指定を行います。

こうしてできあがった複数の各モーションパートを、さらに別のツールで組み合わせます。前述した分岐もここで設定します。これは、Crystal ToolsにはないドラゴンクエストXオリジナルのツールです。

また、コラムで解説したように、プレイヤーキャラクターのキャラクターモーションを1つ増やす場合、14パターン作ります。通常は全種族で似た動作になるように作りますが、一部のキャラクターモーションでは種族ごとにあえて大きく変えて、ドラゴンクエストXのお客さまにその差を含めて楽しんでいただいています。

一方、モンスターは使用するキャラクターモーションが決まっているので制作数は必要最小限で済みます。しかし、プレイヤーキャラクターと違い個性的な形状のものが多く、流用できずほぼ新規の制作になるのでこちらが楽ということはありません。

フェイシャルアニメーション制作の流れ

フェイシャルアニメーションは、多数のテクスチャを作成し、ドラゴンクエストX専用フェイシャルアニメーションツールで時系列に並べて制作します。そのテクスチャの数は、合計すると万単位になります。

まず、テクスチャ1枚1枚をPhotoshopや、OPTPiX iméstaという市販の減色ツールで作成します。減色ツールとは、似た色をまとめて、テクスチ

Column

モーションキャプチャ活用で求められる演技力

人間、あるいは人間に近い骨格を持つキャラクターモーションの制作には、モーションキャプチャを利用することがあります。

モーションキャプチャは、実際の人間の動作、いや演技をデータ化して使用するものです。何もないところから作るより、モーションキャプチャを利用したほうが効率的に制作できる場合が多いです。

図6.aはモーションキャプチャの撮影風景です。体にマーカーと呼ばれる目印を付けて、実際に動くことでモーションデータが作られます。演技がそのままモーションデータになりますので、動作する人には演技力が必要です。通常はモーションアクターと呼ばれるプロの役者を呼んで演技していただきますが、ドラゴンクエストXでは、開発スタッフも演技をすることがあります。どんな人がどの演技を……というのは夢を壊すかもしれないので触れないでおきましょうか。

通常は、モーションデータが作られると、あとは微調整するだけで完成します。しかし、ドラゴンクエストXではそこから、テイストを合わせるために外連味（けれんみ）を出したり、メリハリを効かせる形で調整します。それでようやく完成です。

なお、モーションキャプチャは施設を借りるだけで大変なことが多いと思います。しかし、スクウェア・エニックスは大規模なモーションキャプチャ施設が自社内にあり、会議室と同様の手軽さで利用できます。これは大きなアドバンテージだと考えています。ただし、手軽に利用するときは開発スタッフが演技をすることになりますので、開発スタッフに演技力が求められることになりますけれど。

図6.a モーションキャプチャの撮影風景

図6.24 フェイシャルアニメーションツール

ャが使用する色数を減らすツールです。

そして、図6.24のドラゴンクエストX専用フェイシャルアニメーションツールで時系列に並べて、確認とデータの出力を行います。これも、Crystal ToolsにはないドラゴンクエストXオリジナルのツールです。

そのあとモーションを組み合わせて、実際に使用される状況でフェイシャルアニメーションを確認し、試行錯誤のうえで最終データを制作します。

なお、一部のNPCなどで骨を使用したフェイシャルアニメーションが少数ながら存在していますが、こちらはキャラクターモーションと同様の流れで制作します。

6.6 3DBG —— 冒険の舞台となる広大な世界

本節では、ドラゴンクエストXの冒険の舞台となる3DBGについて解説します。

どこまでも続く地面、巨大な建造物、遠方に見える山、そして空と太陽。

図6.25 ドラゴンクエストXの美しい景観

これらの広大な世界が3DBGです。筆者たちは単にBGと呼ぶ場合もありますが、本書では3DBGで統一します。

図6.25はドラゴンクエストXのプレイヤーさんがゲーム内の写真機能で撮影した画像で、運営イベントとして開催されたコンテストに投稿していただき、見事入賞した作品です。ドラゴンクエストXには、このように美しい場所、3DBGがいくつもあります。

以降では、表示の処理負荷やメモリ使用量を抑えるための工夫と、制作の流れを解説します。

高速な非表示範囲の判定が重要

キャラクターと同様に3DBGも3D空間上のものを扱います。ただし、3DBGは広大な世界を表現しているため、ゲームクライアントでその空間すべてを透視変換すると過負荷になります。そのため、いかに高速に非表示範囲を判定し、透視変換の対象から除外するかが重要です。

ドラゴンクエストXの3DBGは、**図6.26**ⓐのように、原則として上から見て正方形の格子状に区切られています。そのため、まずⓑのように格子単位で表示範囲と非表示範囲を判定し、非表示部分を格子ごとまとめて透視変換の対象から除外します。そして、除外されなかった格子内のポリゴ

図6.26 3DBGの描画処理

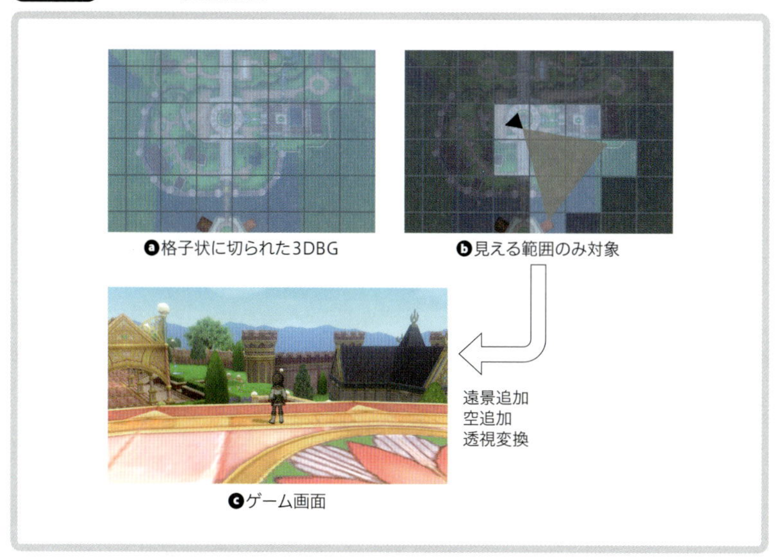

ンモデルを透視変換して、ⓒのように描画します。透視変換の結果、画面外になった部分は表示しませんが、大部分は表示されます。こうすることで、3DBG内のすべてのポリゴンモデルを透視変換してから表示／非表示を判定する場合に比べて、高速に処理できます。

3DBGではそのほかに、遠景や空も描画します。ドラゴンクエストXでは、内側に空や山脈などの遠景が描かれた大きな半球を用意しています。そして、プレイヤーの目を想定した地点を中心にその半球を配置して、描画します。

近付いてから読み込む室内グラフィックリソース

5.2節で解説したとおり、ゲームクライアントで使用可能なメモリの容量には制限があり、3DBGに割り当てられているメモリの容量も制限されています。その制限の中で、ドラゴンクエストX開発コアチームが動的読み込みと呼ぶしくみを導入して、メモリを限界ギリギリまで活用しています。

動的読み込みは、最初は室内グラフィックリソースをメモリに読み込まず、プレイヤーキャラクターが建物に近付いてから読み込むしくみです。そのため、まだ遠くにいるときにほかのプレイヤーが扉を開けると、図6.27ⓐの何もない室内が表示されます。自分が扉を開けるときは、近付いている間に室内グラフィックリソースの読み込みが完了していますので、ⓑのように室内も含めて表示されます。

より正確には、動的読み込み用トリガボックスにプレイヤーキャラクターが接触すると、室内グラフィックリソースのメモリへの読み込みを開始します。トリガボックスとは、ドラゴンクエストX開発コアチームで使用している用語で、いろいろな処理を実行するきっかけとなる指定範囲のことです。室内グラフィックリソースごとに、プレイヤーキャラクターの移動速度と室内グラフィックリソースの読み込み時間から逆算して求められた位置に、動的読み込み用トリガボックスを配置しています。このしくみにより、プレイヤーキャラクターがその室内に入るための扉に近付いたころには読み込みが完了しています。

新たに別の室内グラフィックリソースを読み込む際は、不要になった室内グラフィックリソースをメモリから破棄します。これにより、同時に使

図6.27 室内グラフィックリソースの動的読み込み

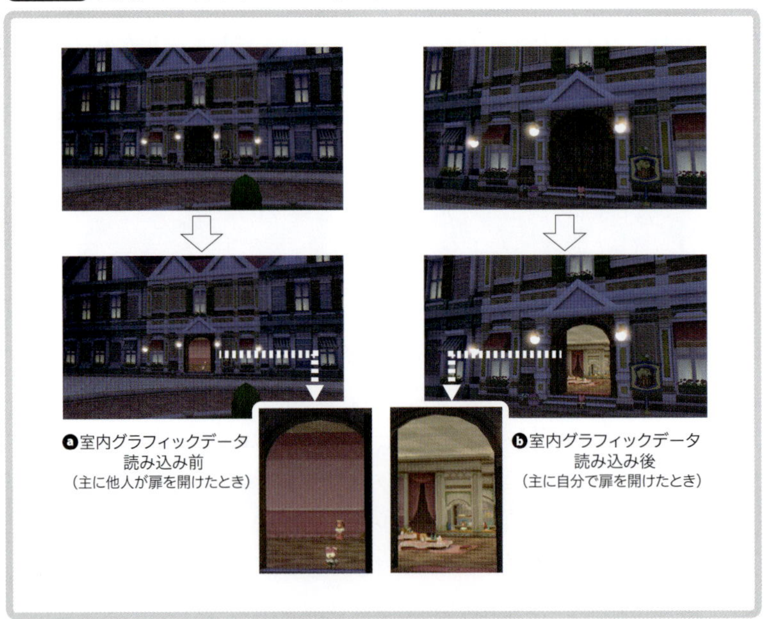

用するメモリの容量は増やさずに、実質的にはより多い容量のメモリが使用できる状況になります。

技術的には、指定場所に来たらメモリに読むだけですからシンプルです。ただし、実際に制作する際には、動的読み込みに対応した室内グラフィックリソースが必要な部屋を密集させると、同時に必要な室内グラフィックリソースが多くなりメモリの容量が不足します。そのため、適度に分散させるなどの工夫が必要で、ギリギリのところは担当者の職人技で対応しています。

3DBG制作の流れ

本項では、3DBGの制作の流れを解説します。

最初に、シナリオセクションが作る世界設定などから、どのような地域があるかを決めます。そして、3DBGアート担当デザイナーは、それぞれの地域のイメージを反映させた、**図6.28**のような手描きのコンセプトアートを作ります。

各地域には複数の3DBGがあり、それぞれ**図6.29**の流れで制作します。

まず、シナリオセクションが、シナリオに必要な3DBGの情報を景観を含めて出します。そして、シナリオ担当者、担当プランナー、3DBGアー

図6.28 3DBGのコンセプトアート

図6.29 3DBG制作の流れ

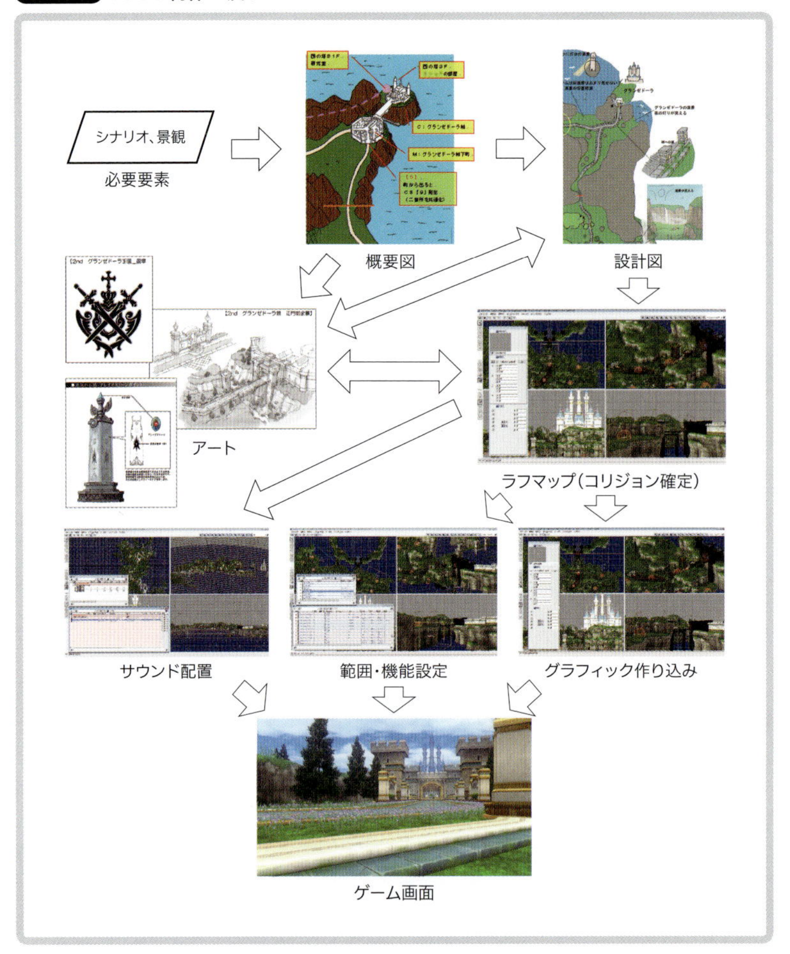

ト担当デザイナー、3DBGデータ担当デザイナーらが意見交換を行い、概要図に落とし込みます。

そこから、3DBGデータ担当デザイナーが設計図を制作します。設計図には、複数のアートを含むいろいろな設定を盛り込みます。

3DBGのアートは、キャラクターとアートと同様に、完成形をイメージできる2Dの手描きの絵です。ただし、1枚で全部を表現できませんので、複数枚用意します。それぞれのアートは、コンセプトアートおよび、ゲーム仕様や技術仕様に基づき、世界観や文明度、舞台の雰囲気や構造のアイデアを膨らませて、主に3DBGアート担当デザイナーが制作します。

設計図の完成後は、引き続き3DBGデータ担当デザイナーがラフマップを制作します。ここで言うラフマップは、必要最低限の要素であるコリジョンが確定したマップです。コリジョンとは衝突のことで、ドラゴンクエストX開発コアチームでは衝突判定用のデータのこともコリジョンと呼びます。3DBGにおいては、地面や壁などの位置の情報がコリジョンです。つまり、地面や建物の配置は完成形だが、見た目は作り込まれていないものがラフマップです。

前述のとおりドラゴンクエストXの3DBGは、原則として上から見て正方形に区切られた地面パーツを格子状に並べて作られています。その地面パーツはMayaで制作し、それらをCrystal Toolsの3DBG配置ツールを用いて配置します。ラフマップ制作中にも必要に応じてアート制作を追加で行い、それをもとに形状の詳細を決めていきます。

ラフマップが完成すると、カットシーンなど関連するグラフィックリソースの作業が可能になります。また、その3DBG自身に対してもトリガボックスやサウンドの設定ができますので、それぞれ主にプランナーおよびサウンド担当者が作業に入ります。サウンドの作業では、たとえば川や風、滝、たいまつなど場所に紐付く音を配置します。3DBGデータ担当デザイナーは引き続き作業し、見た目の作り込みを行います。

そしてすべてがそろうと完成です。

6.7 エフェクト —— さまざまな視覚効果

本節では、ゲーム業界でエフェクトと呼ぶ、視覚効果について解説します。

エフェクトは、SEと区別してヴィジュアルエフェクト(*Visual Effects*)あるいはVFXと呼ぶこともありますが、単にエフェクトと呼ぶ場合は視覚効果を指します。エフェクトは、パーティクルと呼ばれることもあります。これは、エフェクトが主に、多数のパーティクル、すなわち粒子のように小さいものを使用することが多いからです。

ドラゴンクエストXのエフェクトはパーティクルに加えて、いろいろなポリゴンモデルを使用したり、前フレームのフレームバッファを利用して重ねたりするなど、さまざまな表現ができます。それぞれの機能は比較的単純ですが、エフェクト担当デザイナーがその機能を使用して組み合わせると、その職人技により素敵な視覚効果になります。

以降では、エフェクトの例をいくつかと、その制作の流れを解説します。

エフェクトのいろいろ

図6.30は、エフェクトで実現したいろいろな表現の例です。

「花火」はすべてエフェクトで表現されています。多数のパーティクルに速度や加速度を指定して実現しています。

「ゴールドシャワー」という「しぐさ」は、降り注ぐ大量の金貨の表現がエフェクトです。金貨のポリゴンモデルに速度や加速度、回転の角速度などを指定しています。ランダムの要素も入れて、毎回同じにはならず、適当に散らばるようにできています。

図6.30 エフェクトで表現されたさまざまなもの

「ギガスラッシュ」や「ミラクルゾーン」という戦闘中に使用する技の演出は、キャラクターモーションとエフェクトを連動させた派手なものにしています。

エフェクト制作の流れ

本項では、エフェクト制作の流れを解説します。

エフェクトは、エフェクトセクションが制作します。必要な素材を用意したあと、**図6.31 ⓐ**のえふぇくちゃんと呼ばれるツールで各種パラメータを指定します。

必要な素材は、たとえばテクスチャ素材が必要な場合は、PhotoshopやIllustratorといった市販の画像制作ツールで作ります。あるいは、After Effectsという市販の映像制作ツールを使用し、そこから時系列に複数枚の画像を切り出して、テクスチャ素材として使用する場合もあります。これらは決められたものではなく、各エフェクト担当デザイナーが好きなツールを使用しています。

えふぇくちゃんは、スクウェア・エニックス社内で使用されているエフェクト制作ツールです。Crystal Toolsにはエフェクトツールも含まれますが、ドラゴンクエストXではそれを使用していません。Crystal Toolsのエフェクト部分がWiiにほとんど対応していなかったこともあり、慣れたスタッフがいたえふぇくちゃんを使用することにしました。ただし、Crystal Toolsと異なり、えふぇくちゃんは社内共通で使用できる環境整備がされていませんので、最新版のえふぇくちゃんを人づてでもらってきて、ドラ

図6.31 エフェクト制作ツールえふぇくちゃん

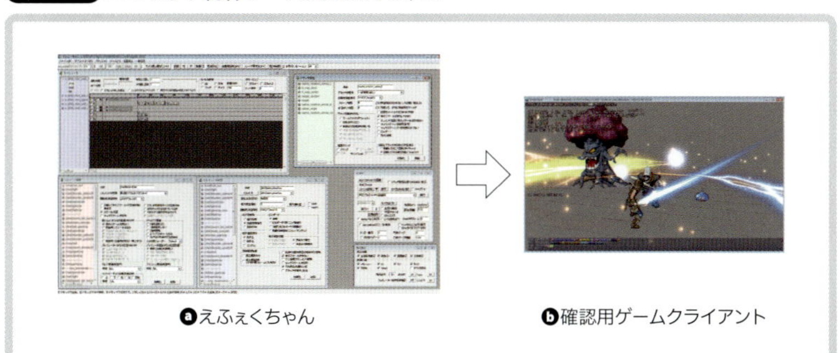

ⓐえふぇくちゃん　ⓑ確認用ゲームクライアント

ゴンクエストX専用にカスタマイズしました。

えふぇくちゃんでは、生成するパーティクルやポリゴンモデルの種類、初期速度、加速度など、多数のパラメータを指定します。

エフェクトは、実際のゲーム画面で何度も確かめながら数値を調整する高頻度の試行錯誤が重要です。そこにドラゴンクエストXではこだわり、図6.31 ⓑのようにゲームクライアントを拡張した確認用ゲームクライアントを連携させて、えふぇくちゃん上の操作でほぼタイムロスなく、実際のゲーム画面で確認できるようにしています。

6.8 カットシーン —— 物語に添える彩り

本節では、カットシーンについて解説します。

物語のシーンが映像で表現されたものにはカットシーンとムービーがあり、ドラゴンクエストXの物語に彩りを添えています。**図6.32**は、カットシーンの1コマです。

図6.32 物語に彩りを添えるカットシーン

以降では、まずカットシーンとムービーの違いを解説し、そのあとカットシーンの実装および制作の流れを解説します。なお、ムービーの制作については2.3節をご覧ください。

カットシーンとムービーの違い

本項では、カットシーンとムービーの違いを解説します。

2.3節で解説したとおり、ムービーはプリレンダリングされた動画です。一方、カットシーンはリアルタイムに描画演算して再生する映像です。

ただし、カットシーンという用語は、スクウェア・エニックス社内ではこう呼ぶことが多いですが、日本のゲーム業界で統一したものはないという認識です。ムービーという用語は、日本のゲーム開発者の間では、共通してプリレンダリングされた動画を指すと思います。なお、ドラゴンクエストXのお客さまに向けた告知では、両者を区別せず、どちらもムービーと表現していて、さらにややこしくしてしまっています。本書では、カットシーンとムービーを明確に区別して使用します。

カットシーンは、リアルタイムに透視変換などの描画演算を行います。そのため、通常のゲーム画面と同様の制約内で作る必要があります。ただ、カットシーンは演出や登場キャラクターが決まっているので、限界まで作り込めます。それにより、通常のゲーム画面よりもきれいな表現ができる部分はあります。ただし、あくまでも通常のゲーム画面と比べた場合のきれいさです。

それに対してムービーは、リアルタイムでは動画を再生するだけです。動画は事前に制作しますので、動画の各フレームの描画演算に時間がかかっても問題ありません。そのため、ムービーでは多数の要素が表現でき、キャラクターの肌も滑らかにできます。これは、通常のゲーム画面では表現できないきれいさです。ただし、ムービーは事前にすべての絵が確定しているため、プレイヤーごとに容姿が異なるプレイヤーキャラクターは登場させられません。また、ムービーはファイルサイズが大きいため、乱発できません。

そのため、普段はカットシーン、特別な選出にムービーを使用します。たとえばドラゴンクエストXを起動すると流れる映像はムービーです。そのあとゲームを新規に開始すると、自分のキャラクターの容姿や名前を決めたあとに、その容姿が反映された映像が流れます。これはカットシーンです。

なお、ムービーとカットシーンが交互に再生されるところもあります。

物語は最高のごちそう

ドラゴンクエストXにとって物語は最高のごちそうです。お客さまアンケートでも常にお話が重視されています。そのごちそうを映像として担うカットシーンは重要です。

カットシーンの中にプレイヤーキャラクターを登場させられることも重要で、主人公が自分であるという没入感を高めます。

ゲームクライアントで生成されたキャラクターが演技

本項では、カットシーンの実装について解説します。

ドラゴンクエストXはオンラインゲームですが、カットシーンに登場するキャラクターは、そのカットシーンを見ているゲームクライアントのみで生成されます。普段表示されているキャラクターはすべて非表示にして、必要に応じてそのコピーをゲームクライアントで生成し、表示します。

ゲームクライアントで生成されたキャラクターは、いろいろな演技をします。その際にゲームサーバと通信は行いませんので、演技をつける際にゲームサーバの負荷を気にする必要がないというメリットがあります。また、ゲームクライアントで生成されたキャラクターはゲームサーバには存在しませんので、ほかのプレイヤーは見ることができません。そのためカットシーンに物語の重要人物が登場しても、ほかのプレイヤーへのネタバレを防げます。

カットシーンが終了したら、ゲームクライアントで生成したキャラクターは破棄し、非表示化されていたキャラクターたちを表示します。

カットシーン制作の流れ

本項では、カットシーン制作の流れを解説します。

まず、キャラクターや3DBG、各キャラクターが話すセリフなどの素材を用意します。

次に、**図6.33**のCrystal Toolsのカットシーンエディタを用いて、カットシーン担当デザイナーが、タイムライン上にそれらの素材を時系列に並べて組み上げます。カットシーンエディタでは、たとえばカットシーン開始時にはこの3DBGが表示され、プレイヤーキャラクターがこのキャラクターモーションをしていて、1.2秒後にあるキャラクターがこのキャラクターモーションをして、このセリフを表示する、といった指定を行います。

そのあと、フェイシャル担当デザイナーがフェイシャルアニメーションを、エフェクト担当デザイナーがエフェクトを、サウンドチームの担当スタッフがサウンドを組み込んで完成します。

各素材については、キャラクターならキャラクターセクション、3DBGなら3DBGセクションなど、各担当セクションで作ったものを使用します。ただし、カットシーン専用のキャラクターモーションは、カットシーンセクションで制作します。その際には、モーションキャプチャを利用することが多いです。また、そのキャラクターモーションがプレイヤーキャラクターのものの場合は、モーションセクションが作るキャラクターモーションと同様に14種類作ります。

さらに、映像表現がプレイヤーキャラクターに依存する場合は、設定も14種類、あるいは必要な数だけ作ります。たとえばプレイヤーキャラクタ

図6.33 カットシーンエディタ

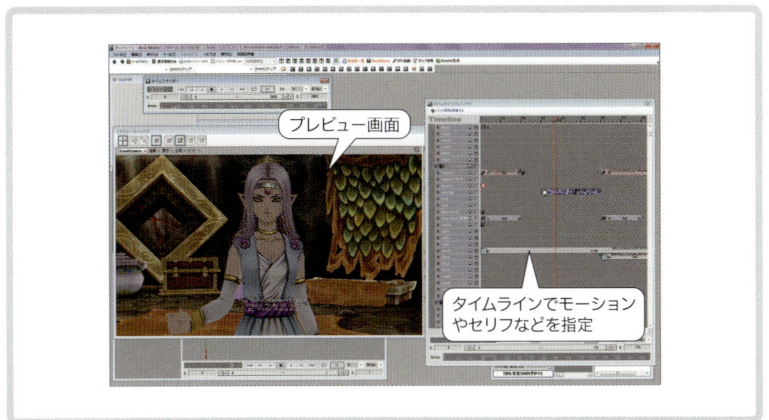

ーのバストアップシーンでは、背の高いプレイヤーキャラクターに合わせて高い視点からの映像にすると、背の低いプレイヤーキャラクターの場合に頭だけ映るか何も映らないことになります。そのため、プレイヤーキャラクターの背の高さに対応する視点の高さを、必要な数だけ設定します。

カットシーンはそのシーンに登場する素材がすべてそろわないと完成しません。つまり、完成が最後になります。カットシーン完成スケジュールがリリーススケジュールに直結しますので、カットシーンセクションはスケジュールに厳しいです。

6.9 メニュー —— わかりやすさの中心的役割

本節では、ドラゴンクエストX開発コアチームがメニューと呼ぶ、メニューUIを中心とした2D描画の解説をします。メニューはドラゴンクエストXのわかりやすさの中心的役割を担います。

昨今のゲームのUIにはいろいろタイプがありますが、ドラゴンクエストXは**図6.34**のように、初期のドラゴンクエストと同様に2DメニューのUIです。

メニューを構成する各パーツの2Dグラフィックリソースと、各メニューのレイアウトをメニューセクションで制作します。ドラゴンクエストXはメニューの種類が多いので、実は大変な作業です。

以降では、複数の解像度に対応したメニューの実装と、制作の流れを解説します。

複数の解像度に対応したメニューレイアウト

ドラゴンクエストXのゲームクライアントはいろいろな解像度が選べます。そのため各メニューレイアウトは、複数の解像度に対応する必要があります。ただし、解像度ごとにメニューレイアウトを作るのは、作業工数や検証工数を鑑みると現実的ではありません。

図6.34 ドラゴンクエスト伝統の2Dメニュー

ドラゴンクエストXではこれを、メニューレイアウトに基準位置の情報を持つことで解決しています。基準位置というのは、左上、中央といった画面上の位置のことです。たとえば右下基準であれば、解像度にかかわらず右下からの相対位置に表示されます。

このしくみにより、メニューレイアウトを解像度ごとに制作したり、解像度に応じたプログラム制御を行うことなく、複数の解像度に対応しています。

メニュー制作の流れ

メニュー制作の流れはまず、PhotoshopやIllustratorや、OPTPiX iméstaなどでグラフィックス素材を作成します。技術仕様上は、素材作成ツールに制限はありません。

そのあと、メニューパーツ制作ツールでメニューパーツを制作し、**図6.35**のメニューレイアウトツールでレイアウトを制作します。これらは

図6.35 メニューレイアウトツール

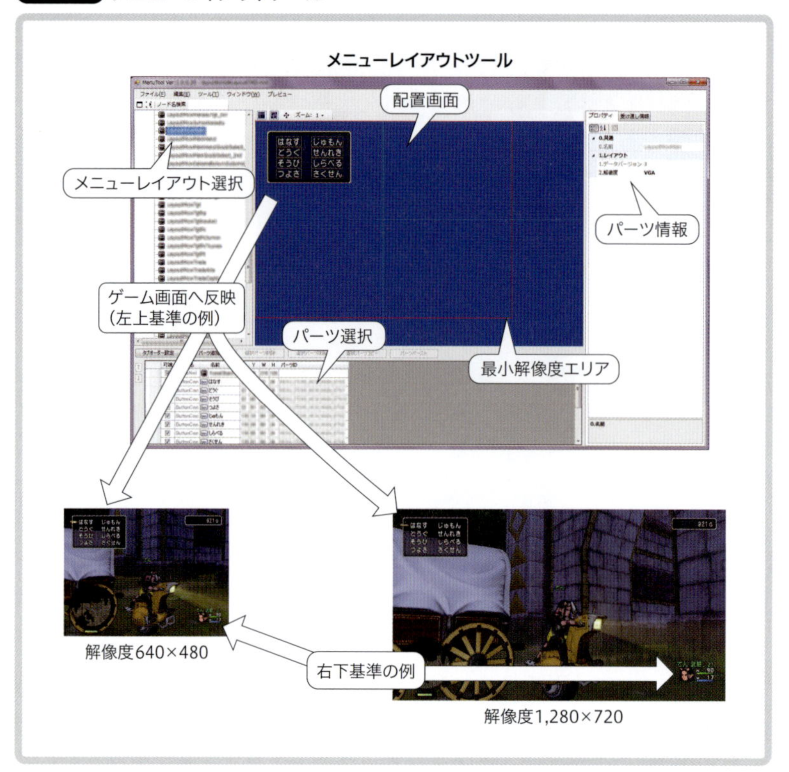

Crystal ToolsにはないドラゴンクエストX専用のツールです。

メニューパーツはメニューの表示要素を分解したもので、たとえば左上用、上用、右上用などからできています。メニュー制作時にはこれらを使用してメニューレイアウトツールで組み上げます。

そうして組み上げたメニューを、最小解像度エリア内に、メニューどうしの重なりに気を付けて配置します。また、前述のとおり複数の解像度に対応するため、各メニュー配置の基準位置を設定します。基準位置が正しく設定され、最小解像度で重なりにも問題ないレイアウトであれば、それより大きな解像度では基本的には問題ありません。

6.10 まとめ

本章では、ドラゴンクエストXのゲームクライアントグラフィックスについて、ゲームが動いて見える基本的なしくみから、キャラクター、3DBG、エフェクト、カットシーン、メニューといった各グラフィックスの要素について技術者視点で解説しました。

本章で解説した工夫は、デザイナーが理想とする絵を作るための方法を検討することで生まれます。スクウェア・エニックスには技術に明るいデザイナーが多く、その絵作りに使用する技術をデザイナーが考え、プログラマーがそれに応えて実現しているケースが多々あります。当然ですが最終的に絵が良質なのは腕の良いデザイナーのおかげです。彼らにはできる限り気持ち良く絵作りをしてほしいですね。

第7章

ゲームサーバプロセス

機能ごとに分離して負荷分散

ゲームサーバプロセス構成は、ゲームサーバ機能の各プロセスの分担を示します。担当するプロセスは機能ごとに、ワールドプロセス、ゾーンプロセス、バトルプロセス、ロビープロセス、ゲームマスタープロセス、パーティプロセス、メッセージプロセスに分かれています。そして、それらが複数並列に稼働しています。

本章では、これらドラゴンクエストXの各ゲームサーバプロセスの機能や構成を解説します。

7.1 ドラゴンクエストXのゲームサーバプロセスはシングルスレッド

ドラゴンクエストXの主要なゲームサーバのプロセスはシングルスレッドです。

スレッドとは、1つのプロセスの中で並列して動作する処理のことです。シングルスレッドは1プロセス内では同時に1つしか処理を動かしません。対義語はマルチスレッドで、こちらは1プロセス内で複数の処理が同時に並列動作します。

クライアント／サーバ型アプリケーションのプログラミングを筆者が初めて勉強したときは、サーバはクライアントから接続要求を受けるたびにスレッドを新規生成する形式でした。つまり、そのプロセスと接続しているクライアントの数だけスレッドが並列に動くマルチスレッドです。ドラゴンクエストXはその形式ではなくシングルスレッドのため、特徴的と言えるでしょう。

本書と同シリーズの『オンラインゲームを支える技術』(技術評論社)の著者でMMORPG開発経験が豊富な中嶋謙互さんがドラゴンクエストXのネットワークスーパーバイザーを務めてくださり、開発初期段階で彼の経験からシングルスレッドを強く推奨されました。そして筆者も自身の経験からそれに賛同し、シングルスレッドを選択しました。

7.2 シングルスレッド――1プロセス1スレッド

本節では、シングルスレッドについて解説します。

前述のとおりシングルスレッドでは、1プロセス内で動作するスレッドが1つです。そのメリットは、不具合対応のしやすさです。デメリットは、開発と負荷分散がしづらいことです。ドラゴンクエストXではシングルスレッドのデメリットを補う方法として、Luaとマルチプロセスを用いることにしました。マルチプロセスとは、複数のプロセスで処理することです。

以降では、これらの点について詳しく解説します。

シングルスレッドのメリット――不具合対応しやすい

シングルスレッドは、マルチスレッドに比べて不具合対応しやすいことがメリットです。発生頻度の低い不具合が減り、不具合が発生しても原因特定までの時間が減ります。これは、どのプログラム処理の途中でも別の処理が動く可能性があり常に考慮が必要なマルチスレッドに比べ、シングルスレッドでは見えている処理だけ考えればよく、想定外の挙動になりづらいためです。

具体的に見てみましょう。次の仮想C++ソースコードは、運営イベントの達成数を1増やす処理を想定したものです。1行のみなので、この処理の途中で別の処理が動く可能性はないように見えます。

別の処理が割り込む隙間がないように見える仮想C++ソースコード

```
++pEvent->m_Count;        // pEvent->m_Countに1を加える
```

しかし、CPUにもよりますが、これはCPUネイティブコードへ変換されると複数の処理に分かれ、実際には割り込む隙間があります。理解のため擬似的かつ簡略化したアセンブリ言語で記します。

同プログラムの擬似アセンブリ言語ソースコード

```
r = pEvent->m_Count      // pEvent->m_Countの値をrに保持
r += 1                   // rに1を加える
pEvent->m_Count = r      // rの値をpEvent->m_Countに保持
```

マルチスレッドでは、この処理中に別スレッドが動くことがあります。たとえば、pEvent->m_Countをrに保持した直後に、別スレッドで同じ処理が動いてpEvent->m_Countに1を加えた値を書き込むとします。その場合、このスレッドはそれを把握せずに、rに1を加えた値、すなわち別スレッドが書き込んだものと同じ値をpEvent->m_Countに書き込みます。つまり、別スレッドが加算した値を捨ててしまいます。

これは、この前後で排他処理と呼ばれる処理を行い、処理中にほかのスレッドからpEvent->m_Countの読み書きができないようにすれば不具合にはなりません。ただし、排他処理は負荷が高いためできるだけ減らすべきです。このように1行のプログラムでも排他処理が必要になる可能性があるとすると、常にCPUネイティブコードまで想像して排他処理を入れるかを決める必要があります。

現実的には、排他処理には対応漏れが出ます。しかも、不具合が表面化するかは別スレッドの動作タイミングによりますので、検証時には発見できず、製品サービス環境で初めて発生することも少なくありません。また、現象として確認できても、どのプログラムがいつこのメモリを書き換えたかの原因特定がしづらいです。これが、マルチスレッドのデメリットです。

それに対してシングルスレッドの場合は、別の処理が割り込みませんので、そうした心配は不要です。

シングルスレッドのデメリット —— 開発と負荷分散がしづらい

オンラインゲームにおけるシングルスレッドのゲームサーバのデメリットは、接続ゲームクライアントごとにスレッドに分けるマルチスレッド方式に比べて開発しづらいことです。また、1つのプロセスの中で並列動作させないので負荷分散もしづらいです。

複雑なノンブロッキング形式での開発が必要

接続ゲームクライアントごとにスレッドに分けるマルチスレッドのゲームサーバプロセスでは、各クライアントに対応するスレッドが並列で動きます。そのため各スレッドは1クライアントだけ考慮すればよく、ブロッキング形式でプログラミングできます。ブロッキングとは、その場で待つことです。

次の例は、「はい／いいえ」を表示し、選択結果により処理するプログラムです。

マルチスレッドの「はい／いいえ」待ち仮想C++ソースコード

```
if ( yesno() ) {
    // 「はい」の処理
} else {
    // 「いいえ」の処理
}
```

yesno()は、「はい／いいえ」をゲームクライアントに表示する指示を送信し、選択結果を受信するまでブロッキングする処理を想定しています。

シングルスレッドのゲームサーバでは、接続している全ゲームクライアントに対応した処理を順次行います。そのため各処理は、ほかのゲームクライアントに対応した処理も進められるよう、ノンブロッキング形式、すなわちその場で待たないプログラムにする必要があります。たとえば、ゲームクライアントからの選択結果を受信待ちしている処理では、そのゲームクライアントからのパケットを受信しているかを確認し、していなければすぐに終了します。そうすることで、次に別のゲームクライアントに対応したゲームサーバの処理が動きます。そして全ゲームクライアント分の処理が完了したら、また最初から全ゲームクライアントに対応した処理を順次行います。

以下に、先ほどの例のシングルスレッド版を示します。すべての処理がノンブロッキングです。詳細な解説は省略しますが、プログラムをご存じない方でも、前述のマルチスレッドの例と比べて複雑なことはわかると思います。

シングルスレッドの「はい／いいえ」待ち仮想C++ソースコード

```
switch ( status ) {
  case INITIALIZE:                // 初期化処理
    openYesNo();                  // ゲームクライアントで「はい／いいえ」を表示
    status = SELECTING;           // 次回このswitch文の実施時に選択中処理へ
    break;                        // 終了して次のゲームクライアントの処理へ
  case SELECTING:                 // 選択中処理
    if ( getYesNoStatus() ) {     // 「はい／いいえ」の選択が終了した？
      if ( getYesNoResult() ) {   // 終了したなら選択結果で条件分岐
          // 「はい」の処理
      } else {
          // 「いいえ」の処理
      }
      status = SELECTED;          // 次回このswitch文の実施時に選択後処理へ
    }
    break;                        // 終了して次のゲームクライアントの処理へ
  case SELECTED:                  // 選択後処理
    // 選択後の処理
}
```

1プロセス1CPUのため負荷分散しづらい

現在のサーバマシンのCPUは複数あります。マルチスレッドでは各スレッドが別々のCPUを使用できますので、1プロセスで複数のCPUを同時に使用して並列動作するため、負荷分散になります。しかしシングルスレッドでは、複数のCPUを搭載しているサーバマシンでも1プロセスで1CPUしか使いませんので、単純な負荷分散はしづらいです。

シングルスレッドのデメリットを補う

ドラゴンクエストXでは、シングルスレッドのデメリットを補う工夫をしています。具体的には、ブロッキングできない開発のしづらさはLuaで、負荷分散のしづらさはマルチプロセスで補います。

Luaでブロッキング

ドラゴンクエストXでは、ゲームサーバプロセスに接続しているゲームクライアントごとにLuaスレッドと呼ばれるものを作成します。これを擬似的なマルチスレッド形式で動作させ、ゲームサーバのLuaはブロッキング形式で記述しています。

「はい／いいえ」待ち仮想Luaソースコード

```
if yesno() then
    -- 「はい」の処理
else
    -- 「いいえ」の処理
end
```

ドラゴンクエストXでは、別々のLuaスレッドから、同じ場所のメモリを読み書きすることはほぼありません。また、別のLuaスレッドに処理を変更するタイミングは、プログラマーが制御できています。そのため、前述したマルチスレッドのデメリットはほとんど関係ありません。

マルチプロセスで負荷分散

ドラゴンクエストXで負荷分散のために複数のCPUを使用したいときは、処理ごとにプロセスを分けて並列動作させるマルチプロセスにしています。

概念は単純ですが、異なるプロセス間でメモリの直接参照はできませんので、実装は1プロセスマルチスレッドの場合に比べて大掛かりです。具体的には、プロセス間で情報を受け渡す機能やプロセスの実装が必要です。ドラゴンクエストXでは、Vceでゲームサーバプロセス間通信を行い、情報を受け渡しています。

たとえば、バトルプロセスはゾーンプロセスから分離したものですが、そのために新たに情報の受け渡しが必要になりました。詳細は7.5節で解説します。

また、世界は多数のゾーンプロセスで分担していますが、その通信はワールドプロセスが中継しています。そのほかのゲームサーバプロセスを含めて、以降で順次解説していきます。

7.3 ワールドプロセス
——スケールアウトのためのパラレルワールド

ここからは、個別のプロセスについて見ていきます。本節ではワールドプロセスについて解説します。

ゲームの世界をワールドと呼びます。ドラゴンクエストXのプレイヤー数は多いので、1ワールドでは処理しきれません。そのため、複数のパラレルワールドにスケールアウトして対応しています。スケールアウトとは、数を増やして負荷を分散することです。各パラレルワールドに、ワールドプロセスが1つずつ存在します。

ワールドプロセスの主な役割は、担当ワールドに所属するゾーンプロセスとの通信を中継することです。ゾーンプロセスについては次節で解説しますが、ワールドプロセスと**図7.1**の構成で接続されています。「サーバー01」はドラゴンクエストXにおけるワールドの名称で、本書の執筆時点で「サーバー40」まであります。つまり、40のパラレルワールドがあります。

ドラゴンクエストXの世界の大部分は「サーバー01」から「サーバー40」に含まれます。ただし、「カジノ」や季節イベントの会場など一部の場所は、

図7.1 ワールドとゾーンのプロセス構成

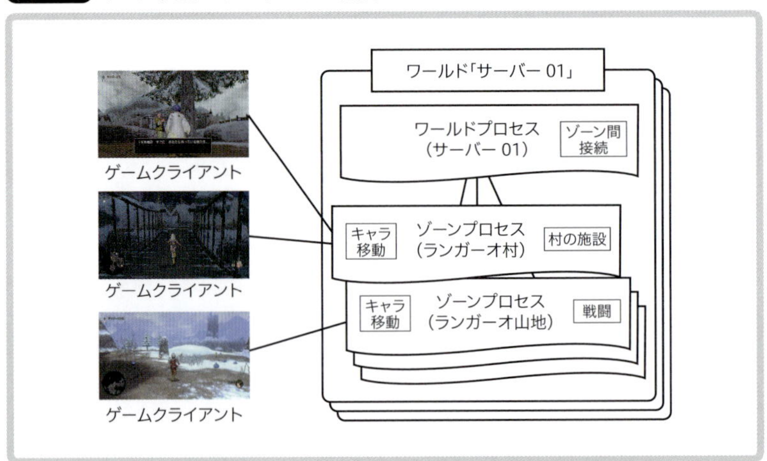

「サーバー01」から「サーバー40」に含まれません。季節イベントは、正月やクリスマスなどの時期限定でプレイできるゲーム内のコンテンツです。たとえばクリスマスの季節イベントの会場には大きなクリスマスツリーがあり、専用のストーリーが楽しめます。これらはゲームとして特殊な場所で、そういったところは専用ワールドとしてパラレルワールドとは別にしています。それらの専用ワールドにも、ワールドプロセスが1つずつ存在します。専用ワールドについては7.9節の解説もご覧ください。

7.4 ゾーンプロセス――MMORPGの主役

本節では、ゾーンプロセスについて解説します。

ゾーンプロセスは、MMORPGのロジック処理を担当します。つまり、ゲーム内容そのものであり、MMORPGの主役です。

以降では、ゾーンプロセスとは何か、ワールドプロセスとの連携、そして負荷について解説します。

世界を多数のゾーンに分割

ドラゴンクエストXの世界は広大で、1プロセスでは1ワールドすべてを担えません。そこで、世界を地形で区切りゾーンと呼ばれる単位に分割し、その一つ一つをゾーンプロセスに担当させます。

図7.1の「ランガーオ村」「ランガーオ山地」はドラゴンクエストX内の地名で、これがゾーンです。お客さま向け告知では「エリア」と呼んでいます。本書の執筆時点で各ワールドに数百のゾーンがあり、全体では数万のゾーンプロセスが稼働しています。ゾーンプロセスの数は、バージョンアップのたびに増え続けています。

「ランガーオ村」には村人がいて、プレイヤーキャラクターが近付いて話すとストーリーが進むなどします。また、「宿屋」という施設を利用すると休憩でき、「郵便局」では「てがみ」などの「郵便」を受け取れます。これらのロジックすべてをゾーンプロセスが処理します。

「ランガーオ山地」にはモンスターが徘徊しています。ドラゴンクエストXではモンスターとプレイヤーキャラクターが接触すると戦闘が始まります。戦闘に勝てば経験値を得たり、プレイヤーキャラクターがレベルアップしたりします。これらのロジックもゾーンプロセスが処理します。

一般的なMMORPGでは戦闘そのもののロジックもゾーンプロセスが処理します。しかしドラゴンクエストXでは、戦闘そのもののロジックはバトルプロセスが処理しています。詳しくは次節で解説します。

ワールドプロセスとゾーンプロセスの連携

ゾーンプロセスはすべて、図7.1のように所属するワールドのワールドプロセスと接続し、連携しています。

例として、ゾーン間を移動するゾーンチェンジと呼ぶ処理について、プレイヤーキャラクターが「ランガーオ村」を出て、「ランガーオ山地」へ移動するケースで解説します。プレイヤーキャラクターが「ランガーオ村」を出たことは、「ランガーオ村」ゾーンプロセスからワールドプロセスを経由して、「ランガーオ山地」ゾーンプロセスへ伝わります。それと並行して、ゲームクライアントの接続先ゾーンプロセスを「ランガーオ村」から「ランガーオ山地」へ変更します。こうして、ゾーンを越えた移動を実現しています。ゾーンチェンジ処理の詳細は、8.5節であらためて解説します。

そのほかにも、たとえば後述するゲームマスタープロセスからゾーンプロセスへの通信など、ワールド外のプロセスとワールド内のゾーンプロセスとの通信は、原則としてそのワールドを担当するワールドプロセスが中継します。

ゾーンプロセスは高負荷

ゾーンプロセスは高負荷です。

ドラゴンクエストXの1つのゾーンプロセスには、最大で約1,000のゲームクライアントが同時に接続します。プレイヤーキャラクター間に相互作用する機能は、単純にはその数の2乗の回数の処理を行う必要がありますので、1,000の2乗すなわち100万回の処理が必要になります。

そのため、各種機能は負荷を意識して処理します。たとえば移動処理は、8.4節で解説する手法で負荷を軽減しています。

7.5 バトルプロセス――ゾーンプロセスから分離した戦闘処理

本節では、バトルプロセスについて解説します。

前述したように通常のMMORPGでは、ゾーンプロセスで戦闘機能を処理します。しかし、ドラゴンクエストXではバトルプロセスに分離しました。マルチプロセスで負荷分散をした代表例がこのバトルプロセスです。

ドラゴンクエストXの特徴の一つに移動干渉があります。詳しくは8.3節で解説しますが、この処理は高負荷です。そこで、戦闘中の処理をバトルプロセスに分離し、ゾーンプロセスがその負荷の影響を受けないようにしました。**図7.2**のように、「ランガーオ山地」など戦闘が発生する各ゾーンに対応したバトルプロセスがあります。

以降では、戦闘開始から終了までの両プロセスの処理の流れを解説します。

図7.2 ゾーンプロセスとバトルプロセスの分離

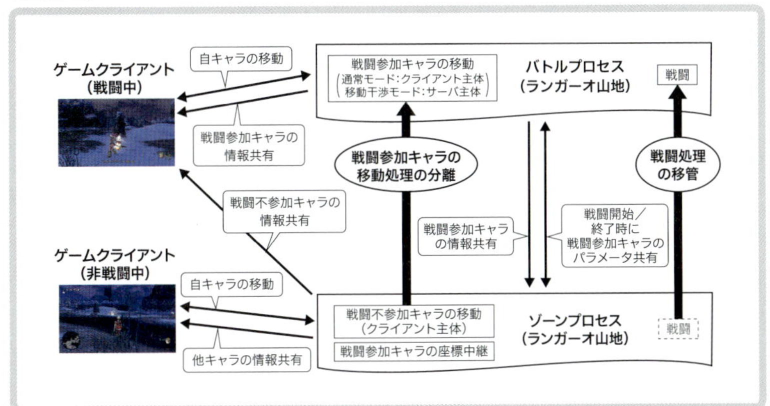

戦闘開始 —— ゾーンプロセスからバトルプロセスへ処理を移管

ドラゴンクエストXでは、プレイヤーキャラクターがゾーンを移動中にモンスターと接触すると、戦闘が開始します。そのときに、その戦闘に参加する全キャラクターの、戦闘処理に必要なパラメータすべてをゾーンプロセスからバトルプロセスに送り、ゲームサーバ側のロジックの担当をすべてバトルプロセスに移管します。

戦闘中 —— バトルプロセスで処理しゾーンプロセスへ共有

戦闘中は、あるキャラクターが攻撃を行い、攻撃を受けた相手はダメージにより生命力を示す「HP」が減る、といった行為を繰り返します。そして、敵か味方の「HP」が全員ゼロになれば戦闘終了です。

各キャラクターは、プレイヤー操作かAIで、移動するとともに指定された技を繰り出します。たとえば、通常攻撃の「たたかう」では敵を攻撃し、呪文「ホイミ」では「HP」を回復します。それぞれの技には射程距離がありますので、位置取りも考慮する必要があり、ゲーム性を豊かにしています。

戦闘中は、移動も含めてバトルプロセスがロジック処理を担当します。戦闘に参加しているプレイヤーのゲームクライアントはバトルプロセスと接続して、座標やパラメータ変化などの各種情報を直接受け取ります。

その戦闘に参加していないプレイヤーのゲームクライアントには、同一ゾーンにいてもバトルプロセスからは情報が届きません。そのため、戦闘中は定期的にバトルプロセスからゾーンプロセスへ戦闘参加者の座標やパラメータの情報を送り共有します。そして、戦闘に参加していないプレイヤーの各ゲームクライアントへは、通常どおりゾーンプロセスから共有します。これにより、戦闘の動きが戦闘に参加していないプレイヤーからもほぼ正しく見えています。また、ドラゴンクエストXでは戦闘外から戦闘参加者を「おうえん」できます。「おうえん」は気持ちの面が大きいですが、戦闘参加者を少し強くする機能も持ちます。この処理ではゾーンプロセスからバトルプロセスへ情報を送り、バトルプロセスではそれに応じてパラメータ変更をします。

なお、戦闘は通常、プレイヤー4人対敵モンスターです。しかしバトルプロセスには、戦闘に参加するキャラクターの種類や人数、対戦グループ数に関する制限はありません。そのため、プレイヤーどうし4人対4人の対戦である「コロシアム」や、プレイヤー8人対敵モンスターの対戦である「パーティ同盟バトル」は、サービス開始以降の追加でしたが、根本的な変更をせずに実現できました。本書執筆時にはありませんが、3つ以上のグループに分かれて対戦するコンテンツにも、設計上は対応しています。これらはすべて、どのキャラクターが味方か敵か、各キャラクターはプレイヤーが操作するかAIが操作するかが違うだけと言えます。

Column

AIは賢くないほうが楽しい?

ドラゴンクエストXの戦闘AIには、モンスター用のものと「サポート仲間」用のものがあります。

モンスター用のAIは、ドラゴンクエストシリーズのものを踏襲し、あえて賢くないようにしています。行動選択がランダムで、最適な選択をしないことが多いです。このあたりは、まあ、感覚的なものですが、筆者としては敵モンスターのAIはこれくらいのほうが楽しいです。

一方、「サポート仲間」用のAIは賢くしています。人間であるプレイヤーの代わりとして戦うので、「サポート仲間」はある程度強いほうが楽しいです。ただし、上手なプレイヤーよりは弱いように調整しています。これは、上手なプレイヤーどうしでパーティを組んだほうが強い、としたいからです。

ドラゴンクエストXでは、敵モンスターを捕まえて「仲間モンスター」にできます。「仲間モンスター」は味方として戦闘に参加します。そのAIは、「サポート仲間」用のものを使用しています。そのため、うまく「仲間モンスター」を使うことで、強いパーティを組むことができます。

また、「天地雷鳴士」は、「げんま」という種類のキャラクターを召喚できます。「げんま」は戦闘中に召喚され、能力の高い頼もしい味方ですが、バランスを考慮してAIは賢くないモンスター用としました。モンスター用のAIでも、きちんと敵パーティを攻撃し、味方パーティを支援します。ただし、ここで味方を回復しないと全滅するというときに、味方全員を回復できるのにそれをせず、敵を攻撃したりします。このあたりもゲーム性として楽しんでいただきたいですね。

戦闘終了 ―― バトルプロセスからゾーンプロセスへ処理を戻す

戦闘が終了すると、戦闘で変化したキャラクターの最終的なパラメータをバトルプロセスからゾーンプロセスへ送信します。そして戦闘に参加していたキャラクターに対応するロジック処理は、ゾーンプロセスに戻ります。

7.6 ロビープロセス ―― ゲームプレイの起点

本節では、ロビープロセスについて解説します。

ゲームサーバプロセスの中で、ゲームクライアントが最初に接続するのがロビープロセスです。言わばゲームプレイの起点です。ロビープロセスは、ログインやアカウント認証に関する処理を担当します。

ドラゴンクエストXにログインするときのアカウント認証は、まずゲームクライアントから「スクウェア・エニックス アカウント」の管理システムへ直接つないで認証します。そこで得たトークンと呼ばれる認証情報を、ゲームクライアントからロビープロセスに送信します。ロビープロセスは、受信したトークンを管理システムへ送りバリデーション、すなわち正規に払い出されたトークンかを確認し、ログインを許可します。

ドラゴンクエストXは、1アカウントにつき最大5キャラクターでプレイできます。そのため認証に成功すると、ロビープロセスはゲームDBからそのアカウントでプレイできるプレイヤーキャラクターの一覧を取得し、ゲームクライアントに送信します。ゲームクライアントでプレイヤーキャラクターを1つ選択すると、その情報はロビープロセス経由でワールドプロセスに送信され、ゲームプレイが開始します。

ドラゴンクエストXは基本的には、プレイするために利用券の購入が必要です。ただし、キッズタイムという無料でプレイできる時間帯があります。利用券もキッズタイムも、プレイ可能な権利が切れるタイミングがあります。ゲームプレイ中にそのタイミングが来たら、ロビープロセスが強制的にゲームプレイを終了します。

図7.3 ロビープロセスの構成

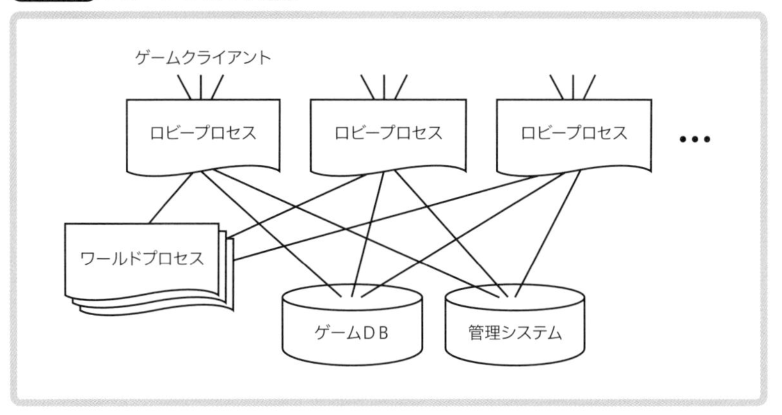

ロビープロセスは、複数を並列動作させてスケールアウトしています。図7.3に、主要な接続を記載しました。ワールドプロセスや、図では省略していますが後述するメッセージプロセスとも接続されており、必要に応じて各プロセスと通信します。

7.7 ゲームマスタープロセス ―― ゲームマスターの指示を中継

本節では、ゲームマスタープロセスについて解説します。

ドラゴンクエストXのゲームマスターおよびサポートスタッフは、ときには要請に応じてプレイヤーキャラクターのもとへ駆け付け、ときには不正行為の確認のためプレイヤーキャラクター情報を調べるといった、多岐にわたる業務を行います。ゲームマスターとサポートスタッフの業務について詳しくは11.3節、12.3節および12.5節で解説しますが、ゲームサーバでその処理を担当するのが図7.4にあるゲームマスタープロセスです。

ゲームマスターやサポートスタッフは、ゲームマスタークライアントを経由してゲームマスタープロセスにアクセスします。このゲームマスタークライアントは、ゲームタイトル横断の部署であるサポートチームが実装

図7.4 ゲームマスタープロセスの構成

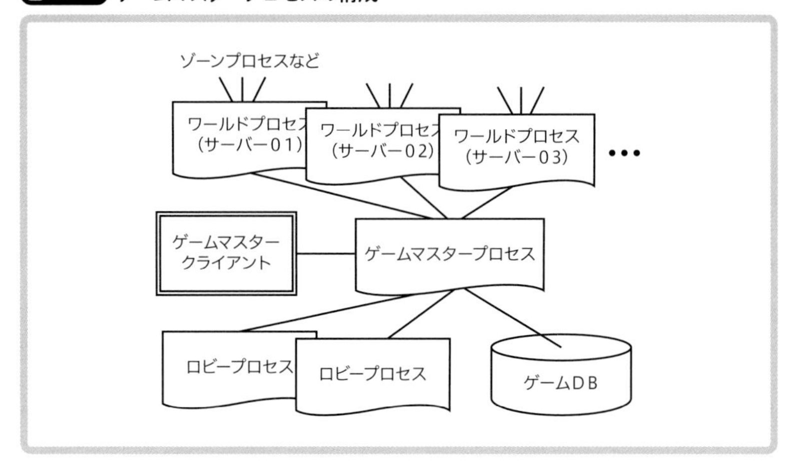

しています。これは、ゲームマスターやサポートスタッフはドラゴンクエストX以外のゲームのサポートも担当していて、全ゲーム共通のUIのほうがよいためです。この役割分担のため、ドラゴンクエストX開発コアチームは、ゲームマスタープロセスで動作する機能とAPIを制作し、サポートチームに提供しているだけです。

ゲームマスターやサポートスタッフが指示する各処理は、基本的にはゾーンプロセスにその機能の実体があります。そのため、ゲームマスタープロセスはすべてのワールドプロセスと接続し、ワールドプロセス経由で各ゾーンプロセスへその指示を中継します。

また、ゲームマスターやサポートスタッフはプレイヤーキャラクター情報およびアカウントに対する操作も行います。そのため、ゲームマスタープロセスはゲームDBおよびロビープロセスとも接続して、必要な情報を送受信します。

7.8 ワールド間の自由移動を支えるプロセスたち

本節では、ドラゴンクエストXで行えるワールド間の自由移動について解説します。

一般的なMMORPGでは、ワールド間の移動は原則できません。たとえば1番ワールドにプレイヤーキャラクターを作成したら、そのプレイヤーキャラクターをプレイできるのは1番ワールドのみです。プレイヤーキャラクターのワールドを変更するサービスをゲーム本体とは別に提供しているゲームもありますが、有料であるなど、自由にできるとは言えません。そのため、プレイヤーキャラクターがワールド間を自由に移動できることは、ドラゴンクエストXの特徴の一つです。

以降では、ワールド間を自由に移動できるメリットと、それを支える各プロセスについて解説します。ワールド間の自由移動を支える技術的に最大のポイントであるゲームDBについては、第9章で解説します。

ワールド間を自由移動できるメリット
―― ワールドの垣根を越えて一緒にプレイ可能

ワールド間を自由移動できる最大のメリットは、ワールドの垣根を越えて、そのゲームのプレイヤー全員と一緒にプレイできることです。たとえば友人がドラゴンクエストXをプレイしているとあとから知ったとしても一緒にプレイできますし、プレイヤーイベントにも自由に参加できます。プレイヤーイベントがどのようなものかはコラムをご覧ください。

逆に言えば、ワールド間の自由移動ができない場合は、友人と自分が偶然同じワールドにいない限り一緒にプレイできません。また、プレイヤーイベントへの参加も、自分のワールドで開催されるものに限られます。プレイヤー数の多いMMORPGほどワールド数は多いため、ワールドが一致しない可能性がより高くなります。

ワールドプロセスのマスタとスレーブ ―― 複数のワールドプロセスを接続

ワールド間の自由移動をするためには、複数のワールドプロセスを接続する必要があります。その中心となるのがワールドマスタです。

各ワールドプロセスは、**図7.5**に示すマスタ／スレーブ構成で、ワールドマスタと接続されています。マスタ／スレーブ構成とは、管理担当プロセスである1つのマスタに、スレーブと呼ばれる複数のプロセスが接続する形式です。ここではワールドプロセスがスレーブ、ワールドマスタがマスタです。

Column

プレイヤーイベントあれこれ

プレイヤーイベントとは、プレイヤーが開催するイベントです。ドラゴンクエストXでは、いろいろなプレイヤーのみなさんが、バラエティに富んだプレイヤーイベントを開催してくださっています。

規模は、数人程度の小さいものから、数百人、数千人のものまであります。

内容は、○○について語る、テレビ中継を見ながら一緒に○○を応援といった会話を中心とするもの、カフェ形式でおもてなしするもの、主催者が謎解きなどのゲームを用意して参加者どうしで競うもの、年末年始やバージョンアップなどを記念して参加者全員でゲーム内で踊ったり花火を上げたりするものなど、いろいろです。○○の恰好をして集まりましょうというものもあります。いわゆるコスプレですね。参加種族や性別を限定して行われるものもあります。これはプレイヤーのではなく、プレイヤーキャラクターのですね。また、「住宅村」の家の中に舞台を用意して演劇をするといったものもあります。人間が集まってできることであれば、だいたいできていそうな気がします。

これに対して開発・運営としては、プレイヤーイベントを告知できる場所を設けています。また、年末年始を迎える前に、ゲーム内で花火を上げられるアイテムを配るなどのフォローをしています。言ってみれば、それだけです。あとはプレイヤーのみなさんが、ドラゴンクエストXに今ある機能を組み合わせて、いろいろな工夫をして開催しています。たとえばコスプレは、そう意図して作られたわけではない装備をうまく組み合わせて、それっぽくなるようにしてくださっています。開発・運営としては本当にありがたいことです。

ドラゴンクエストXはこのように、プレイヤーのみなさんに支えられています。

図7.5 ワールドプロセスの構成

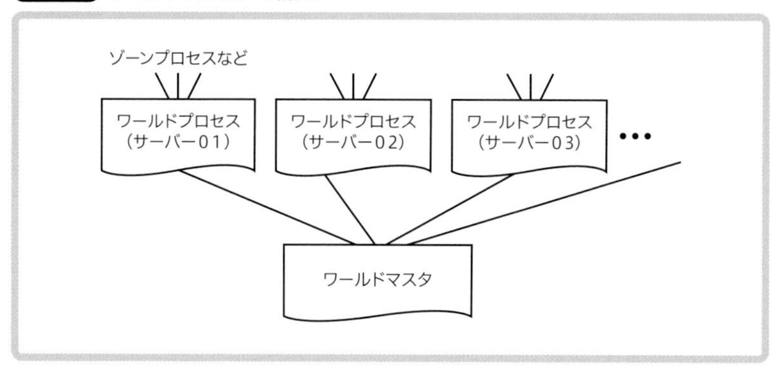

ワールドマスタはシングルポイントです。すなわち、ドラゴンクエストX全体で1つしかなく、障害が発生するとゲーム全体に影響が及びます。バージョン4.0.0リリース直後に発生した障害は、このワールドマスタの過負荷が原因でした。リリースに向けて、新バージョンで人気が出ると予想されるコンテンツ用に専用ワールドを増やし、既存ワールドの一部はサーバマシンの割り当てを減らしました。しかし結果的に、サーバマシンの割り当てが過少なワールドが出てしまい、そのワールドプロセスが過負荷になりました。そこに引きずられてワールドマスタが過負荷になり、プレイ中のほとんどのプレイヤーが切断される障害が、残念ながら発生してしまいました。このように大きな問題になるため、シングルポイントには最新の注意を払う必要があります。

パーティプロセス ―― ワールドを移動しても分かれないパーティの実現

ドラゴンクエストXでは、プレイヤーキャラクターが別々のワールドに移動してもパーティが分かれません。これは、パーティ機能専用のパーティプロセスで実現しています。

パーティプロセスはマスタ／スレーブ構成で接続されています。パーティマスタがマスタ、パーティプロセスがスレーブです。実装としては**図7.6**の形式で、ワールドマスタがパーティマスタを兼ねます。ワールドマスタと同様に、パーティマスタもシングルポイントです。

図7.6 パーティプロセスとワールドプロセスの構成

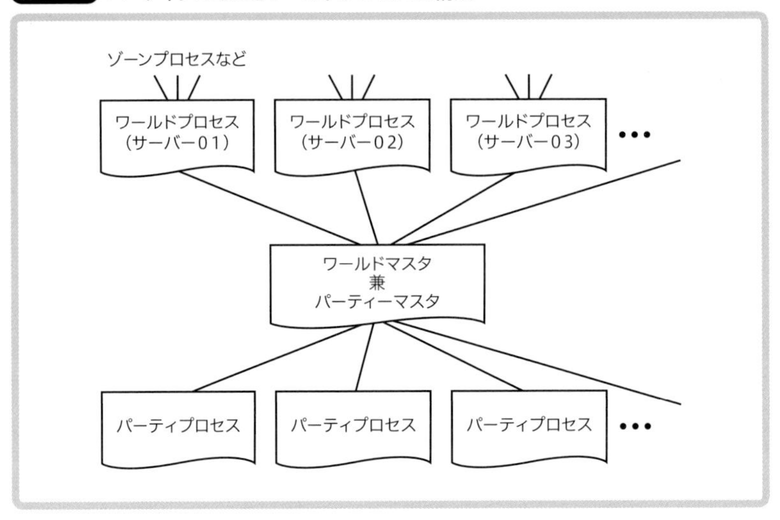

メッセージプロセス ―― ワールド横断コミュニケーションの担い手

MMORPGにはプレイヤーどうしの各種コミュニケーション手段が用意されています。ドラゴンクエストXではワールド横断でコミュニケーションが行えますので、その担い手として、コミュニケーションロジックを担当するメッセージプロセスを用意しています。

ドラゴンクエストXにはコミュニケーションを行う単位として、プレイヤーどうしが1対1でつながる「フレンド」、グループでつながる「チーム」があります。いずれもチャットが可能で、それぞれ「フレンドチャット」「チームチャット」と呼びます。また、コミュニケーションを行う場として、チャット専用の「ルーム」と、そこで行われる「ルームチャット」もあります。メッセージプロセスは、「フレンド」の管理、「チーム」や「ルーム」のメンバー管理、チャットの処理などを担当します。

また、パーティ内では「パーティチャット」を行えます。ドラゴンクエストXでこの実装はやや変則的で、「パーティチャット」の処理はメッセージプロセスが担当しますが、パーティメンバーの管理はパーティプロセスが担当します。

これらのコミュニケーションを補佐する情報、たとえばチャット入力中、

Column

2.27の障害対応30時間

2014年2月27日のバージョン2.1初日は、悪い意味で筆者を含めたドラゴンクエストX関係者の記憶に深く刻まれる日になりました。メンテナンス終了直後からゲームクライアントにDQ-100-893-Xというエラーコードが表示されプレイが継続できない障害が発生し、それが長時間継続したのです。

結論から書きますと、原因は、本来「フレンド」など一部に送るログインの通知を、コーディングのちょっとしたミスで全接続ゲームクライアントに送信したことによる過負荷でした。

その原因を特定して修正を製品サービス環境に反映するまでに、30時間かかりました。この30時間は、精神的にも体力的にもキツかったです。

エラーコードから、メッセージプロセスとゲームクライアント間の切断であることはすぐに把握できました。また、netstatというツールによる調査で、ゲームサーバからゲームクライアントへ送信しているパケットの想定外の増加を確認できました。

ただし、その原因となるプログラムがわかりません。途中途中で数回、通信が増えたプログラムをもとに戻すメンテナンスをさせてもらったのですがなおりません。このとき、筆者は1週間くらいサービスを停止して、バージョン2.0から2.1までの関連する変更をすべて洗い出す覚悟をしていました。

しかし、プログラマー陣が徹夜でパケットとプログラムの変更点を調べて原因を特定してくれたため、この状況下では幸いなことに、そこまで長期化はしませんでした。障害対応において努力と根性は重要ですが、バージョン管理をしっかりしていたことや、エラーコードを接続先サーバプロセスや状態ごとに細かく変えておいたことも、本障害の早期の原因特定に役立ちました。いや、早期というのは筆者視点ですね。ドラゴンクエストXのお客さまには長時間ご迷惑をおかけしました。

おかげさまでドラゴンクエストXは同時接続数が多く、小さなミスが爆発的な負荷増加からの障害につながります。当時から事前に負荷検証を行うなど慎重に進めていたつもりでしたが、本障害につながる問題を事前に発見できなかったので、不十分だったと言わざるを得ません。そのため、そのあとは負荷検証のパターンと計測するパラメータの種類を増やしました。そして、すべて時系列に記録、観察することで、検証環境における小さな変化もできるだけ見逃さないようにしています。

図7.7 メッセージプロセスの構成

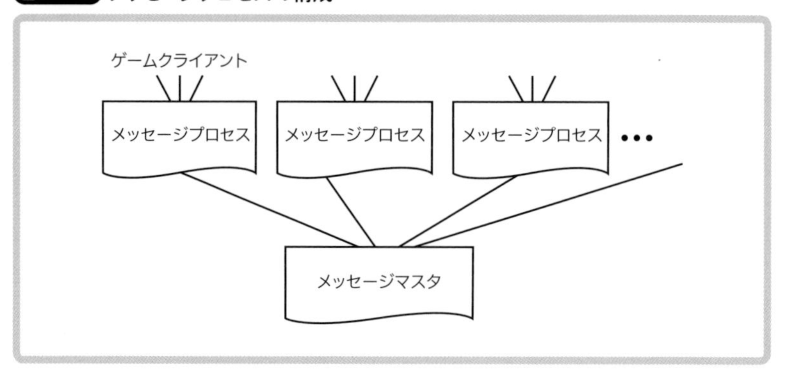

ログイン中などの情報をコミュニケーション対象間で通信する処理は、メッセージプロセスが担当します。

メッセージプロセスは**図7.7**のマスタ／スレーブ構成です。メッセージマスタがマスタ、メッセージプロセスがスレーブです。スレーブにゲームクライアントが接続します。

メッセージマスタは高負荷のシングルポイントです。サービス開始してから何回か、同時接続人数が多くてチャット機能に障害が発生したのですが、ほとんどはこのメッセージマスタの過負荷が原因です。現在は初期に比べて最適化されましたが、9.2節で解説するOracle Exadataと同様に、今でも常に注視が必要な箇所です。

なお、ドラゴンクエストXではそのほかに、自分のまわりにチャットすることもできます。こちらはゾーン内で完結するため、ゾーンプロセスが処理しています。

7.9 インスタンスゾーン ── 同一場所のパラレル化

本節では、インスタンスゾーンと呼ばれる、パラレル化されたゾーンを解説します。

ドラゴンクエストXにはさまざまなコンテンツがあります。その中には、他パーティが見えず自パーティだけでプレイする場所や、多くのプレイヤーキャラクターが集まる場所が必要なものがあります。

その際にインスタンスゾーンを用いて、同一場所をパラレル化して対応します。その実装には複数のパターンがありますので、順に解説します。

パーティプライベート用インスタンスゾーン —— 自パーティのみの空間

普段はMMORPGとしてまわりにたくさんの人がいても、世界観的に、あるいはストーリー上の理由で自パーティのみの空間にしたい場所があります。その場合、ドラゴンクエストXではパーティプライベート用のインスタンスゾーンに分離しています。

実装は図7.8のように、同じゾーンプロセスにいるキャラクターに、インスタンス番号と呼ぶ数値情報を付加し、同じインスタンス番号を持つキャラクター間でのみ相互干渉する形です。違うインスタンス番号のキャラクターはお互いに見えません。なお、NPCなど全インスタンス共通で問題ないキャラクターは特殊設定で、すべてのインスタンス番号のキャラクタ

図7.8 パーティプライベート用インスタンスゾーンの実装

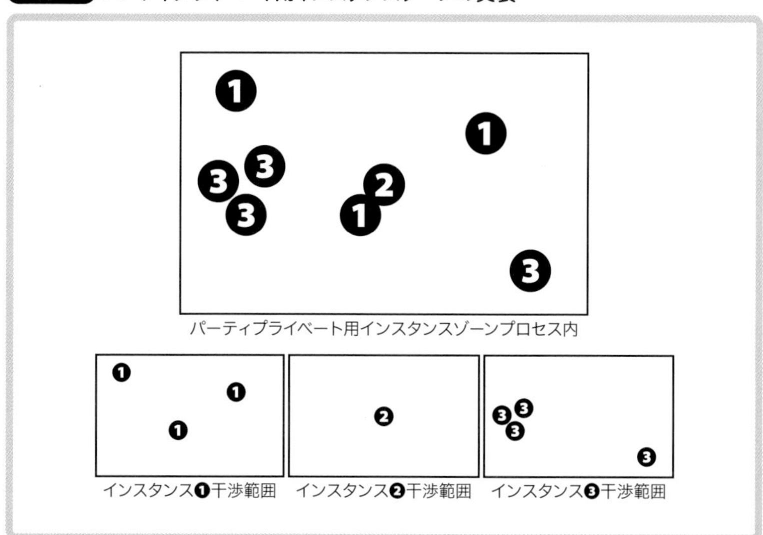

ーと相互干渉する形にしています。

これにより、ゾーンプロセスやバトルプロセスを増やすことなく1パーティ専用の空間が実現できました。言い換えると、従来のドラゴンクエストの雰囲気で戦える戦闘シーンを、MMORPGであるドラゴンクエストXでも、ほぼ負荷を増やさずに実現できています。

専用ワールドのインスタンスゾーン
――一極集中するコンテンツの舞台を分散

ドラゴンクエストXにて期間限定で開催される季節イベントの多くは、季節イベント専用ワールド内の専用インスタンスゾーンで開催されます。

季節イベントは専用の会場で行われることが多く、それは1ゾーンか、多くても数ゾーンです。コンテンツの舞台となるその会場に大勢が一極集中しますので、それを1ゾーンプロセス、あるいは数ゾーンプロセスだけで担当するのは過負荷です。そこで、同じ見た目のゾーンプロセスを複数立ち上げてインスタンスゾーン化します。そして、プレイヤーキャラクターがそのゾーンに移動するときに各インスタンスゾーンに分散させます。

分散は基本的にはランダムです。そのため、同じワールドの同じゾーンにいたプレイヤーキャラクターと同時に移動しても、専用ワールドでは別々のインスタンスゾーンへ移動する可能性が高いです。ただし、同じパーティのメンバーどうしは同じインスタンスゾーンへ移動させています。

番号が割り当てられたインスタンスゾーン
――丁目やフロアに紐付けて分割

ドラゴンクエストXの「住宅村」には丁目という単位で、「カジノ」にはフロアという単位で番号が割り当てられて分かれています。それぞれ専用ワールドのインスタンスゾーンで管理していますが、その振り分けは丁目やフロアごとです。

「住宅村」を例にすると、**図7.9**のように事前に分割する単位を決めています。たとえば1001丁目から2000丁目はインスタンスグループ2で、「住宅村」用ゾーンプロセスの2番が担当します。そしてインスタンスグループ2内ではさらに、1001丁目は1番、1002丁目は2番など、丁目ごとにインスタンス番号が割り当てられています。そして、同じゾーンプロセスで同

図7.9 「住宅村」インスタンスゾーンの分割

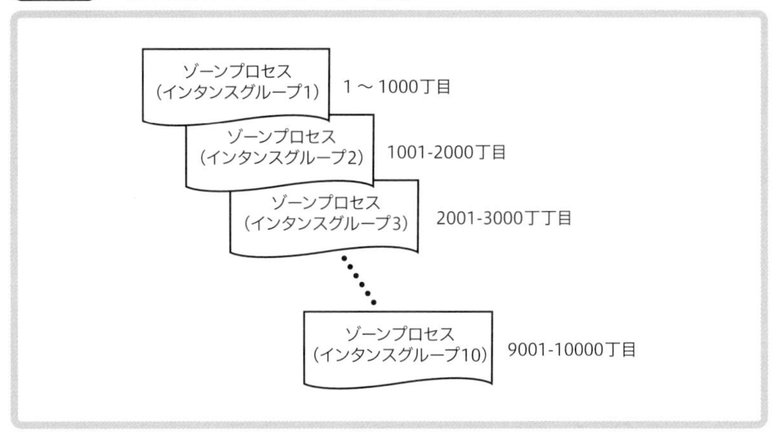

じインスタンス番号のキャラクターどうしのみ、相互干渉します。

7.10 まとめ

本章では、ドラゴンクエストXのゲームサーバプロセス構成として、ゲームサーバプロセスがシングルスレッドで動いていること、そしてワールドプロセス、ゾーンプロセスなどの各プロセスの基本的なしくみと、インスタンスゾーンを用いたパラレル化のしくみを解説しました。

シングルスレッドはもう古いと筆者自身が思うこともありますが、本章で解説した工夫によりシングルスレッドのメリットを最大限に活かしつつ、デメリットを限定的にできました。ドラゴンクエストXではサービス開始後にゲームサーバプロセスがハングアップした不具合は少なく、発生しても比較的早く原因を特定して修正ができていると自負していますので、シングルスレッドの採用は現実的あるいは実践的という意味で正解だったと考えています。

第8章

キャラクター移動

移動干渉による押し合いへの挑戦

キャラクター移動とは、技術的にはゲーム内の各キャラクターの座標変更です。移動干渉はドラゴンクエストX開発コアチームが使用している用語で、戦闘中に発生する、複数キャラクターどうしの接触による押し合いです。ドラゴンクエストXには「おもさ」というパラメータがあり、「おもさ」の数値が高ければ、移動干渉により相手を押して移動させることができます。

本章では、移動干渉への挑戦を含むドラゴンクエストXのキャラクター移動について解説します。また、移動に関する負荷軽減や、移動に伴う処理についても解説します。

8.1 通常移動と移動干渉の両立

ドラゴンクエストXでは、通常移動と移動干渉という2種類の移動方法を、状況に応じて切り替えて処理しています。それぞれについて詳しくは次節以降で順に解説しますが、本節で簡単に紹介しておきます。

通常移動は、ドラゴンクエストXを含むMMORPGのプレイヤーキャラクターの一般的な移動方法です。通常移動では、ゲームクライアントで先に移動し、ゲームサーバにその情報を送信します。この方式は高レスポンスですが、各ゲームクライアントで見えているプレイヤーキャラクターの位置が異なります。

移動干渉は、ドラゴンクエストXの特徴的な移動方法です。移動干渉では、複数のキャラクターの接触による押し合いをゲームサーバが計算し、その結果を各ゲームクライアントに送信します。この方式は各クライアントで見えているプレイヤーキャラクターの位置が同じになりますが、低レスポンスです。

筆者が知る限り、ほかのMMORPGでは移動干渉に相当する押し合いはなく、開発当初はドラゴンクエストXでも実現できる見込みがありませんでした。そのため、当時の筆者は諦めようとしていました。しかし、担当プログラマーを中心に開発スタッフががんばり、最終的には実現できています。そして移動干渉は、ドラゴンクエストXの特徴の一つになりました。

8.2 通常移動 ―― ゲームクライアント主体の移動処理

本節では、ドラゴンクエストXの通常移動を解説します。通常移動は、各操作プレイヤーのゲームクライアントを主体とする移動処理です。この方式は一般的なMMORPGでも同様です。

以降では**図8.1**を用いて解説していきます。図8.1の戦士くんと武闘家さんはそれぞれ別のプレイヤーが操作して、手前方向に移動させます。また、中央にあるゲームサーバの処理を担当するのはゾーンプロセスです。

操作プレイヤーのゲームクライアントで移動

まず図8.1の0秒から0.5秒後のように、操作プレイヤーのゲームクライアント画面には、対象プレイヤーキャラクターの移動操作がすぐに反映されます。これは高レスポンスを実現するためです。

座標はゲームサーバに送られますが、0.5秒後の時点ではゲームサーバにはまだ反映されていません。

ゲームサーバで移動

ゲームサーバはそれぞれのゲームクライアントから座標を受信すると、対応するプレイヤーキャラクターのゲームサーバ内座標を変更します。つまりゲームサーバで移動します。そして更新後の座標を、他プレイヤーのゲームクライアントへ送信します。それが、図8.1の1.0秒後の状態です。

他プレイヤーのゲームクライアントで移動

ゲームクライアントは、他プレイヤーが操作したプレイヤーキャラクターの座標をゲームサーバから受け取ると、それを反映します。それが、図8.1の1.5秒後の状態です。つまり、他プレイヤーが行った移動操作は、遅れて反映されま

図8.1　ゲームクライアント主体の通常移動

0秒

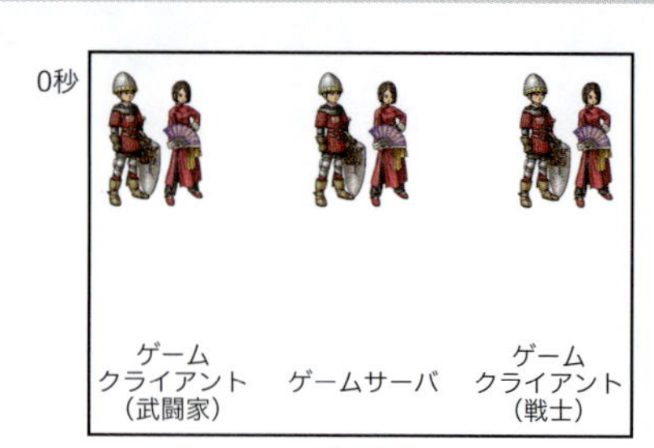

移動開始

0.5秒後

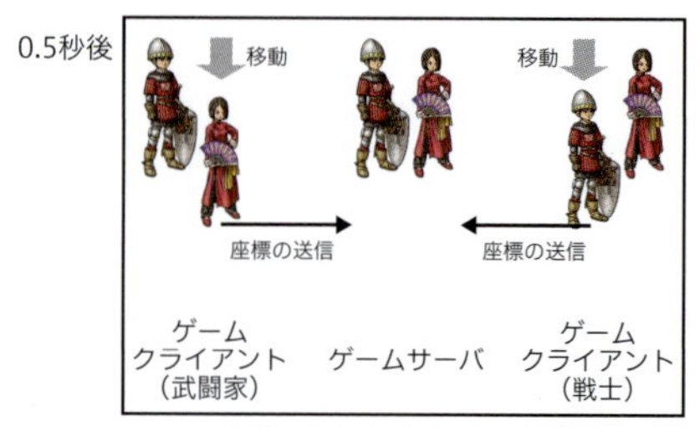

自ゲームクライアントのみ移動

1.0秒後

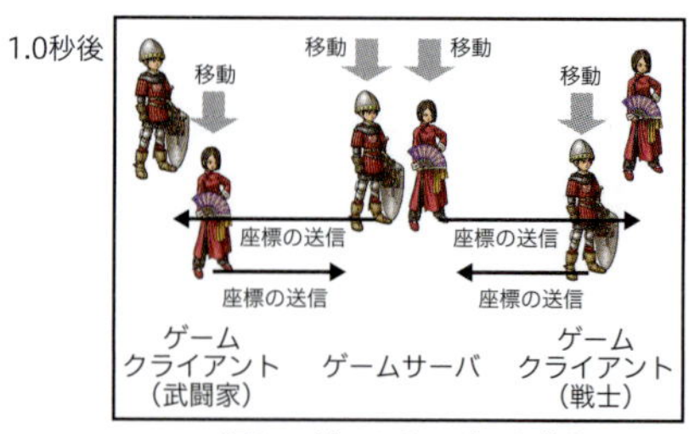

遅れてゲームサーバでも移動

1.5秒後

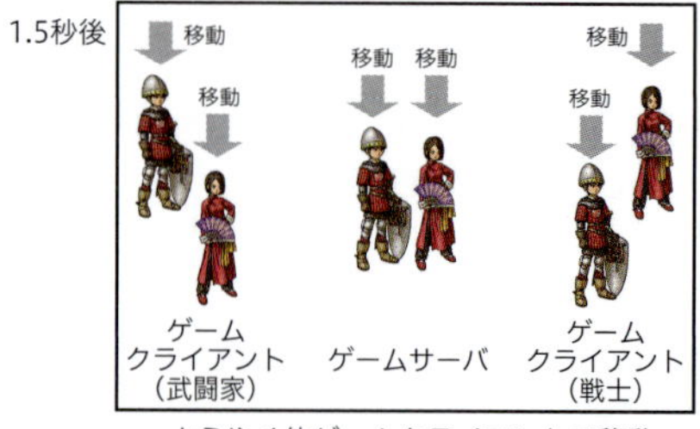

ようやく他ゲームクライアントで移動

す。これにより、ゲームサーバ上では同じ位置にいる戦士くんと武闘家さんは、それぞれのゲームクライアント上では自分が前に、他人が後ろに見えます。

そのため、たとえばゴールに到達する早さを競うプレイヤーイベントなどでは注意が必要です。ドラゴンクエストXには高速で移動できる「ドルボード」という乗り物があり、こうしたプレイヤーイベントで使用されています。「ドルボード」の形状は機械的なものから馬のようなものまでいろいろありますが、速度はいずれも秒速約10メートルです。ここまで説明したように、ドラゴンクエストXでは座標の送信が約0.5秒ごとに行われ、ほかのゲームクライアントのキャラクターの座標は約1.0秒遅れて届きます。つまり、自プレイヤーキャラクターは、他プレイヤーキャラクターより約10メートル前に見えます。もし、その遊びに参加した人が、すべての競争相手をギリギリのところでかわして先頭でゴールした場合、実際には最下位ということになります。順位は第三者が判定すべきです。

8.3 移動干渉 —— ゲームサーバ主体の移動処理

本節では、ドラゴンクエストXの特徴の一つである移動干渉を解説します。移動干渉は通常移動とは異なり、ゲームサーバ主体の移動処理です。

前述のとおり移動干渉はドラゴンクエストX開発コアチームで使用している用語で、戦闘中のキャラクターどうしの押し合いです。モンスターとプレイヤーキャラクターなど、敵対するキャラクターどうしで移動干渉が発生します。どうやらドラゴンクエストXのお客さまの間では相撲(すもう)と呼ばれているようです。端的に表現されていて、なるほど的確だなと感じます。

以降では、移動干渉のゲーム性および、実現に必要な要素、そしてドラゴンクエストXでの実装を順に解説します。

直感的な移動干渉のゲーム性

ドラゴンクエストXは移動干渉により、**図8.2**のように強大なモンスターを「戦士」などの前衛が押して抑え込み、強力な遠隔攻撃を行える「魔法使い」などの後衛を守りながら戦えます。

一方、多くのMMORPGには、挑発などによってモンスターの注意を引く機能があります。この形式はヘイトシステムと呼ばれます。ここで**図8.3**を用いて、ヘイトシステムとドラゴンクエストXのゲーム性を比較します。

ⓐはヘイトシステムを採用しているMMORPGです。たとえば挑発するなどしてモンスターの注意を引く技を盾役が使用し、盾役のパラメータが

図8.2 ドラゴンクエストXの移動干渉

図8.3 ヘイトシステムと移動干渉の比較

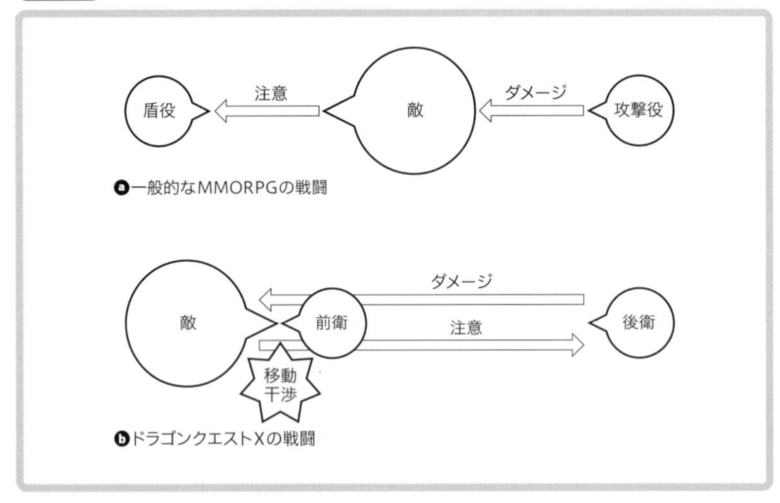

十分に高いなどで判定が成功すれば、モンスターはその盾役を攻撃しようとします。その結果、攻撃役を守ることができます。

それに対してドラゴンクエストXは❺です。前衛の「おもさ」が十分に高ければ、移動干渉により敵に押し勝つことができ、後衛を守れます。

どちらもゲーム性は十分に高いのですが、ドラゴンクエストXでは前衛が後衛を守ることがより直感的に表現できていると思います。加えて、正面対正面の戦いになりやすいことも利点だと筆者は感じます。

また、ドラゴンクエストXの「コロシアム」のように、MMORPGにはPvP(*Player Versus Player*)、すなわちプレイヤーキャラクターどうしで戦う遊びもあります。図8.3の敵がプレイヤーキャラクターになる形です。この場合、敵もプレイヤー操作になり、攻撃対象はそのプレイヤーが選択します。すなわち、攻撃対象の選択を制御するヘイトシステムは、そのままでは意味がなくなります。しかし、移動干渉はプレイヤー操作どうしでも発生しますので、PvPでも有効です。

実現への課題

前節で解説したとおり、プレイヤーキャラクターの通常移動は、ゲームクライアントで先に移動してから、ゲームサーバで移動します。そして、ゲームクライアントとゲームサーバなど、各所で座標に差異があることを前提に実装しています。しかし移動干渉は、ゲームクライアントで押し合っているのにゲームサーバでは押し合っていないとなると成立しません。そのため、座標の整合性をどうとるかが重要な課題として立ちはだかります。

さらに、キャラクターどうしや壁との衝突判定が、ゲームサーバ側でリアルタイムに必要なことも問題です。キャラクターと壁との衝突判定は、**図8.4**のイメージで行います。キャラクターは球で近似でき、ドラゴンクエストXでは球として扱います。壁は6.6節で解説したコリジョンで、多数の3角形の組み合わせでできています。キャラクターの移動前後で、キャラクターの球と、コリジョンの全3角形とが衝突しているかを判定し、衝突している場合はめり込まないところまで戻し、角度に応じて壁を滑るように移動させる数学的な処理が必要です。

これにさらに複数のキャラクターが押し合う移動干渉が加わると、ある

図8.4 キャラクターと壁との衝突判定

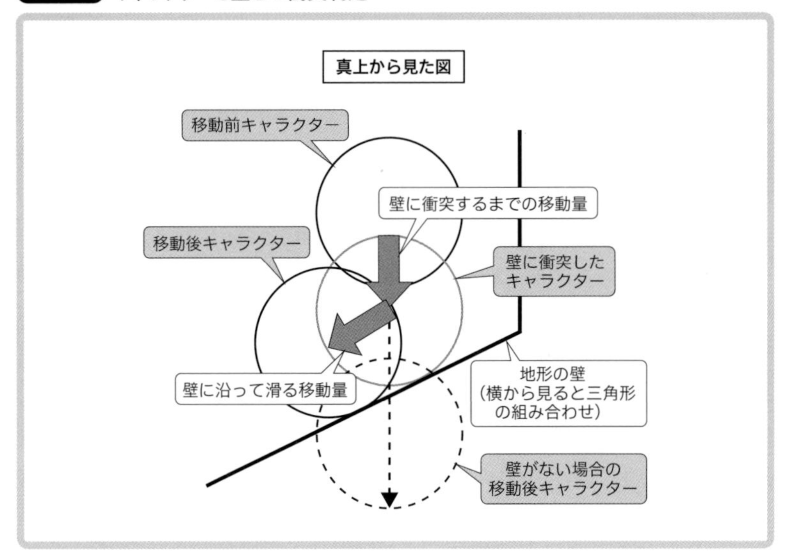

キャラクターが壁から押し戻された分、接触しているほかのキャラクターも押し戻す必要があります。押し戻された結果また別のキャラクターや壁に接触している場合は、さらに押し戻す必要があります。これを、全キャラクターを押し戻す必要がなくなるまで繰り返し計算するのは高負荷です。この高負荷対策も、移動干渉を実現するための課題です。

これを解決する技術的な決め手となったのは、負荷分散のためのバトルプロセスの分離と、移動干渉に対応した挙動を行う移動干渉モードの設定です。バトルプロセスの分離に関しては7.5節で解説しました。以降で、移動干渉の挙動と移動干渉モードについて解説します。

移動干渉を実現する挙動

移動干渉を実現するためには、通常移動のように先にゲームクライアントで移動を処理するのではなく、先にゲームサーバで移動を処理して、座標の整合性を保持する必要があります。

図8.5は、移動干渉を実現するための挙動です。ここでは、戦士くんと武闘家さんが「コロシアム」で対戦していて、移動干渉が発生する状況を想

図8.5 移動干渉を実現するための移動処理

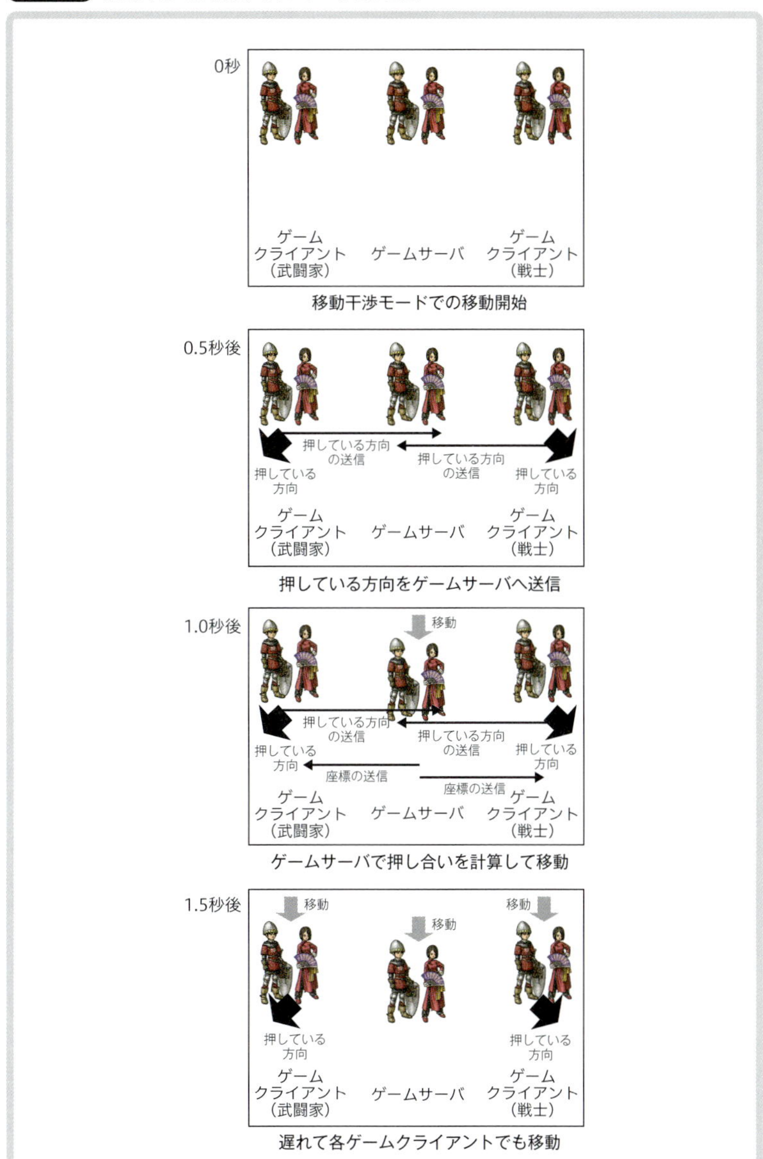

定します。

図8.5の0秒の状態から2人のプレイヤーが操作して手前斜め方向に押し合う場合、0.5秒後のようにまずゲームクライアントからは押している方向だけをゲームサーバに送信します。そして、1.0秒後のようにゲームサーバ側で押し合いの計算を行い座標を求め、ゲームサーバ内で移動させるとともに、結果をゲームクライアントへ送信します。ゲームクライアントがそれを受信してようやく画面変更ができ、1.5秒後の形になります。

つまり、ゲームサーバ上の各キャラクターの座標が、そのまま各ゲームクライアントに反映されます。通信時間分は遅れての反映になりますが、座標の整合性は取れています。

なお、実際には移動干渉中の移動速度は「おもさ」の影響も受けます。たとえば図8.5は手前にまっすぐ移動していますが、もし戦士くんのほうが「おもさ」の値が大きければ右寄りに移動します。

移動干渉モードへの遷移

移動干渉の挙動は、自分のゲームクライアントでもワンテンポ遅れて動くため、通常のMMORPGにおける移動の高レスポンスを諦める必要があります。

そのため、開発作業の序盤は、ドラゴンクエストXの移動処理をどうするか、具体的には通常移動の挙動にして移動干渉を諦めるべきか、移動干渉の挙動にして高レスポンスを諦めるべきかを検討しました。非戦闘中は通常移動の挙動、戦闘中は移動干渉の挙動にすることで解決するかとも思いましたが、戦闘中の高レスポンスを諦めきれませんでした。

最終的には、普段は戦闘中も含め通常移動の挙動にして、戦闘中に押し合い状態になったときに移動干渉モードに遷移し、そのときだけ移動干渉の挙動にすることで解決しました。移動干渉モードの状態から、キャラクターが離れるなど押し合いしていない状態になった場合は、移動干渉モードを解除し、通常移動の挙動に戻します。この方式では移動干渉モードの間は高レスポンスを諦めることになりますが、実際にプレイしてみると、押し合っている状態でレスポンスが悪いのは気にならず、違和感がありません。こうすることでようやく、普段の高レスポンスと、移動干渉との両立が実現しました。

これでほぼ解決ですが、まだ問題があります。それは、移動干渉モード開始時に、ゲームサーバと各ゲームクライアントで座標の整合性が取れていないことです。たとえば戦士くんと武闘家さんがパーティを組み、モンスターと戦闘している場合を想定します。戦闘開始から通常移動の挙動でモンスターに接触すると、それぞれのゲームクライアントでは**図8.6**のズレが生じています。2人は自分だけがモンスターを押し始めたと思っていますが、ゲームサーバではどちらも若干離れています。

ドラゴンクエストXの実装としては、この状態のときには、このまま両キャラクターとも移動干渉モードに入るようにしました。そのあと、ゲームサーバは非接触状態から接触状態になるように徐々に座標を近付けます。また、戦闘中の移動速度を下げる、パケット送信間隔を狭める、移動目的地を予測するなど、移動干渉モード開始時の座標のズレが大きくならないような工夫もしています。これらにより、良い感じに移動干渉を実現させています。

図8.6 移動干渉開始時の座標のズレ

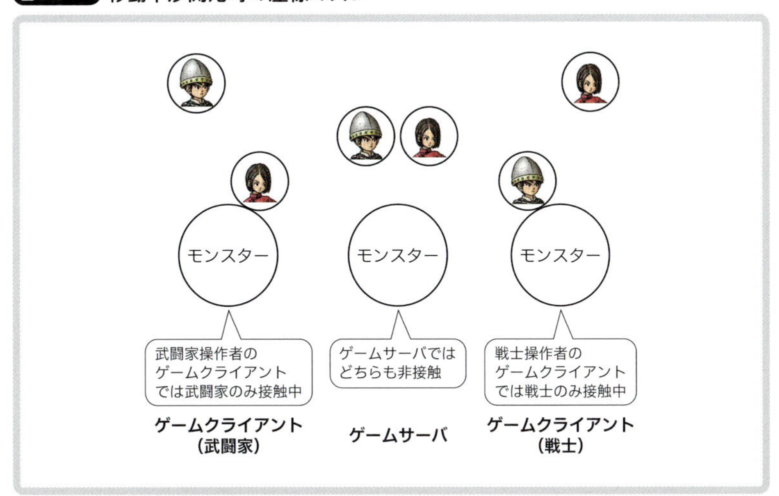

Column

操作主体が他ゲームクライアントの「ドルボード」の相乗り

バージョン3.1から、**図8.a**のように「ドルボード」に複数人で相乗りできるようになりました。相乗り中は、運転手のプレイヤーキャラクターが1名、そのほかのプレイヤーキャラクターは同乗者になります。現在は最大4人が同時に乗れ、おかげさまで好評です。

ドラゴンクエストXの移動処理には、操作主体という概念があります。通常移動における操作主体は対象となるプレイヤーのゲームクライアントで、移動干渉モードの操作主体はゲームサーバです。具体的にはバトルプロセスですね。

そして相乗りしている同乗者の操作主体は、実質的には運転手のゲームクライアントになります。技術的には、同乗者のゲームクライアントが認識している操作主体はゲームサーバ、具体的にはゾーンプロセスです。そしてゾーンプロセスが認識している同乗者の操作主体は、運転手のゲームクライアントです。

他ゲームクライアントが操作主体になるこの形は、通常移動時よりも移動処理の遅延が大きくなるなど、当初の設計になかった部分で苦労しています。ドラゴンクエストXの通常移動時は、通信遅延が発生しても、自ゲームクライアント内で整合性を取って自分から壁にめり込まないようにするなど、できるだけ自然に見せています。しかし、相乗りしている同乗者は運転手の移動に強制的に従うため、整合性を取ることが難しいのです。そのため、大きく遅延すると壁を突き抜けるなどの不具合が発生することがありました。

本書執筆時点でも、相乗りしていると不具合が生じる場所があります。できるだけ遊びやすさを損なわないよう調整や対応を続けていますが、どうしても解決が難しい場所もあり、そこでは強制的に同乗者を降ろすことで不具合を回避しています。

図8.a 「ドルボード」の相乗り

8.4 移動処理の負荷軽減 ―― 多人数の影響を軽減する工夫

本節では、ドラゴンクエストXにおける多人数によるキャラクター移動処理の負荷軽減について解説します。

負荷軽減を行っているのは主にゾーンプロセスです。バトルプロセスでは、同時に扱うのは同じ戦闘に参加しているキャラクターのみのため数が少なく、人数の影響はあまりありません。

以降では、負荷軽減が必要な理由と、ドラゴンクエストXにおけるその解決方法を順に解説します。

1,000人が動く世界は高負荷

ドラゴンクエストXの各ゾーンプロセスには、最大約1,000人が同時接続します。

単純に制作すると、1人が動くたびにその情報をほか999人に送信します。送受信合わせて1人分で1,000回です。つまり1,000人が移動すると100万回の通信になります。

移動通信は0.5秒に1回とかなり間隔を空けてはいますが、そのたびに100万回の通信が実行されるのは高負荷です。

ゲームクライアントへの情報送信の最適化

ゲームクライアントに表示できるキャラクター数には限界があります。ゲームクライアントプラットフォームにもよりますが、具体的には数十人程度です。そのため、その数を超えるキャラクター情報は送信しても意味がありません。このことを利用して、ゲームクライアントへの情報送信を最適化します。

結論から書きますと、各ゲームクライアントのプレイヤーキャラクターと近いキャラクターの情報に限定して送信します。しかし、それも簡単ではありません。999キャラクターの中から対象プレイヤーキャラクターに近い数十人を算出するには、対象キャラクターの移動のたびに全999キャラクターとの距離判定が必要になります。単純に作ると、結局0.5秒に約100万回の計算が発生しますので高負荷です。

空間分割 ―― 空間を分けて対象を限定

そこで、まず**図8.7**のように空間を分割して処理します。これを空間分割と呼びます。ドラゴンクエストXでは、空間分割を密度に応じて動的に行っています。すなわち、人数が多くなると同じ場所でも分割数を増やし、少なくなれば減らす形式で実装しています。

そして、自分のいる空間とその周辺の空間にいるキャラクターのみに限定して距離判定を行うことで、計算回数を減らしています。

なお、図8.7はあくまでもイメージです。実際のドラゴンクエストXの実装では複数の球で分割しています。球ですと分割された空間に重なりができますが、それも含めて適切に処理しています。

表示中キャラクターリスト ―― 情報が必要なゲームクライアントに限定

ドラゴンクエストXでは**図8.8**のように、表示中キャラクターリストと

図8.7 空間分割(イメージ)

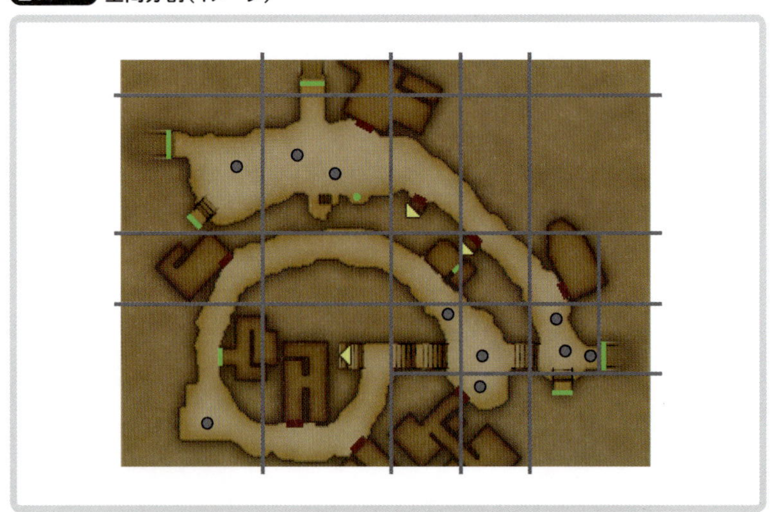

して、各ゲームクライアントが現在表示しているキャラクターの一覧をゾーンプロセスで保持しています。これにより、情報を送信する対象を、その情報が必要なゲームクライアントに限定できます。

たとえば、プレイヤーキャラクターAの移動情報をプレイヤーキャラクターBのゲームクライアントに送信するかどうかは、Bのゲームクライアントに Aが表示されているかどうかで決まります。ただし、Bのゲームクライアントには、Aからは遠いけれどBに近いキャラクターが多くいるかもしれません。また、Bのゲームクライアント側の設定で表示数を増減させられます。つまり、プレイヤーキャラクターAが表示されているかは、A側からはわかりません。

そこで表示中キャラクターリストを使用します。Aの移動情報をBのゲームクライアントに送信するかどうかは、Bの表示中キャラクターリスト内にAがあるかどうかで決まります。Bの移動情報をAのゲームクライアントに送信するかどうかは、Aの表示中キャラクターリスト内にBがあるかどうかです。

図8.8 表示中キャラクターリストによる送信判定

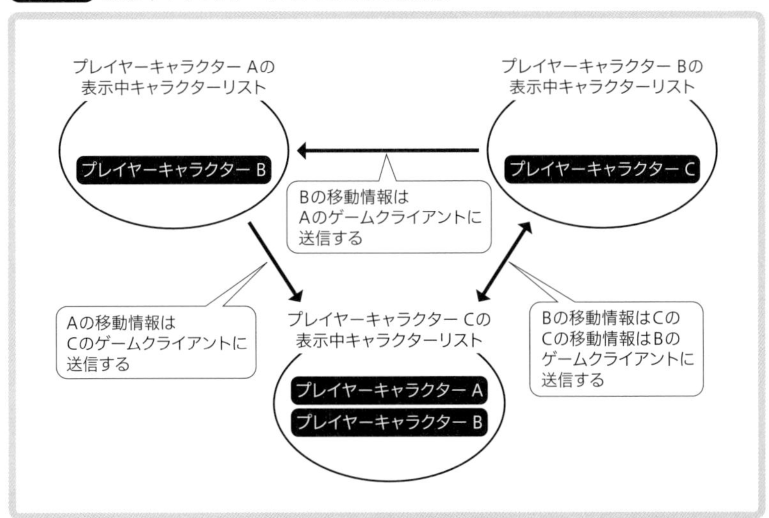

Column

既存のしくみを利用して低負荷にできた「すれちがい」

ドラゴンクエストXには「すれちがい」というゲーム仕様があります。これは、キャラクターどうしがゲーム内ですれちがうことで何かが起こるものです。

たとえば「ふしぎな小箱」は、「すれちがい」を利用したコンテンツです。「ふしぎな小箱」では、

```
『人間』の『おんな』で
なまえに　『て』と　『ん』の　2文字が含まれる
Ｌｖ３０以上の冒険者と　すれちがおう。
```

といったお題が出され、ゲーム内で対象のキャラクターどうしがすれちがうとアイテムがもらえます。

「すれちがい」の判定もキャラクター移動と同様に、同じゾーンにいるほかの999人すべてと距離判定し、それを1,000人分実施するのは負荷が高いです。また、ゲーム性としても、画面に表示されていないときに「すれちがい」が成立しても納得度は低そうですよね。

この両方の問題を一度に解決するため、「すれちがい」は最初にゲームクライアントで判定することにしました。ゲームクライアントでの判定は、同時表示人数、すなわち数十人程度が対象です。チートを防ぐためにゲームサーバでも再チェックしますが、ゲームクライアントで「すれちがい」を達成したと判定されてから1回計算するだけです。これならば、どちらも現実的な計算量です。また、ゲームクライアントで見えている相手ですので、プレイヤーの納得度は高くなるでしょう。この方法を提案したのは担当プログラマーで、既存のしくみを利用し、低負荷で実現できる良いアイデアでしたね。なお、チート対策については12.6節で解説します。

以前、ドラゴンクエストXTVというドラゴンクエストXのニコニコ生放送の番組の中で、筆者が「すれちがい」を解説したことがありました。そこでは空間分割を取り上げましたが、厳密にはここで解説したとおりです。対象のゲームクライアントに表示されるかどうかを判定する段階で空間分割が用いられ、「すれちがい」はその既存のしくみをさらに利用しているのです。

8.5 場所に紐付く処理 —— 指定場所への移動検知で処理実行

本節では、ドラゴンクエストXで場所に紐付く処理について解説します。

ドラゴンクエストXには、この場所に行ったらこうなるといった、場所に紐付く処理があります。これは、トリガボックスにプレイヤーキャラクターが接触したときに、コールバックを起動して実現しています。コールバックとは、あらかじめ条件と実行する処理を設定しておき、条件が達成されるとその処理が実行されるものです。つまり、指定場所への移動を検知すると、あらかじめ設定された処理が実行されます。

以降ではその例として、ゾーンからゾーンへの移動と、ストーリーイベントの発生について解説します。

ゾーンの出口から次のゾーンの入口へ移動

ドラゴンクエストXの世界は多数のゾーンに区切られています。そのため、プレイヤーキャラクターは複数のゾーンを移動します。具体的には、あるゾーンの出口に行くと、設定された次のゾーンの入口に移動します。

各ゾーンには、**図8.9**のように出入り口にラインがあります。このラインにトリガボックスが設定されています。プレイヤーキャラクターがそのトリガボックスと接触するとコールバックを起動し、ゾーンチェンジ処理を実行します。

ゾーンチェンジ処理では、現在いるゾーンを担当するゾーンプロセスは、ゲームDBに対象のプレイヤーキャラクターデータを保存します。また、所属しているワールドプロセスに、移動先ゾーンおよび移動予定のプレイヤーキャラクターの情報を伝えます。

ワールドプロセスは、移動先ゾーンプロセスに移動予定のプレイヤーキャラクターの情報を伝えます。

ゲームクライアントは、接続先を移動先のゾーンプロセスに変更します。

ゲームクライアントからの接続を受けた移動先ゾーンプロセスは、移動

図8.9 ゾーンチェンジライン

予定のゲームクライアントからの接続かどうかを確認します。そして問題なければ、ゲームDBからそのプレイヤーキャラクターデータを読み込み、移動先ゾーンでのそのプレイヤーキャラクターの処理を開始します。

この一連の処理により、ゲームクライアントでは、出口を通過すると隣のゾーンの入口へ移動したように見えます。

なお、このトリガボックスの奥には、透明な壁が置かれています。通信遅延時やゲームサーバの負荷が高いときには、ゾーンチェンジの処理を開始するまでに時間がかかりますが、その場合でも、プレイヤーキャラクターはその透明な壁より奥へは進めないようにしています。

目的地に到達するとストーリーイベントが進行

ドラゴンクエストXでは、特定の場所、たとえばストーリで示された目的地に到達することで、ストーリーイベントが発生することがあります。ストーリーイベントではたとえばカットシーンが再生されて、ストーリーが進みます。このような場所にもトリガボックスを設置し、プレイヤーキャラクターが接触するとコールバックを起動します。

図8.10 ストーリーイベント用トリガボックス

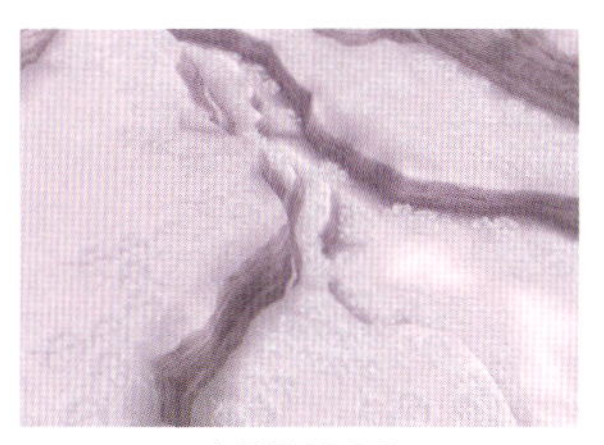
表示用3DBG

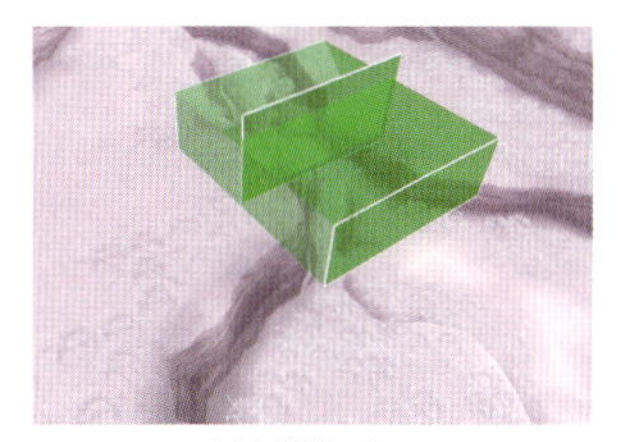
トリガボックス

図8.10は、あるストーリーイベントが進行する場所です。接触して呼び出されるコールバックでは、プレイヤーキャラクターのストーリー進行度などをチェックします。そしてストーリーが進む状態の場合は、対応するカットシーンをゲームクライアントで再生するなど、ストーリーを進めます。

なお、遅延時はゲームクライアント上のキャラクターが通り抜けてしまいますが、ゲームサーバでは移動軌跡をすべて計算してコールバックを起動します。そのため遅延時は、ゲームクライアントでは位置が巻き戻ってストーリーイベントが発生したように見えます。

8.6 まとめ

本章ではドラゴンクエストXの移動処理について、特徴的である移動干渉を中心に、通常移動との違いや負荷軽減の方法などを解説しました。

移動干渉モード開始時に座標の整合性を取るところの解説で軽く書いた「良い感じ」という言葉を、筆者たちは微調整が必要なときによく使います。この何気ない一言には、開発スタッフの試行錯誤が含まれています。プランナーと調整してプログラマーが実装するだけではなく、見た目が楽しくなるよう、サウンドも違和感がないよう、デザイナーやサウンドスタッフも、細かいところまで作りこんでいます。このあたりは感覚的なものですので、実際にプレイしてみるとよりわかりやすいです。移動干渉が「良い感じ」になっているかどうかは、少々敷居が高いかもしれませんが、可能でしたら、ドラゴンクエストXの複数のゲームクライアントを並べて、ゲームサーバの状況を想像しながらいろいろ試してみていただきたいです。

第9章

ゲームDB

ワールド間の自由移動を実現する一元管理

ゲームDBは、プレイヤーキャラクターデータを保存します。プレイヤーキャラクターデータは3.4節で解説したとおり、レベルや所持アイテム、ストーリー進行度など、そのプレイヤーキャラクターに属するすべての情報です。すなわち、プレイヤーキャラクターそのものであり、ドラゴンクエストXにおいて最も重要なものです。そのためゲームDBは、安定性が求められます。

また、ワールド間の自由移動を実現するためには一元管理をする必要があり、そのためには高速に処理しなければなりません。つまりゲームDBは、高性能である必要もあります。

本章では、ドラゴンクエストXのゲームDBの構成および、安定性や高性能をどのように実現しているかを解説します。いろいろな工夫でゲームDBの性能を最大限に引き出し、ゲーム内容の変化に合わせて継続的に改善しています。

9.1 ボトルネックはプレイヤーキャラクターデータの一元管理

ドラゴンクエストXはワールド間の自由移動ができます。そのメリットは7.8節で解説したとおりですが、技術的には高難易度です。

実のところ、開発初期にワールド間の自由移動の要望を聞いたとき、筆者はなんとかなるだろうと思っていました。ワールド間の自由移動よりも、8.3節で解説した移動干渉のほうが難しいと考えていました。しかし、実際に設計を進めると、より広い範囲で影響がある分、ワールド間の自由移動のほうが難問でした。

ボトルネックは、プレイヤーキャラクターデータを一元管理することによるゲームDBの負荷です。一般的なMMORPGでは、**図9.1**のようにワールドごとのゲームDBで管理します。各ゲームDBではほかのワールドのプレイヤーキャラクターデータを参照する必要がありません。しかし、ドラゴンクエストXではワールド間の自由移動が可能なため、プレイヤーキャラクターデータを相互参照可能にする必要があります。それを実現するために、**図9.2**のように唯一のゲームDBで一元管理します。

ドラゴンクエストXは現在、選択可能なワールドが40個あります。一元管理する場合、1つのゲームDBが取り扱うプレイヤーキャラクターおよびそのデータ数は、ゲームDBが各ワールドに分割されている場合と比べて40倍です。ここでたとえば、あるプレイヤーキャラクターがログインする場合を考えてみます。ゲームサーバは、そのプレイヤーキャラクターデー

図9.1 ワールドごとのゲームDB

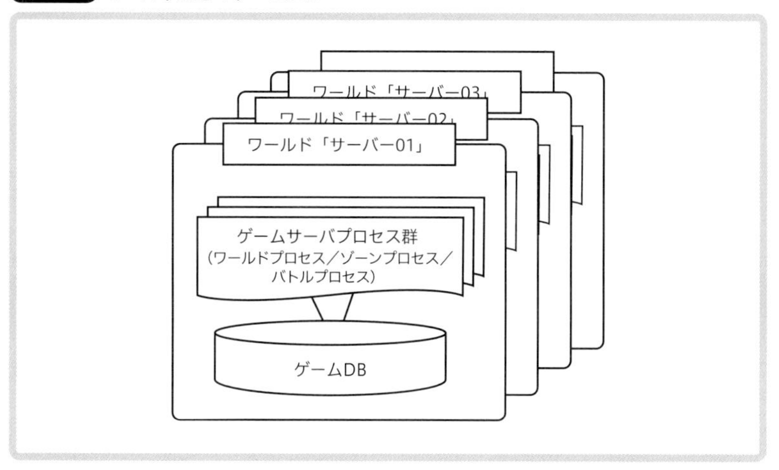

図9.2 唯一のゲームDB

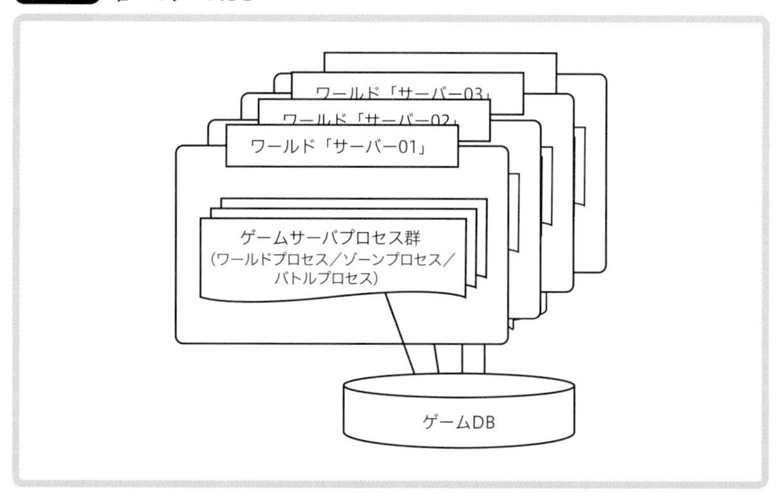

タをゲームDBから取得してゲームを開始します。そのためには、そのデータが保存されている場所を検索して特定する必要があります。単純に上から順番に調べるイメージの方法ですと、その処理時間は保存されているデータ数に比例し、40倍の時間がかかります。また、ログインの頻度も40倍になりますので、処理頻度が40倍です。この影響は乗算で効いてきますので、単純計算で負荷は1,600倍です。

検索の負荷を軽減する既存技術は複数ありますので、それらを利用することで1,600倍のすべてに高度な負荷対策が必要ということではありませんが、それでも高負荷であることに変わりはありません。

以降では、その対策のためのゲームDBの内部構成や、具体的な実装について解説します。

9.2 ゲームDBの内部構成

本節では、ドラゴンクエストXのゲームDBの内部構成を解説します。

ここまではゲームDBを1つのものとして解説していましたが、実際は図9.3

図9.3 ゲームDB構成の詳細

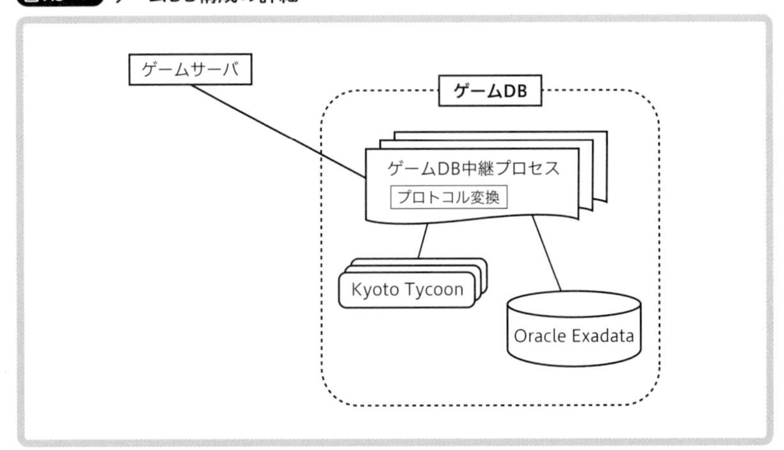

の構成です。Oracle Exadataは高性能なRDBMS（*Relational Database Management System*、リレーショナルデータベース管理システム）です。Kyoto TycoonはKVS（*Key-Value Store*）で、Oracle Exadataを補助するものとして導入しました。これらへのアクセスをゲームDB中継プロセス経由にすることで、ゲームサーバと連携しつつ高性能を実現しています。

RDBMSとKVSは、どちらもデータを保存し、保存したデータを検索して読み出すことができるものです。RDBMSは、複数のデータを関連付けた検索など、複雑な処理ができます。具体的にはたとえば、レベル30かつ女性という条件で、保存されているプレイヤーキャラクターデータを検索できます。KVSは、単純な保存と検索しかできず、高速でスケールアウトしやすいことが特徴です。

以降で、Oracle Exadata、Kyoto Tycoon、ゲームDB中継プロセスの順に解説します。

Oracle Exadata —— 単体でも高性能なRDBMS

ゲームDBの構成の中心はOracle Exadataです。このOracle Exadataは高負荷になる、ドラゴンクエストXの中で最も注意しなければならないシングルポイントです。ここにはプレイヤーキャラクターデータやゾーンプロセス固有データなどの重要なデータを保存しています。

Oracle Exadataの採用にあたっては、開発初期に複数の製品を検証し、紆余曲折もありました。その中で、最終的にはOracle Exadataがソフトウェアおよびハードウェア製品として単体でも高性能で、安定性や保守性も高かったので導入しました。

Oracle Exadataはゲーム業界ではほとんど使用されていないと認識していますが、銀行のシステムにも使用されているRDBMSですので、安定性は言うに及ばずです。また、Oracle Exadataの検索速度だからこそ実現できているところがあり、稼働中に更新や計測の可能な範囲が広いなど保守性が高いところにも助けられています。

なお、ドラゴンクエストXでは、Oracle Exadata上で稼働させるアプリケーションのプログラミング言語にPL/SQLを使用しています。PL/SQLはOracle用のプログラミング言語で、SQLというRDBMS用のプログラミング言語を拡張したものです。

また、ゲーム連動サービスである「目覚めし冒険者の広場」「冒険者のおでかけ超便利ツール」との連携は、基本的にはこのOracle Exadataを経由しています。詳しくは、10.3節で解説します。

Kyoto Tycoon ——スケールアウト可能なKVS

ドラゴンクエストXでは補助的な保存システムとしてKVS、具体的にはKyoto Tycoonを使用しています。

Oracle Exadataがいかに高性能でも、ドラゴンクエストXの用途で余裕はありません。そこでKyoto Tycoonを導入して、負荷を分散する手段を設けました。具体的な活用方法は次節で解説します。

なお、本書執筆時点でKyoto Tycoonは保守されていないようです。ドラゴンクエストXでは実績を重視し継続して検証しつつ使用していますが、新規にKVS導入を検討されているみなさんにはお勧めできません。

ゲームDB中継プロセス ——プロトコルの差異を吸収

ゲームサーバプロセス群と、Oracle Exadata、Kyoto Tycoonとの間には、図9.3に示すゲームDB中継プロセスを置いています。

ゲームサーバ間の通信は3.6節で解説したVceで行われていますが、Oracle ExadataはOCI(*Oracle Call Interface*)という専用のAPIを用いて、Vceとは異なるプロトコルで通信しています。Kyoto Tycoonは、これらとはまた別のプロトコルです。そのプロトコルの差異を吸収する独立したプロセスがゲームDB中継プロセスです。

ゲームDB中継プロセスの挙動を、ゾーンプロセスがOracle Exadataからプレイヤーキャラクターデータを読み込む処理を例に解説します。ゲームDB中継プロセスはまず、Vce経由でゾーンプロセスから、プレイヤーキャラクターデータの読み込み要求を受け取ります。そしてOCIを利用して、Oracle Exadataから対象のプレイヤーキャラクターデータを取得します。そうして得られた結果を適切な形式に変換して、Vce経由でゾーンプロセスに返します。

9.3 プレイヤーキャラクターデータの保存

本節では、プレイヤーキャラクターデータの保存について解説します。

プレイヤーキャラクターデータの保存処理には、ほかのデータと同期が必要なものと不要なものの2通りがあります。ほかのデータとは、対象プレイヤーキャラクター以外のプレイヤーキャラクターデータや、世界共通のデータです。

以降では、まず同期が不要な場合の処理を解説し、そのあと同期が必要な処理を解説します。

同期が不要なところは障害時の巻き戻りを許容

ゾーンプロセスが保持するプレイヤーキャラクターデータは、プレイヤーキャラクターの行動に伴い頻繁に更新されています。たとえばプレイヤーキャラクターが移動すれば、プレイヤーキャラクターデータの中にある座標の情報が更新されます。

座標の変更は、プレイヤーキャラクターごとに独立して行えます。すなわち、世界の整合性に影響を与えず、同期が不要です。ドラゴンクエストXでは、ゾーンプロセスで保持しているプレイヤーキャラクターデータが更新されても、同期が不要な間はOracle Exadataへの保存は行いません。この場合、障害などでゾーンプロセスが保持するプレイヤーキャラクターデータが失われると、Oracle Exadataに保存していたところまでプレイヤーキャラクターデータが巻き戻ります。ドラゴンクエストXでは、それを許容することで、Oracle Exadataの負荷軽減をしています。

なお、たとえば通信エラーでゲームクライアントが切断しただけであれば、巻き戻りは発生しません。切断を検知したゾーンプロセスが、最新プレイヤーキャラクターデータをOracle Exadataへ保存します。ただし、実績としてはまれですが、ゾーンプロセスがハングアップしたり、Oracle Exadataが過負荷になるなどの障害が起きると、最新情報が失われ、巻き戻りが発生します。

巻き戻りの際の影響を一定以内に収めるため、ドラゴンクエストXでは一定時間経過ごとに、ゾーンプロセスが保持するプレイヤーキャラクターデータをOracle Exadataへ保存しています。また、ログアウト時にもOracle Exadataへ保存しています。

以降では、同期が不要な処理の具体例を解説します。

宝箱 ―― 同期が不要なアイテム取得

ドラゴンクエストXには、世界のところどころに常時設置されている宝箱があります。それをプレイヤーキャラクターが開けると、一度だけアイテムをもらえます。そのときプレイヤーキャラクターデータに対して、そのアイテムを加え、その宝箱から入手したとしてフラグをセットします。フラグとは、セットされているかいないかの2パターンの状態を持つものです。

このアイテムの追加とフラグのセットは、ゾーンプロセス内のプレイヤーキャラクターデータの更新です。

ここで、Oracle Exadataへの保存がされないまま障害が発生し、プレイヤーキャラクターの再ログインが必要な状態になったとします。その場合、宝箱から得たアイテムをプレイヤーキャラクターデータに加えた情報は、Oracle Exadataに保存されていません。プレイヤーキャラクターが再ログインすると、ゾーンプロセスはOracle Exadataに保存されているプレイヤーキャラクターデータを読み込みますので、アイテムを受け取る前の状態に戻ります。ただし、宝箱から入手したフラグもセットされていない状態に戻りますので、再度、宝箱を開けることで受け取ることができます。プレイヤーは受け取る行為を2回することになるので障害は起こさないべきですが、障害が起きても世界の整合性は保たれます。つまり、宝箱からのアイテム取得処理は同期不要です。

レベルアップ ―― 同期が不要なパラメータ変化

ドラゴンクエストXでは、戦闘で勝利するたびに経験値が入り、一定以上の経験値がたまるとレベルアップします。これは、そのプレイヤーキャラクターで完結する処理のため、障害が発生して経験値やレベルが巻き戻ったとしても、世界の整合性は保たれています。そのため同期が不要で、戦闘処理やレベルアップのタイミングではOracle Exadataには保存しません。

プレイヤー視点でレベルアップは簡単ではありませんが、世界の整合性が保てる処理では処理負荷の軽減を重視し、Oracle Exadataへの保存を行わないようにしています。そして、できるだけ障害を起こさないように努力しています。

同期が不要なときの保存はKVSでスケールアウト

KVSであるKyoto Tycoonは、プレイヤーキャラクターデータの、同期が不要な場合の保存に使用しています。その場合はOracle Exadataに保存しませんので、Oracle Exadataへの保存頻度を低減できます。

また、同期不要であれば、プレイヤーキャラクターごとに独立した保存でよく、単純にKyoto Tycoonのプロセス数を増やすことでスケールアウトできます。そのため負荷分散がしやすいので、ドラゴンクエストXでは積極的にKyoto Tycoonを活用しています。

以降では、Kyoto Tycoonへ保存している例を2つ解説します。

プレイヤーキャラクターデータキャッシュ ── Oracle Exadataへの保存頻度の低減

前述のとおり、情報変化が個々のプレイヤーキャラクター内で完結している間は同期が不要です。そのときは、ゾーンチェンジなどゲームDBへの保存が必要な場合でも、Oracle Exadataには保存しません。ゾーンプロセスが保持している、ゲームプレイで変化した最新のプレイヤーキャラクターデータを圧縮して、プレイヤーキャラクターデータキャッシュとしてKyoto Tycoonへ保存しています。プレイヤーキャラクターデータキャッシュとしての保存時の圧縮と、読み込み時の伸張はゾーンプロセスが行います。

普段のプレイ中に同期が必要になるケースは多くありません。Oracle Exadataへの保存は、ログアウトや一定時間経過時、後述の同期が必要なときなどに限定されます。そのため、このプレイヤーキャラクターデータキャッシュのしくみにより、Oracle Exadataへの保存頻度は低減しています。なお、Kyoto Tycoonに保存されたデータをOracle Exadataへ保存することはありません。Oracle Exadataへ保存するときは、ゾーンプロセスからゲームDB中継プロセスを経由し、Kyoto Tycoonを経由せずに保存しています。

このプレイヤーキャラクターデータキャッシュは、サービス開始以降に増えた各種コンテンツの影響で、データサイズは開始当初の倍以上になりました。ただし、余裕を持って設計していたため、このあたりの基本構成はサービス開始当初のままです。

拡張プレイヤーキャラクターデータ —— Oracle Exadataに保存しないという選択

プレイヤーキャラクターデータの中には、常に同期が不要なものがあります。

たとえば**図9.4**の「マスタースキルポイント」の割り振りです。これは、「スキル」に自由に割り振ることができるポイントです。たとえば「こうげき力」を増やすスキルに割り振れば、プレイヤーキャラクターの「こうげき力」を高められます。ドラゴンクエストXは転職により職業を変えることが可能で、職業ごとに割り当てたい「スキル」は異なります。たとえば「戦士」のときは「こうげき力」が重要ですが、「魔法使い」では普通は重要視しません。

図9.4 Oracle Exadataに保存しない「マスタースキルポイント」振り分け情報

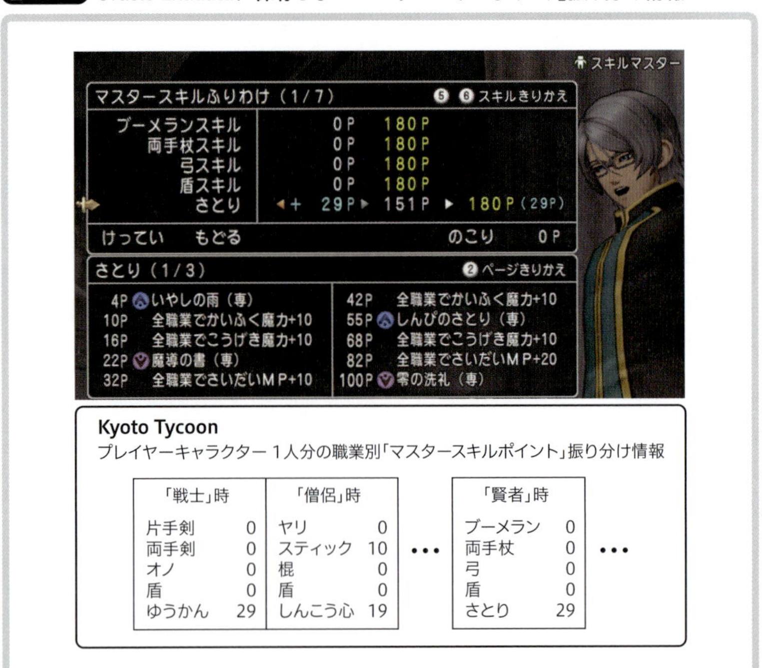

しかし、全職業分を保存するのは負荷が高くなることもあり、リリース当時は全職業共通の1セットの「マスタースキルポイント」の割り振りを保存していました。そのため、ほとんどのプレイヤーは転職のたびに、その職業で高めたい「スキル」に「マスタースキルポイント」を割り振りなおします。そして当然ながら、「マスタースキルポイント」の割り振りを職業ごとに保存したいという要望が高まりました。

「マスタースキルポイント」の割り振り情報は、他プレイヤーキャラクターとの相互作用はなく、同期が不要です。同期不要であればOracle Exadataへ保存する必要はありません。そこで「マスタースキルポイント」の割り振り情報は、拡張プレイヤーキャラクターデータとしてKyoto Tycoonへ保存することにしました。

技術的には、プレイヤーキャラクターデータキャッシュの応用です。ただし、拡張プレイヤーキャラクターデータはKyoto Tycoonのみに保存され、同等の情報はOracle Exadataに保存されません。

Kyoto Tycoonのデータは2重程度のバックアップを取得していますが、5重程度のバックアップを取得しているOracle Exadataに比べると貧弱です。実績上データが消えたことはありませんが、本書執筆時点では過信せずに、仮に壊れても修復可能な情報のみに使用しています。「マスタースキルポイント」は再度振り分けることで修復可能なため、こちらの条件にも当てはまります。実際に再度振り分けるとなるとドラゴンクエストXのお客さまに迷惑がかかりますので、できる限り消失しないように、引き続き努力しています。

同期が必要なところはトランザクション処理

同期が必要なところではトランザクション処理をしています。トランザクション処理とは、適切な排他処理をして、複数の処理を一連のものとして扱い整合性を担保することです。

以降で具体例を解説します。

「とりひき」―― プレイヤーキャラクターデータの同期

ドラゴンクエストXの「とりひき」は、プレイヤーキャラクターどうしでアイテムやゴールドを交換する機能です。「とりひき」を実現するには、対応するプレイヤーキャラクターデータの同期が必要です。

たとえば、プレイヤーキャラクターAの「やくそう」というアイテム1つと、プレイヤーキャラクターBの100Gを「とりひき」で交換する状況を想定します。

交換する前は、Oracle Exadataおよびゾーンプロセスは次の状態とします。

- **プレイヤーキャラクターA**
  やくそう5、300G
- **プレイヤーキャラクターB**
  やくそう5、300G

ここから交換が成立すると、ゾーンプロセスでは次の状態になります。

- **プレイヤーキャラクターA**
  やくそう4、400G
- **プレイヤーキャラクターB**
  やくそう6、200G

さて、前述のとおりOracle Exadataへの保存は、プレイヤーキャラクターごとのタイミングで行われます。つまり、Aのプレイヤーキャラクターデータが Oracle Exadataへ保存されて、Bは保存されないことが有り得ます。その場合、Oracle Exadataは次の状態になります。

- **プレイヤーキャラクターA**
  やくそう4、400G
- **プレイヤーキャラクターB**
  やくそう5、300G

この瞬間に障害が発生すると、ゾーンプロセスの情報は失われ、Oracle Exadataに保存されている情報がすべてになります。すなわち、ドラゴンクエストXの世界から100G増殖し、「やくそう」1つが消失します。

この不整合を防ぐため、「とりひき」はOracle Exadataと同期するトランザクション処理としています。具体的にはまず、交換直前にプレイヤーキャラクターAとプレイヤーキャラクターBのプレイヤーキャラクターデータをOracle Exadataへ保存します。そして交換処理中は両プレイヤーキャラクターデータのOracle Exadataへの保存を禁止し、交換完了直後に両プレイヤーキャラクターデータをOracle Exadataへ保存します。

こうすることで、交換後に障害が発生しても、すでにOracle Exadataへの保存は完了していますので交換は成立しています。交換処理中に障害が発生した場合は、両プレイヤーキャラクターデータが交換直前の状態に巻き戻りますので、世界の整合性は取れています。

「旅人バザー」——共有データとプレイヤーキャラクターデータの同期

ドラゴンクエストXの「旅人バザー」は、アイテムの売買を中継する施設です。プレイヤーは売り値を決めて所持アイテムを出品し、別のプレイヤーは出品されているアイテムを指定されたゴールドで落札します。

その出品処理や落札処理で、アイテムやゴールドの消失や増殖が発生しないよう、世界共有の「旅人バザー」のデータと、プレイヤーキャラクターデータとの間で同期するトランザクション処理を行っています。

「住宅村」——ゾーンプロセス固有データとプレイヤーキャラクターデータの同期

ドラゴンクエストXの世界にはプレイヤーキャラクターの自宅があり、それは「住宅村」を担当するゾーンプロセスが処理します。**図9.5**のように

図9.5 「住宅村」の家の中に設置される家具

家の中には家具を、庭には庭に置けるアイテムである庭具を設置できます。設置された家具や庭具は、持ち主が不在でも他人から見え、操作できます。つまり、持ち主のプレイヤーキャラクターデータがそのゾーンプロセスにないときでも、設置された家具や庭具のデータは必要です。これを実現するため、設置された家具や庭具のデータはプレイヤーキャラクターデータではなく、ゾーンプロセス固有データとしてゾーンプロセスで保持し、Oracle Exadataに保存しています。

そのため、家具や庭具を設置するときは、プレイヤーキャラクターデータにあるアイテムを、ゾーンプロセス固有データへトランザクション処理で同期して移動させます。片付けるときも、移動方向は逆ですが同様です。

また、家具の中には図9.5にあるような「さかな」を入れる水そうがあります。「さかな」はドラゴンクエストXの「釣り」で入手可能なもので、プレイヤーキャラクターが所持しているときは「さかなぶくろ」に保存しています。「さかなぶくろ」の中身はプレイヤーキャラクターデータに含まれます。そしてそこから、「さかな」をトランザクション処理で同期してゾーンプロセス固有データへ移動することで、水そうに入った状態になります。これで、持ち主のプレイヤーキャラクターが不在でも、その「さかな」が泳ぐ姿をそのゾーンで見ることができます。

さらに、図9.5にあるようなタンスなどのアイテム収納家具もあり、そこにアイテムを保管できます。保管されたアイテムは、ゲーム仕様上の権限設定しだいですが、家具などと同様に持ち主以外のプレイヤーも使えます。加えて「モーモンバザー」という機能により、家の持ち主は収納家具に保管された各アイテムに値段を設定でき、その家に来たプレイヤーはそれを落札できます。これらの持ち主以外のプレイヤーの操作も、持ち主が不在でも実施できます。そのためアイテム収納家具のデータは、プレイヤーキャラクターデータではなく、ゾーンプロセス固有データとして保持しています。そして、アイテム収納家具へのアイテムの出し入れは、ゾーンプロセス固有データとプレイヤーキャラクターデータを同期させるため、トランザクション処理で実行されます。

なお、リリース当初は、アイテム収納家具へアイテムを出し入れするたびにOracle Exadataへ保存する形にしていました。しかし、予想外に負荷が高いことが計測されたため、実際の使われ方を詳細に調査し、ゲーム仕様を変更しました。具体的には、アイテム収納家具へ同時にアクセスできるプレイヤーキャラクターを1人に限定しました。そうすることで、出し入れのたびにではなく、アイテム収納家具へのアクセス終了時に、複数のアイテムの移動をまとめてトランザクション処理できるようになりました。こうしてOracle Exadataへの保存回数を減らし、負荷を軽減しています。

9.4 テーブル情報の概説

本節では、ドラゴンクエストXのOracle Exadataで使用しているテーブル情報を、一部の概要のみですが、例を交えて解説します。

テーブルは、DBが処理するひとまとまりの情報です。各テーブルはカラムという情報の種類を複数持ち、各カラムの情報を持った1つのデータセットである多数のレコードで構成されます。そのイメージを**図9.6**に示します。表がテーブルで、その列がカラム、行がレコードです。

また、カラムごと、あるいは複数のカラムをセットで、インデックスを

図9.6 テーブル情報の例(イメージ)

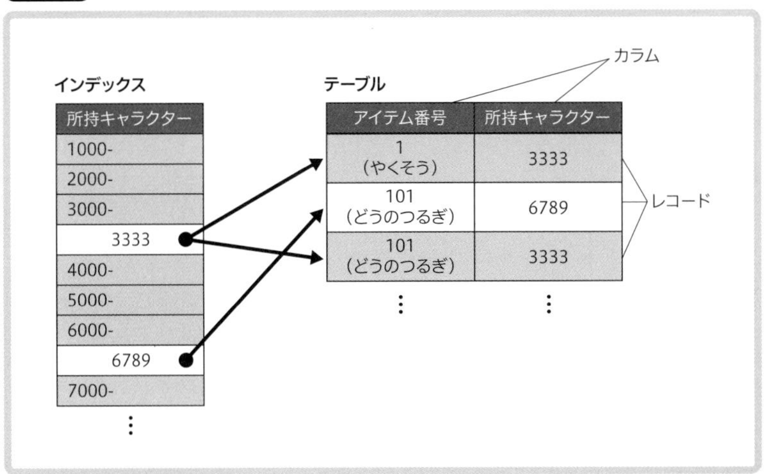

作成するかどうかを決めます。インデックスとは本の索引のようなもので、これにより検索をより高速に行えます。図9.6はそのイメージでインデックスを図示しています。一般的な実装とは異なりますが、インデックスの本格的な解説は本書では行いません。

索引と場所を関連付けるイメージからか、インデックスを作成することをインデックスを張るとも言います。インデックスが張られているカラムを対象とした検索は早いです。これは、本に記載されている位置を1ページ目から順番に調べるより、索引で調べたほうが早いのと同じ理屈です。逆にインデックスが張られていないカラムを対象とした検索は、順番に調べるため遅いです。図9.6は3レコードしか見えていませんので直接調べても早そうに見えますが、レコード数が多くなるとインデックスの有無で検索の速度差は顕著になります。ドラゴンクエストXにはレコード数が億単位のテーブルが複数ありますので、ここは軽視できません。

ただし、たとえばレコードを追加するたびにインデックスは張られますので、インデックスが張られているカラムが多いほど、インデックスを張る回数が増えて、レコードの追加が遅くなります。つまり、すべてのカラムにインデックスを張ればよいわけではありません。

以降で、アイテム情報テーブル、所持品ソート情報テーブルおよび、旅人バザー関連テーブルについて具体的に解説します。

アイテム情報テーブル

ドラゴンクエストXの世界に存在する個々のアイテムの情報は、**図9.7**の構成のアイテム情報テーブルにほぼすべて収められています。レコード数は約20億あり、ドラゴンクエストXの中でも大きい部類です。

アイテム情報テーブルの各レコードは、アイテムスロットを表します。アイテムスロットとは、ゲーム仕様上のひとまとまりのアイテムです。たとえば「やくそう」は1アイテムスロットで最大99所持可能で、100以上の「やくそう」を所持する場合は2アイテムスロット以上を使用します。「どうのつるぎ」は1アイテムスロットで1つです。「どうのつるぎ」は後述する追加効果を個別に持ち、同じ「どうのつるぎ」でもたとえば「こうげき力」の値がそれぞれ異なるためです。これらは、プレイヤー視点でも同じです。

図9.7 アイテム情報テーブルの構造

ID	アイテム番号	所持数	所持キャラクター	保管場所番号	更新日時(UTC)	状態	追加効果①
10001	1(やくそう)	99	3333	1(つかうもの)	2018-05-31 14:00:02	0(正常)	0
10002	1(やくそう)	20	3333	1(つかうもの)	2018-05-31 14:00:02	0(正常)	0
10003	101(どうのつるぎ)	1	3333	2(そうび)	2018-05-06 14:31:23	2(削除)	201(こうげき力+2)
10004	101(どうのつるぎ)	1	6789	5(旅人バザー)	2018-06-02 10:29:31	0(正常)	203(こうげき力+6)
10005	101(どうのつるぎ)	1	3333	2(そうび)	2018-05-06 14:27:44	0(正常)	202(こうげき力+4)
10006	101(どうのつるぎ)	1	3333	5(旅人バザー)	2018-05-31 15:10:50	0(正常)	202(こうげき力+4)
10007	1(やくそう)	7	6789	1(つかうもの)	2018-05-31 01:35:56	0(正常)	0
10008	101(どうのつるぎ)	1	6789	5(旅人バザー)	2018-06-01 03:10:50	0(正常)	203(こうげき力+6)
10009	2(上やくそう)	3	3333	1(つかうもの)	2018-05-31 14:00:02	0(正常)	0

以降ではアイテム情報テーブルの主要なカラムをピックアップして解説しますが、実際のカラム数は100程度あります。

ID —— アイテムスロットを識別する番号

各アイテムスロットはユニークな番号を持ち、IDカラムにその番号を保存しています。ユニークとは、1つしかないことです。たとえば同じ「やくそう」でも、アイテムスロットが異なれば、図9.7のIDカラム10001、10002、10007のように番号が異なります。つまり、IDカラムの番号でアイテムスロットを識別できます。

特定のアイテムスロットを対象とした処理は頻繁に行われるため、IDカラムにはインデックスが張られています。

アイテム番号 —— 種別を表す番号

アイテム番号カラムには、その種類を表す番号を保存しています。「やくそう」は1番、「上やくそう」は2番、「どうのつるぎ」は101番といった情報です。

所持数 ── 同一アイテムスロットに所持している数

所持数カラムには、そのアイテムスロットに所持している数を保存しています。

アイテムスロットに所持できる最大値はアイテムごとに異なり、「どうのつるぎ」のように固有の追加効果のあるアイテムは1で、そのほかは原則99です。

所持キャラクター ── 所持者を表す番号

所持キャラクターカラムには、このアイテムを所持しているプレイヤーキャラクターの番号を保存しています。

保管場所番号 ── ゲーム上で所持する場所の種類

保管場所番号カラムには、ゲーム内で所持している場所の種類を番号で表したものを保存しています。

ゲーム内でプレイヤーキャラクターがアイテムを所持できる場所には、「つかうもの」「そうび」、アイテムやゴールドを預けられる預かり所の「倉庫」、そして「郵便」「旅人バザー」などがあり、それぞれ番号が付いています。

アイテムスロットは、前述の所持キャラクターと、この保管場所番号とのセットで、頻繁に検索されます。そのため、所持キャラクターと保管場所番号などをセットにしたインデックスが張られています。

なお、「郵便」の所有者は、受け取り前の段階ですでに受け取り予定者にしています。「旅人バザー」へ出品中のアイテムの所有者は、出品者のままです。

更新日時 ── 最後に変更された日時

更新日時カラムには、対象レコードの最終更新日時が保存されています。

状態 ── アイテムの削除はレコードの削除ではなく状態変更で処理

状態カラムには、状態が保存されています。これが変更されるのは、主にアイテムスロットが削除状態になるときです。ゲーム内の操作としては、「すてる」を実施したときや、NPCの店に売ってゴールドに替えたとき、別のアイテムを作るための素材として消費したときなどです。そのときには、アイテム情報テーブルの処理としては対象レコードの削除ではなく、状態変更で処理しています。これは状態と更新日時の値を変更するだけなので、レコードの削除より低負荷です。

この状態変更による管理方法は、ドラゴンクエストXのお客さまからの不具合報告に多い「アイテムがなくなりました」というケースの調査にも有効です。状態が削除なら、そのレコードの更新日時がアイテムが削除されたタイミングです。そのため、その近辺のサーバログを調べて原因を突き止めます。万が一不具合で消失していた場合は、このレコードの情報をもとに復活させることができます。不具合報告への対応について詳しくは、11.3節で解説します。

ドラゴンクエストXの世界では、アイテムスロットは生成と削除が頻繁に行われますが、この管理方法では、アイテム情報テーブルのレコード数は増加する一方です。そのため、数ヵ月に一度のペースで「データベース最適化」という告知内容でメンテナンスを行います。そこでは、削除状態のアイテムのレコードを、アイテム情報テーブルからバックアップ用のテーブルに移動します。つまり、図9.7の例ではID10003のレコードが、「データベース最適化」のメンテナンス時にアイテム情報テーブルから消えます。このバックアップ用のテーブルのレコード数は100億以上あり、増加し続けています。

追加効果 ――アイテムに個別に付加する情報

ドラゴンクエストXの装備品は、「こうげき力+2」「かいふく魔力+15」といった追加効果をアイテムに個別に付けることができます。追加効果カラムには、その情報を保存しています。

なお、図9.7では省略していますが、追加効果は複数枠があります。たとえばそのうち3枠が「こうげき力+6」であれば、合計の「こうげき力」は+18になります。また、それぞれの追加効果に関連した、いつ誰がその効果を付けたかといった情報も保存していますので、追加効果に関連するカラム数はさらに多いです。

所持品ソート情報テーブル

ソートとは、順番に並べることです。所持品ソート情報テーブルには、プレイヤーキャラクターごとにゲーム内でどの順番に見えるかの情報を保存しています。そのテーブルイメージと、対応するゲーム画面のイメージを図9.8に示します。

Column

情報量を大幅に減らした「家具庭具おきば」

アイテムスロット数は、各プレイヤーキャラクターの保管場所ごとに上限を設定しています。執筆時現在、たとえば「つかうもの」は最大70、「そうび」は最大125です。ドラゴンクエストXのお客さまからは、この上限を増やしてほしいという要望を継続していただいています。

筆者自身もプレイヤーとしては、正直なところ上限を増やしてほしいと切に願います。しかし、アイテム情報テーブルは情報量が多く、負荷などを考慮するとそう簡単には増やせません。その中で特に情報量が多いのが、追加効果です。

この追加効果は、全アイテムに必要なものではありません。たとえば「住宅村」に配置できる家具および庭具は、追加効果の情報が不要なアイテムです。また、いただく意見の中には、家具や庭具の整理が大変という声が少なからずありました。

そこで、追加効果をすべて削った別テーブルを作り、「家具庭具おきば」という保管場所を新規作成しました。その際、プランナーと相談して、「家具庭具おきば」ではアイテムの種類ごとに持てる最大数を99にして、複数のアイテムスロットに分割できないようにしました。こうすることで、ユニークなIDの情報はアイテムの種類の情報で代用できるため、IDカラムも削れました。これらにより、「家具庭具おきば」のテーブルの合計カラム数は10程度にできています。100程度あるアイテム情報テーブルに比べて大幅に情報量を減らせました。

この構成のおかげで、アイテム情報テーブルに比べて負荷が低く、執筆時現在の「家具庭具おきば」のアイテムスロット数は、各プレイヤーキャラクターごとに最大200にできています。これで家具と庭具の整理はだいぶ楽になりましたね。このしくみは担当プログラマーの発案ですが、良いアイデアだったと考えています。

図9.8 所持品ソート情報テーブルの構造

所持キャラクター	保管場所番号	ID配列	更新日時(UTC)
3333	1(つかうもの)	10009(上やくそう3)、10001(やくそう99)、10002(やくそう20)	2018-05-31 14:00:02
6789	5(旅人バザー)	10004(どうのつるぎ)、10008(どうのつるぎ)	2018-06-02 10:29:31
3333	2(そうび)	10005(どうのつるぎ)	2018-05-06 14:27:44
3333	5(旅人バザー)	10006(どうのつるぎ)	2018-05-31 15:10:50
6789	1(つかうもの)	10007(やくそう7)	2018-05-31 01:35:56

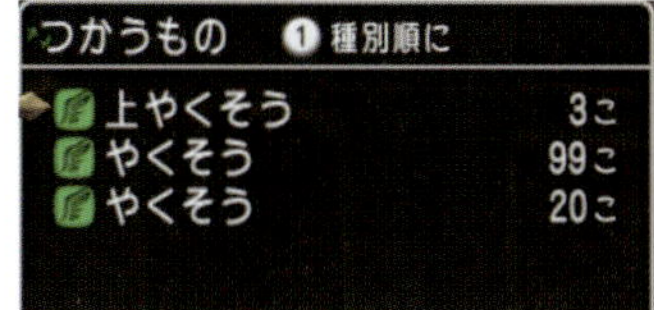

キャラクター 3333の「つかうもの」画面

キャラクター 3333の「そうび」画面

このテーブルでは、同じ「所持キャラクター+保管場所番号」の組み合わせは1レコードのみです。そのソート情報として、前述のアイテム情報テーブルのIDを、表示される順番に並べて保存しています。

なお、図9.7のID10003のような削除済みのアイテムはこのテーブルにはありません。

旅人バザー関連テーブル

「旅人バザー」の出品情報は、**図9.9ⓐ**の旅人バザー情報テーブルに保存しています。旅人バザー情報テーブルでは、IDや出品額を保存します。また、検索の負荷軽減のために、アイテム番号などはアイテム情報テーブルと重複して保存しています。さらに、追加効果はその種類ごとに数値を合算した値を事前に計算しておき、合計値として保存しています。こうすることで、たとえば「こうげき力」+18以上といった検索の負荷を軽減しています。

さらに、ⓑの出品数情報テーブルにアイテムごとの出品数を保存してい

図9.9 旅人バザー関連テーブルの構造

ID	出品額(G)	アイテム番号	出品数	出品キャラクター	カテゴリ	更新日時(UTC)	検索項目①	合計値①
10004	9800	101(どうのつるぎ)	1	6789	1(片手剣)	2018-06-02 10:29:31	200(こうげき力)	18
10006	100	101(どうのつるぎ)	1	3333	1(片手剣)	2018-05-31 15:10:50	200(こうげき力)	12
10008	1500	101(どうのつるぎ)	1	6789	1(片手剣)	2018-06-01 03:10:50	200(こうげき力)	15

ⓐ旅人バザー情報テーブルの構造

アイテム番号	カテゴリ	出品数	更新日時(UTC)
101(どうのつるぎ)	1(片手剣)	3	2018-06-02 10:29:31

ⓑ出品数情報テーブルの構造

ⓒ「旅人バザー」の検索画面

ます。ⓒのような「旅人バザー」の検索画面で出品数表示は頻繁に行われるため、アイテムの出品および落札時に出品数を計算して保存し、計算頻度を下げています。

9.5 継続的な改善

本節では、ドラゴンクエストXサービス開始後に行った、ゲームDBの継続的な改善について解説します。

ドラゴンクエストXは10年以上続けたいと考えて運営をしています。サービス開始以降、提供するコンテンツが増えました。人気のあるコンテンツや、プレイヤーのプレイスタイルも、時代とともに変化します。その変化の影響を受けて、負荷のボトルネックとなる処理が変化することも珍しくありません。

以降では、Oracle Exadataのアップグレード、機能追加に対応する改善と最適化、およびボトルネック調査について、順に解説していきます。

Oracle Exadataのアップグレード

図9.10は、ドラゴンクエストXのバージョン2期間のOracle Exadataへの負荷の様子です。メジャーバージョンのアップデートのタイミングで高負荷になっていることがわかります。実際に、バージョン2.2や2.3の更新日の夜のピーク時間帯には、Oracle Exadataの応答を伴う操作で、明らかな遅延を感じました。

そのため、Oracle ExadataをOracle Exadata X4へアップグレードして、スケールアップ、すなわち単体性能を向上させることを決定しました。

Oracle Exadata X4は、ドラゴンクエストXサービス開始当初から使用していたOracle Exadataより世代が新しく、全体的に高速化されたものです。

投入時に発覚した10万分の2秒という重大な遅延

Oracle Exadata X4へのアップグレードは入念に準備を行いました。また、アップグレード当日はメンテナンス時間を十分に確保し、満を持して投入しました。しかし、アップグレードが完了し、ゲームサーバを起動し

図9.10 Oracle Exadataの負荷の遷移

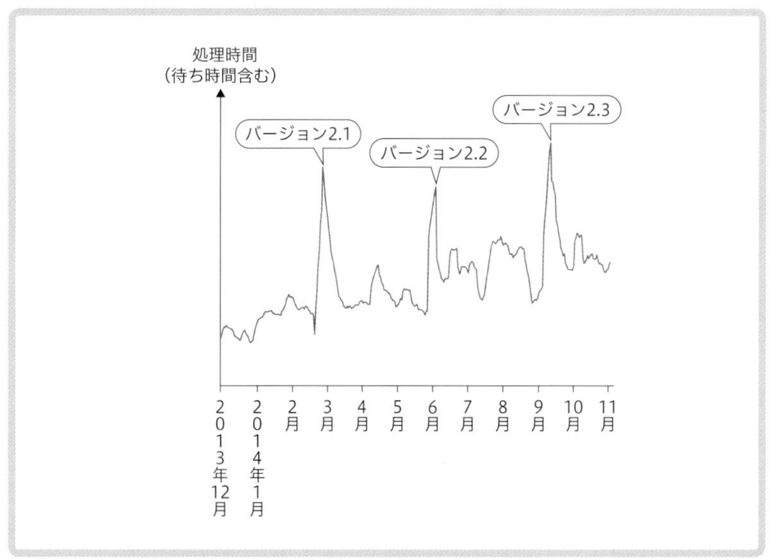

たところで、予想外の処理遅延を検知しました。

そのままだと、ピーク時間帯に問題になりそうでした。しかも原因が簡単には判明しなさそうでしたので、その日はメンテナンス時間を延長して、もとに戻しました。

そのあとの調査で判明したのですが、原因は、スイッチという、パケットを適切に転送するための通信機器の処理遅延でした。Oracle Exadata用に使用しているのは、その中でもハイエンドスイッチと呼ばれる高性能なものです。それは普段、ASIC (*Application Specific Integrated Circuit*)、すなわちハードウェアでほぼ遅延なく処理します。しかし、今回の環境では、一部が定期的にソフトウェア処理になり、結果として0.00002秒の通信遅延がときどき発生していました。

通常はこの程度であれば軽微でしょうが、高負荷前提のOracle Exadata X4の上流でこの遅延は重大でした。

遅延原因はインフラチームのエンジニアが調べて、複雑な機構にもかかわらず最終的には詳細な挙動まで把握できました。原因がわかったことで、暫定的な対処方法が見つかりました。それは、ダミーの通信を定期的に行うことでした。そして再度メンテナンスを行い、無事にOracle Exadata X4にアップグレードできました。

なお、このハイエンドスイッチの問題はそのあとも調査を継続し、現在はハイエンドスイッチのパラメータ調整で解決しています。

アップグレード後も性能が上がらず最適化で成果

Oracle Exadata X4へのアップグレード後は、アップグレード前にボトルネックとなっていた処理の負荷が改善されたことが計測できました。しかし、今度は違う部分で高負荷が計測されるなど、全体としては改善しているものの、期待したほどではありませんでした。

Oracle社としてもゲームでの使われ方は特殊らしく、お互いに情報交換しつつ、共同でOracle Exadata X4向けの最適化を行いました。そしてしばらくして、ようやく成果が出せました。今ではOracle Exadata X4の性能を十分に引き出せていると考えています。

Column
シンプルなほうが障害に強い

Oracle Exadata X4導入時のトラブルには、スイッチの冗長化が影響していました。ちなみにややこしいのですが、このスイッチとNintendo Switchはまったく別物です。ややこしいと感じるのは筆者たちだけかもしれませんが。

冗長化とは、複数台を並列に稼働させて、1台が故障した程度ではサービスを止めないことです。スイッチの冗長化は、今となっては枯れた技術、と言うのですが、つまり昔からよく使われている技術ですので、基本的には問題ありません。しかし、筆者は2002年にサービスを開始した『ファイナルファンタジーXI』において、スイッチ冗長化の影響で、通信負荷が一定以上になるとパケットのバーストが発生する障害を経験しました。パケットのバーストとは、パケットが爆発的に増えて、正常に通信できなくなることです。このときは、2つあるスイッチの片方の電源を落として障害を回避しました。

筆者は『PlayOnline』において、ロードバランサという、接続を振り分ける通信機器に関する障害も経験しました。ロードバランサは、クライアントからの接続要求を、複数台あるサーバに適切に振り分けるものです。振り分けルールは選択可能で、当時はリーストコネクション、すなわち最も接続数の少ないところに振り分ける方式を指定していました。普段はこれで問題ないのですが、あるとき高負荷で一部のサーバに障害が発生し、接続数が少なくなりました。その結果、ロードバランサはルールに従い障害発生中のサーバのみに新規接続を割り振ることになり、新規接続はすべて障害の影響を受けました。その際は、振り分けルールをラウンドロビン、すなわち何も考えずに順番に割り当てる方式にして、障害が発生していないサーバにも振り分けられるようにしました。

実は、これらの障害には共通点があります。それは、通常はうまく負荷分散できている工夫が、負荷が高くなると不具合が表面化して状況はむしろ悪化する、というものです。負荷が高いときに分散するのが負荷分散の目的ですので、本末転倒と言うか、まったく機能していないと言えるでしょう。

これは筆者の持論ですが、シンプルなほうが障害に強いです。ロードバランサで言えばラウンドロビンが最強です。シンプルにすることで、積極的に障害回避をしなくなりますが、障害を悪化させることはまずありません。大きな問題がない場合はシンプルなほうを選択することを強くお勧めします。

もちろんシンプルにしづらいケースはあると思います。ドラゴンクエストXでは、故障時のサービス停止を回避するためにスイッチの冗長化は必要と考えていて、それにより本文に記載したOracle Exadata X4導入時の障害が発生しました。また、ドラゴンクエストXの中でリーストコネクション相当の処理が必要な箇所があり、残念ながらそれに起因する、すなわち前述の『PlayOnline』でのロードバランサに関する障害と同様の問題が発生しました。すべてシンプルにするのはなかなか難しいです。

機能追加に伴うゲームDBの最適化

ドラゴンクエストXでは、「こう変更したい」「こんな機能を追加したい」という話は常にあります。その機能追加のために、ゲームDBの最適化や工夫を行っています。

ここではOracle Exadataで改善した例として、アイテム情報の読み込み最適化と、「旅人バザー」の統合時に行った工夫について解説します。

アイテム情報の読み込み最適化

アイテム情報テーブルは20億レコード程度あり、Oracle Exadata X4の巨大なメモリでもすべてのアイテム情報を同時には読み込めません。

Oracle Exadataは、ストレージからメモリへある程度まとまった単位で読み込むようです。正式サービスを開始してからしばらくは、連続して参照されるアイテム情報がストレージ内で物理的に離れていたため、その機能を活かせず、読み込み回数が多い状況でした。

そこで、高頻度で連続的に参照されるアイテム情報のパターンを突き止め、それをもとにソートして、新規にアイテム情報テーブルを作りなおし、アイテム情報の読み込みを最適化しました。これにより、連続して参照されるアイテム情報がストレージ内の物理的に近い位置に収まり、ストレージからメモリへの読み込み回数を減らすことに成功しています。

なお、この方式は時間とともに効果が薄れていきますので、9.4節で解説した「データベース最適化」のメンテナンスのタイミングで、この再配置処理も実施しています。

「旅人バザー」統合のための工夫

「旅人バザー」は、以前はゲーム内の6つの大陸に合わせて6つに分割されていましたが、ドラゴンクエストXのお客さまから、1つに統合してほしいという要望がありました。これに対応するためゲームDBの最適化および工夫をして、サービス開始から2年半ほど経過したころに統合を実現しました。

統合するための最適化はいろいろと行いましたが、最後に残った課題が、出品数情報テーブルの出品数の計算でした。これは前述のとおり、出品や落札のたびに計算します。たとえば、あるアイテムの出品数が3の状態から、2つの出品が同時にあったとします。ここでもし、出品数の計算を同時にしてしまうと、どちらも3＋1は4として、出品数は4という結果が2回出てしまいます。そのため出品は排他処理を伴うトランザクション処理で行い、片方の計算で3＋1は4、もう一方はその結果が出てから計算して4＋1は5となるようにしています。ただし、「旅人バザー」の出品と落札の頻度は高いため、このまま統合するとほかの処理を待つ時間が長くなり、問題が生じると予想されました。

その回避策として、「値段をつけ直す」という機能を追加しました。ドラゴンクエストXでは、「旅人バザー」で出品したアイテムを売るために、プレイヤーは細かく値段を調整します。そのために統合以前は、出品を取り下げてから出品しなおす必要がありました。つまり出品数は、－1と＋1という2回の計算を経て、同じ値に戻ります。それに対して「値段をつけ直す」は、出品数の計算をせずに、出品額だけを変更する機能です。この機能により、出品数の計算頻度を減らすことができました。これは、担当プログラマーが担当プランナーへ相談し、新機能を用意することで実現したものです。この点については、「目覚めし冒険者の広場」でわかりやすく解説[注1]しています。

ゾーンプロセスによる保存頻度の抑制

ドラゴンクエストXは、サービスの年月を重ねるにつれ、初期の設計ど

注1 「開発・運営だより －第29号－」(https://sqex.to/Nj4)

おりとはいかず、Oracle Exadataの最適化ではそれ以上負荷が低減しないところが出てきました。その対応のため、一部ではゾーンプロセスからの保存頻度を抑制する工夫を入れています。

Column

駅のベンチでメンテナンスの真相

2014年末のドラゴンクエストXTVの中で、駅のベンチでメンテナンスしたという話をしたことがあります。今ここで、その真相を明らかにしたいと思います。

2014年夏のある日、「コロシアム」の「バトルグランプリ」が初めて開催されました。「バトルグランプリ」は、「コロシアム」の試合結果により増減するポイントのランキングを競う期間限定コンテンツです。筆者は「バトルグランプリ」が無事開催されたこと、1時間ほど経過観察しても高負荷にならないことを確認してから帰宅の途に付きました。しかし、電車の中でSNS（*Social Networking Service*）を見ていて障害発生に気付き、慌てて降りて、その駅のベンチを借りてノートパソコンを開きました。そして、ゲームサーバに接続して状況を確認しつつ、担当技術者を電話でネット上に呼び集めて対応しました。このとき、ドラゴンクエストXのお客さまは障害対応を完了するまで3時間程度プレイできず、申し訳ありませんでした。

障害の原因は、「バトルグランプリ」用テーブルをフルスキャンで検索することによる、Oracle Exadataの高負荷でした。

フルスキャンは上から順番にすべてを検索する方法です。そのためレコード数が少なければ有用ですが、レコード数が多いと高負荷になります。Oracle Exadataは同じ検索に対して、インデックスを使用するかフルスキャンかを自動的に最適化します。これは実行計画と呼ばれます。

このときは、「バトルグランプリ」が初めて開催されたことにより、「バトルグランプリ」用テーブルのレコード数がゼロから急増しました。しかし、最適化の判断に使用する、統計情報と呼ばれる現在の状況を示す情報の更新が追いつかずに、「レコード数が少ないためフルスキャンのほうが最適」とOracle Exadataが判断したものと推測しています。

この経験以降は、同様のコンテンツの初回開催時には統計情報の更新頻度を上げ、実行計画が意図した状態かを監視することにしました。また、ヒント句と呼ばれるしくみで実行計画をある程度制御できるので、そちらも活用しています。

たとえばゾーンチェンジの処理では、8.5節で解説したとおり、移動元のゾーンプロセスからゲームDBへプレイヤーキャラクターデータを保存し、移動先のゾーンプロセスでそのプレイヤーキャラクターデータを読み込みます。この保存時はゾーンプロセスが、Oracle Exadataへ保存するか、プレイヤーキャラクターデータキャッシュとしてKyoto Tycoonへ保存するかを指定します。そして以前は、ワールド間の移動を伴う場合はOracle Exadataへ、ワールド間の移動を伴わない場合はKyoto Tycoonへ保存していました。

この処理は本来、ワールド間の移動を伴うかどうかとは無関係です。ワールド間の移動は低頻度だったため、厳密には不要なものの、念のためにそのタイミングでOracle Exadataへ保存していました。

しかし、サービス開始以降「魔法の迷宮」「コロシアム」「モンスターバトルロード」など、専用ワールドで楽しむコンテンツが増えました。これらをプレイするには、たとえばパラレルワールドの一つである「サーバー02」から、専用ワールドである「魔法の迷宮」ワールドへ移動します。「魔法の迷宮」でのプレイ終了後は、もとの「サーバー02」へ戻ります。つまり、「魔法の迷宮」をプレイするためには2回のワールド間移動を伴います。そして、このワールド間の移動時の負荷が問題になっていきました。特に「モンスターバトルロード」の機能開放時にはかなりの頻度でワールド間の移動が行われ、全体として高負荷になりました。

現在ではプレイヤーキャラクターデータの保存は、ワールド間の移動という理由だけの場合はKyoto Tycoonへのプレイヤーキャラクターデータキャッシュの保存のみとしています。つまり、ゾーンプロセスの処理を改修して、Oracle Exadataへの保存頻度を抑制しています。これは、サービス開始直後にはあまり意味がなかった最適化ですが、今では有効です。ゲームの変化に合わせて改修することで改善した好例です。

そのほかにも、ゾーンプロセスの処理を地道に改修し続け、Oracle Exadataへ保存するのは本当に同期が必要な場合にできるだけ絞るようにしています。

継続的ボトルネック調査

Oracle Exadataには各種稼働状況を取得できるツールが用意されており、

Column

別空間の「アスフェルド学園」はゲームDBでも別空間へ

バージョン3.4で「アスフェルド学園」というコンテンツがプレイできるようになりました。これは図9.aのように、ドラゴンクエストXの中で別キャラクターになりきって学園生活を楽しむ遊びです。プレイヤーキャラクターの名前は変えられませんが、そのほかは性別も含めて変えられます。

やや大げさに表現すると、ゲーム1本分まるまる追加された形です。開発作業は全体的に大変でしたが、ゲームDBは別ゲームよろしく、もう1セットのプレイヤーキャラクターデータが必要になりました。ドラゴンクエストXのゲームDBのストレージの容量には余裕がありますが、負荷が問題になります。単純に制作すると倍増ですね。

ただし、「アスフェルド学園」のプレイ中は「アスフェルド学園」以外の情報へのアクセスがほぼなくても問題ない仕様で、その逆も然りでした。そのため、「アスフェルド学園」プレイ中は、「アスフェルド学園」以外の情報にほぼアクセスできなくしました。逆に「アスフェルド学園」の外にいるときは、「アスフェルド学園」の情報にアクセスできません。実装は、ログインしても「アスフェルド学園」の情報は読み込まず、「アスフェルド学園」内のゾーンに移動したときに「アスフェルド学園」情報を読み込む形です。

つまり、別空間の「アスフェルド学園」をゲームDB視点でも別空間として扱う工夫により、ゲームDBの負荷をほぼ上げることなく実現できました。ただし、ゲームDBのほうは別空間と言っても、API経由で使用するプログラマーからそう見える作りにしているだけで、実装としては通常のドラゴンクエストXのデータと同様のため、ゲームDB担当者には同一空間に見えていますけれど。

図9.a 別ゲームのような「アスフェルド学園」のデータ管理

学園内（ゲーム本編と別データ）

学園外（ゲーム本編）

ボトルネックを常時監視し、必要に応じて調査しています。

ほかにも通信やCPU、メモリなどは、ゲームクライアントやゲームサーバも含めて監視しています。ゲームクライアントとゲームサーバではIntel VTune Amplifierという性能解析ツールを使用し、各プロセスの中でどの処理が高負荷かも把握しています。

その中で傾向が変わったり、謎の高負荷があると、随時調査し改善しています。

また、日々の開発においても、検証環境でツールを使用して負荷をかけて各種数値を取り、継続的な調査と改善を行っています。

9.6 まとめ

本章では、ドラゴンクエストXにおいてワールド間の自由移動を実現するためにボトルネックとなるゲームDBについて、プレイヤーキャラクターデータの一元管理や同期のしくみ、テーブル情報、そしてその内部構成としてOracle Exadata、Kyoto Tycoon、ゲームDB中継プロセスを解説しました。

ゲームDB、特にOracle Exadataに障害が発生するとゲーム全体の障害に発展しますので、初めて開催されるコンテンツの場合は神経を使って対応していますし、日々負荷計測を行い異常がないか監視し続けています。

第10章

ゲーム連動サービス

ゲーム内とつなげるための工夫と力技

ドラゴンクエストXのゲーム連動サービスとは、ゲームとは別に提供している、Web関連の技術を用いてゲームと連動するサービスです。

本章では、ドラゴンクエストXではどんなやり方でゲーム外からゲーム内へつなげ、コンテンツや機能を提供しているかを解説します。いろいろな工夫をしていますが、単に力技で切り抜けているところもあります。

開発はWebサービス開発セクションが担当しており、本章はドラゴンクエストXのWebテクニカルディレクターである縣大輔が執筆しました。

10.1 「目覚めし冒険者の広場」と「冒険者のおでかけ超便利ツール」―― 2種類のゲーム連動サービス

ドラゴンクエストXではゲームと連動するサービスとして、次の2種類があります。

- **「目覚めし冒険者の広場」**
- **「冒険者のおでかけ超便利ツール」**

「目覚めし冒険者の広場」は、**図10.1**のようにブラウザで閲覧するWebサイトです。手軽にゲーム内の情報に触れられることをコンセプトとし、主に次の機能を提供しています。

- **自分や他人のプレイヤーキャラクターに関連する情報の閲覧**
- **プレイヤーキャラクターに紐付いた投稿**
- **ゲーム内と連動した運営イベント**
- **ゲーム内で撮影した写真の閲覧**
- **ゲームに関連するご提案の投稿**
- **ゲーム内アイテムを現実のお金で購入**

「冒険者のおでかけ超便利ツール」は、ニンテンドー3DS版およびスマートフォン版のコンパニオンアプリケーションです。**図10.2**は「冒険者のおでかけ超便利ツール」のタイトル画面です。こちらは、ゲーム内でできることを外出先でも可能にすることをコンセプトとし、主に次の機能を提供しています。

図10.1 「目覚めし冒険者の広場」

図10.2 「冒険者のおでかけ超便利ツール」

起動画面　　ホーム画面

- 「ふくびき」「釣り」「カジノ」「妖精の姿見」などのミニゲーム
- 「職人ギルド依頼」「日替わり討伐依頼」などのゾーンプロセス連携コンテンツ

- 「旅人バザー」や「モーモンバザー」への出品と落札
- 自分や「フレンド」の畑のお世話
- 「仲間モンスター」の育成
- 「フレンド」や「チーム」のメンバーとのチャット
- 「郵便」の送受信

以降では、使用している具体的な技術について解説していきます。

10.2 ゲーム連動サービスのアーキテクチャ

ゲーム連動サービスはゲーム部分のデータを多く扱います。そのためには、ゲーム部分の各プロセスとの連携が必要です。

ゲーム連動サービスのアーキテクチャは**図10.3**のとおりで、背景がグレーの部分がゲーム連動サービス関連です。連動サービスサーバが、ゲーム

図10.3 ゲーム連動サービスのアーキテクチャ(ゲーム部分も含む)

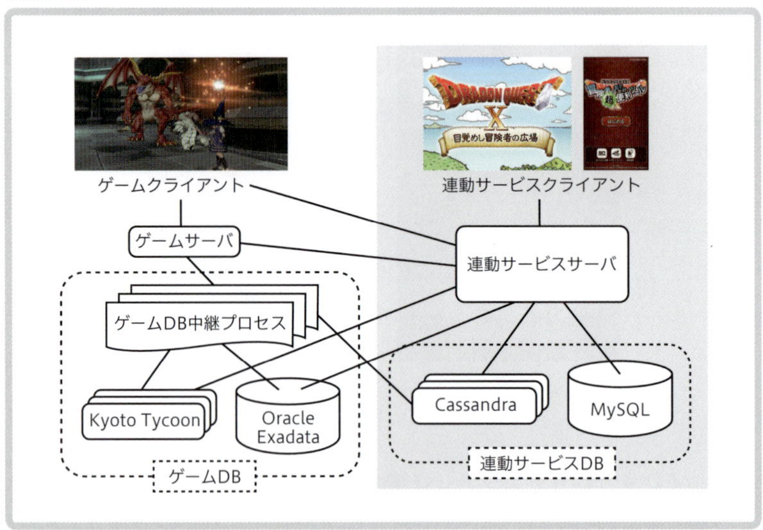

部分の各プロセスとも接続することで実現しています。また、連動サービスDBの内部は次のように用途別に分かれています。

- **ゲーム連動サービス専用のデータを保持するMySQL**
- **ゲームでも利用するデータを保持するCassandra**

本節では、これらの主要な部分を解説します。

連動サービスクライアント
—— ゲーム連動サービスのブラウザとアプリケーション

連動サービスクライアントは、ゲーム連動サービスのUIです。具体的には前節で解説したとおり、「目覚めし冒険者の広場」はブラウザ、「冒険者のおでかけ超便利ツール」はコンパニオンアプリケーションです。

連動サービスサーバ —— ゲーム連動サービスの中心的存在

連動サービスサーバは、ゲーム連動サービスの処理の中心的存在です。実装にはJava(サーブレット)を使用しています。Javaはプログラミング言語の一つで、サーブレットはWebのしくみにおけるサーバプログラムです。

連動サービスDB —— ゲーム連動サービスデータの保存場所

連動サービスDBには、ゲーム連動サービスのデータを保存します。実装はRDBMSであるMySQLと、KVSのCassandraを使用しています。以降で順に解説します。

MySQL —— ゲーム連動サービス専用データの保存

ゲーム連動サービス専用のデータを保存し処理するためのRDBMSには、MySQLを使用しています。ゲーム連動サービスは、Oracle Exadataと比べると低負荷にできることもあり、事例も多いMySQLを採用しました。

「冒険日誌」「提案広場」の投稿内容や、「ジェム」の残高情報などの「目覚めし冒険者の広場」「冒険者のおでかけ超便利ツール」のみで開発しているコンテンツの保存用途として利用しています。よって、ゲームサーバからは接続しません。

「冒険日誌」とは、ブログのような感覚で投稿するコンテンツです。○○を倒したという感じで、ゲーム内でやったことをテーマとしてプレイヤーキャラクターに紐付けて投稿することもできます。「提案広場」とは、ドラゴンクエストXのお客さまからゲームに関連する提案を投稿していただく場所です。その活用については11.4節で解説します。「ジェム」とは、「冒険者のおでかけ超便利ツール」の一部機能で使用する「冒険者のおでかけ超便利ツール」専用の仮想通貨です。「冒険者のおでかけ超便利ツール」を利用すると1日1回もらえますし、現実のお金で購入することもできます。

MySQL用サーバマシンの基本的なスペックは、一般的なものと大差ありません。ただし、ストレージとメモリについては十分に強化しています。そして、検索結果は再利用するなど、一般的に行われている負荷対策を実施しています。

また、マスタ／スレーブ構成でレプリケーションを設定し、負荷分散をしています。レプリケーションとは、データを別のMySQLに複製して同期することです。このレプリケーションにより、マスタのデータをスレーブへ複製し、データを同期しています。

Cassandra —— ゲーム連動サービス用に計算されたゲーム内データの保存

ドラゴンクエストXのプレイヤーキャラクターデータには「HP」や「こうげき力」など、戦闘で使用するパラメータとして十数個の数値があります。たとえばプレイヤーの「こうげき力」は、「ちから」や装備している武器の「こうげき力」に基づき都度計算しています。計算しているのは、第7章で解説したゾーンプロセスやバトルプロセスです。そのため、Oracle Exadata内には保存された情報がありません。

そこで、ゾーンプロセスで計算した結果をゲーム連動サービス用KVSであるCassandraに保存することで、ゲーム外でもその値を参照できるようにしています。連動サービスサーバでゾーンプロセスと同様の計算を行えば都度求めることもできますが、同じ結果を求めるプログラムが2つになり、保守性が悪くなります。そのため、計算した結果を保存しました。

このデータをMySQLへ保存することも検討しましたが、装備を変更するだけでパラメータは変わり更新頻度が高いので、KVSのCassandraを採用しました。同じKVSであるKyoto Tycoonとの違いは、Cassandraは1つのレコードで複数のカラムを持てることです。そのため、1プレイヤーに対して複数の情報を持つ構造に適しています。

10.3 ゲームの世界との連携

ゲーム部分のデータはほぼすべて、9.2節で解説したOracle Exadataに存在します。よって、ゲーム連動サービスは原則としてOracle Exadataを介すことで、ゲームの世界との連携を実現しています。「ふくびき」や「カジノ」「妖精の姿見」などのミニゲームも、この方式で実現しています。

ただし、機能が増えるにつれ、Oracle Exadataを介す方法では実現できないケースが生まれていきます。それらについても解説します。

主要ゲーム情報の利用 ―― Oracle Exadataとの連携

主要ゲーム情報を利用するために、連動サービスサーバはOracle Exadataをゲームと共用しています。

連動サービスサーバはすべてJavaで実装しているので、JavaからRDBMSに接続するためのAPIであるJDBC（*Java Database Connectivity*）でOracle Exadataに接続し、使用しています。

連動サービスクライアントと連動サービスサーバはHTTP、HTTPSで通信する仕様にしています。HTTP、HTTPSはステートレスなプロトコルのため、連動サービスクライアントが操作されるたびに、連動サービスサーバおよびOracle Exadataへリクエストが行くことになります。つまり、Oracle Exadataに大きな負荷をかけてしまう可能性があります。そこで対策として、Oracle Exadataから返った実行結果を、メモリのみのKVSであるmemcachedや、連動サービスサーバのメモリにキャッシュして再利用しています。再利用する時間は、更新が少ないものは長めに、更新が頻繁なものは短めにしています。ただし、ドラゴンクエストXには「旅人バザー」などの、ミリ秒単位でデータが更新されていくコンテンツがあります。これらのデータはOracle Exadata

から都度取得しないと不整合が発生するため、再利用は行っていません。

また、Webサービスを開発していると、プログラム内にRDBMS用の言語であるSQLを直接記述することがあると思います。しかしそうすると、プログラマーのミスなどから検索条件が不適切な状態になって高負荷を引き起こし、障害に至る場合があります。そこで、ドラゴンクエストXでは、連動サービスサーバからはSQL文を一切発行せず、プログラマーセクションのOracle Exadata担当者が作成したPL/SQLを実行しています。この方法であれば、連動サービス開発者がテーブルの構造をあまり意識する必要がありません。

Oracle Exadataが高負荷になるとゲームが遊べない状況になるため、負荷対策については最も神経を使っています。

プレイヤーキャラクターデータキャッシュの活用 ―― Kyoto Tycoonとの連携

9.3節で解説したKyoto Tycoonによるプレイヤーキャラクターデータキャッシュは、ゲーム連動サービスでも利用しています。プレイヤーキャラクターデータキャッシュも利用することで、Oracle Exadataの負荷軽減を実現しています。

Kyoto Tycoonに保存しているデータはC++の構造体で、そのままではJavaで扱いづらいので、C++の構造体をJavaのクラスとして扱えるような工夫をしています。

ゲーム外で「職人ギルド依頼」「釣り老師の依頼」「日替わり討伐依頼」 ―― ゾーンプロセスとの連携

ドラゴンクエストXには、「職人ギルド依頼」「釣り老師の依頼」「日替わり討伐依頼」という日替わりのコンテンツがあります。これらのコンテンツは「冒険者のおでかけ超便利ツール」でも行えます。

「職人ギルド依頼」は生活系コンテンツで、指定された武器や防具、道具などを作るお題が毎日出されます。「釣り老師の依頼」も生活系コンテンツで、指定された「さかな」を釣るお題が毎日出されます。「日替わり討伐依頼」は戦闘系コンテンツで、指定されたモンスターを討伐するお題が毎日出されます。いずれもクリアすることで経験値、ゴールドなどの報酬がもらえます。

ゲーム内での「職人ギルド依頼」「釣り老師の依頼」「日替わり討伐依頼」の

依頼内容の抽選は、3.5節で解説したLuaで書かれているスクリプトを、7.4節で解説したゾーンプロセスで実行することで実現しています。具体的には、ゲームにログインし、依頼担当のNPCに話しかけることでゾーンプロセスのLuaスクリプトを実行し、プレイヤーごとに依頼内容を抽選します。抽選結果はOracle Exadataに保存されます。

ゲーム内で抽選し、決定した依頼内容を「冒険者のおでかけ超便利ツール」に表示するのみであれば簡単です。しかし、それではその日の依頼内容決定のために各プレイヤーはゲームにログインし、依頼担当のNPCに話しかける必要があります。「冒険者のおでかけ超便利ツール」は外出先で完結することを重視しているので、「冒険者のおでかけ超便利ツール」でも依頼内容を決定できる必要があります。

連動サービスサーバはJavaで実装しています。依頼内容を決定する処理はLuaで書かれているので、そのままLuaのコードを利用することは技術的なハードルがあります。Javaでゼロから書きなおしたとしても、同じ結果を求める処理がLuaとJavaで2つになり、保守性などを考えると現実的ではありません。

そこで、**図10.4**のように、ゲームクライアントとは通信しない、「冒険者のおでかけ超便利ツール」のみが利用する連動サービス専用ゾーンプロセスを立ち上げています。この連動サービス専用ゾーンプロセスへ、連動サービスサーバから「このプレイヤーの依頼内容を生成してください」とリクエストを送信します。リクエストを受け取った連動サービス専用ゾーンプ

図10.4 連動サービス専用ゾーンプロセスとの連携

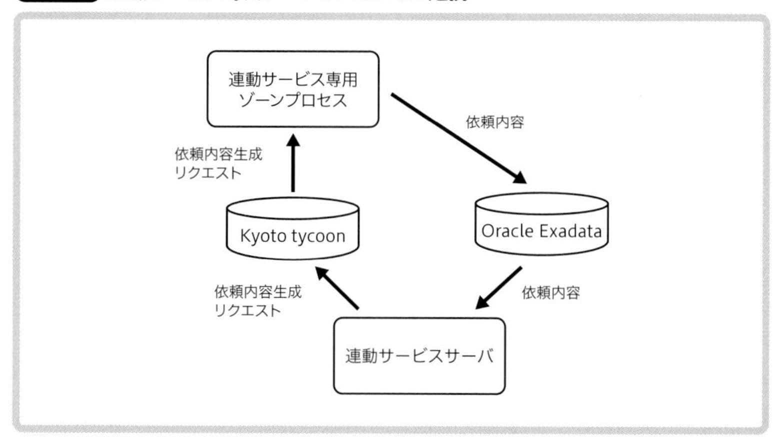

ロセスは、Luaを起動し、抽選処理を行ったあと、結果をOracle Exadataに保存します。なお、二重抽選を防ぐために、この処理は通常のゲームプレイを含めてまだ抽選が行われていない場合のみ実行しています。

連動サービスサーバと連動サービス専用ゾーンプロセスとの通信のやりとりは、Kyoto Tycoonを利用したメッセージキューイングで実現しています。ここで言うメッセージキューイングとは、複数のプロセス間でデータを交換し、動作を連携させるしくみのことです。キューとは交換するデータ本体です。キューの中身には、「職人ギルド依頼」か「日替わり討伐依頼」かを判別する値と、プレイヤーキャラクターを特定するユニークなIDが入っています。間にメッセージキューイングを挟んだ理由は、ゲームサーバ用のプロトコルをJavaで実装し、直接通信するよりも簡易的であるからです。お互いの障害に引きずられない作りにもできます。

このように、連動サービス専用ゾーンプロセスと連携することで、プレイヤーがゲームの中にいるのと変わらない状態を擬似的に作り、ゲーム内で行われている処理を外部から実行可能にしています。

ゲーム外で「どこでもチャット」―― メッセージプロセスとの連携

ドラゴンクエストXには、ゲーム内およびゲーム外の「冒険者のおでかけ超便利ツール」からチャットができる「どこでもチャット」があります。これは、7.8節で解説したメッセージプロセスと、連動サービスサーバがメッセージキューイングを介して連携することで実現しています。

ドラゴンクエストXのチャットには、7.8節で解説したとおり多くの種類があります。これらの多様なチャットのうち、外出先から利用することを想定している「どこでもチャット」で利用できるのは、「フレンドチャット」「チームチャット」「ルームチャット」の3種類です。「どこでもチャット」は、「冒険者のおでかけ超便利ツール」からゲーム内のプレイヤーへチャットを送れることと、逆にゲーム内から「冒険者のおでかけ超便利ツール」へチャットを送れることを重視しています。

ゲーム内のチャットは、ゲームクライアントのメモリに保持されています。よって、ゲームクライアントを終了させるとチャット内容は消えます。「どこでもチャット」はMySQLに会話内容を保存し、いつでも過去の会話を確認できる仕様を採用しています。もしプロセス間で障害が発生し、MySQLに会話内容が保存できなくなると、会話が一部抜け落ちた状態になる可能性があります。

そこで、図10.5のとおり、メッセージプロセスとの間にRabbitMQを利用したメッセージキューイングを導入しました。ドラゴンクエストXでは先述したKyoto Tycoonを利用したメッセージキューイング環境を導入済みでしたが、9.2節で解説したようにKyoto Tycoonは保守がされていないようだったため、チャットの負荷を想定した検証を実施し、RabbitMQを採用しました。RabbitMQはメッセージキューイングのためのミドルウェアです。メッセージキューイングを構築するうえで必要な機能は一通りそろっていて、サーバマシンを複数台用意し、同じ内容を共有する、いわゆるクラスタリング環境を構築できます。各プロセスは、RabbitMQにチャット内容を送信しつつ、キューがあれば受信する作りになっています。この方式だと、お互いのプロセスの責任はRabbitMQに送受信するまでになるので、多人数での並行開発が進めやすいメリットがあります。また、どこのプロセスで障害が発生しても、RabbitMQに会話内容が一時保存されているので、データが消失しにくくなります。

チャットの着信をプッシュ通知 —— ノンブロッキング形式での通信で高速化

「どこでもチャット」で着信があると、スマートフォンへプッシュ通知を行っています。これを担当するのがプッシュ通知プロセスです。

図10.5 メッセージプロセスとの連携

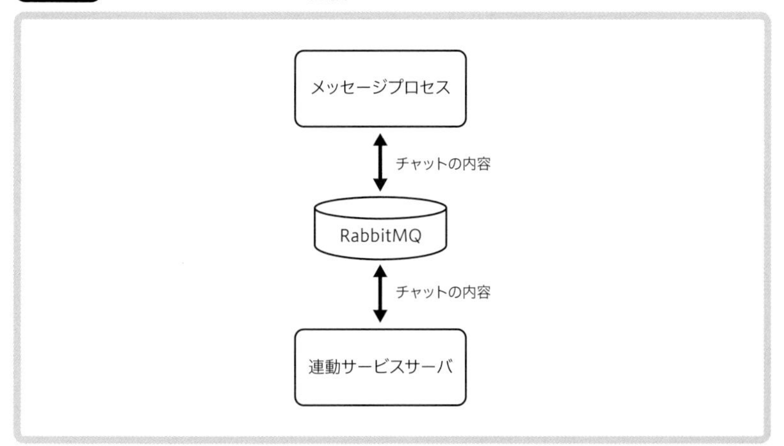

「どこでもチャット」を作成する前からプッシュ通知機能は存在し、1通知ごとにAppleおよびGoogleのサーバへブロッキング形式で通信する処理を行っていました。ただし、「どこでもチャット」では、チャット1件に対し1通知を行う必要があります。チャットの量を考えると、ブロッキング形式の通信のままでは処理しきれない数になることが予想できました。

そこで、プッシュ通知プロセスをブロッキング形式からノンブロッキング形式に改修しました。これにより高速化され、秒間数百〜数千通知を送信可能になりました。

10.4 ゲームクライアントで撮影した写真の加工と保存

ドラゴンクエストXでは、ゲーム画面を撮影した写真をゲームクライアント、「目覚めし冒険者の広場」、「冒険者のおでかけ超便利ツール」で実装している「思い出アルバム」で閲覧できます。
ゲームクライアント撮影された画像は、ゲームクライアントから連動サービスサーバの一部である画像サーバに送っています。送られてきた画像は、コピーライト表記を付与したり、サムネイル用の縮小画像を作成するなどの画像加工処理を行ったあと、画像専用ストレージに保存しています。

ゲーム画面を撮影する機能はほかのゲームにもあります。ただ、ほかのゲームでは、撮影した画像はゲームが動いている家庭用ゲーム機本体やパソコンのストレージに保存する形式が多いと思います。しかしドラゴンクエストXでは、ゲーム連動サービスでも撮影した写真が閲覧できることを予定していました。そのため、家庭用ゲーム機本体のストレージに保存することは最初から考えず、撮影した画像はHTTPで送信し、画像サーバに保存する仕様としました。画像を閲覧する場合は逆に、画像サーバから画像をダウンロードします。

画像サーバの画像専用ストレージはプレイヤーキャラクター単位で管理し、全ゲームクライアントプラットフォームで共通です。たとえば、Windows版で撮影した画像を、PlayStation 4版やNintendo Switch版でも閲覧できます。

以降で、写真処理について解説します。

写真の処理 ―― 加工と保存の独立化

写真の処理は、1.3節のコラムで触れたようにベータテスト中の負荷検証で高負荷になり、このままでは問題でした。

問題が発覚した当時は、画像サーバにて、

❶ゲームクライアントから画像を受信する
❷画像加工処理を行う
❸加工した画像を画像専用ストレージに保存する
❹ゲームクライアントに応答を返す

というフローのブロッキング形式で処理していました。

問題の原因を調査していくと、❷でCPUが高負荷になり、❶の画像の受信もできない状態になっていました。

そこで、画像サーバでの画像加工処理はやめ、送られてきた画像を画像専用ストレージに一時保存するのみとしました。画像加工処理は、**図10.6**のように画像加工プロセスで独立して行うことにしました。これにより、あとで画像加工処理を行うフローになり、画像サーバの負荷を下げられました。

図10.6 「思い出アルバム」画像の作成

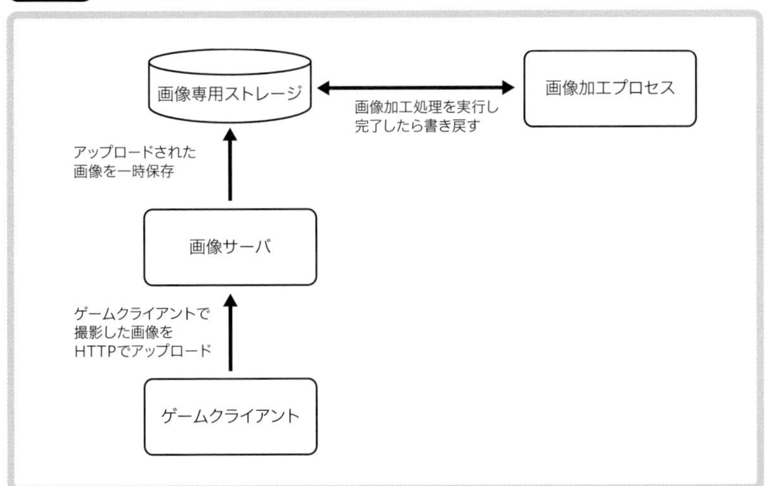

画像加工処理の最適化 ―― オンプレミスからAWSへ移行

前項の方法で平常時は問題なくなったものの、画像加工処理が完了しないと撮影した画像を見ることができないので、短時間に大量の写真撮影が行われると、画像が閲覧可能になるまで待ち時間が発生するという問題を抱えていました。

ドラゴンクエストXには、毎年大晦日の23時50分ごろから新年に向け、ゲーム内でカウントダウンを行う運営イベントがあります。このイベント時には、1月1日0時を境に大量の写真撮影が行われます。このとき撮影した写真が見られるまでに、毎年数時間かかる状況になっていました。

この問題を解決するために、画像加工プロセスの性能を向上させる必要がありました。

画像加工プロセスの内部では、画像加工処理用のスレッドを複数生成し、各スレッドが画像加工処理を行っています。画像加工処理用のスレッド数を増やすことや、処理自体を高速化することで、画像加工プロセスの性能を向上させることができます。サーバマシンを高性能なものにスケールアップして処理自体を高速化することには限界があるので、複数台にスケールアウトすることで性能を向上させることを検討していました。

そんなとき、Amazon Web Services(以下、AWS)にLambdaというサービスがあることを知りました。調査していくと、今回の画像加工処理の用途にとても適していることがわかり、さっそく試作を始めました。ドラゴンクエストXのゲーム連動サービス用のサーバマシンは、すべてオンプレミスでしたので、これが初めての外部クラウドサービス環境との連携になります。

Lambdaは、1処理で1プロセスを起動します。たとえば1,000枚の画像を処理する場合、複数のサーバマシンで合計1,000プロセス同時実行されます。「とても力技……！」と思いましたが、大量のサーバリソースがあるからこそできることだと思います。初めて処理を走らせたときは、良い意味で驚きました。

Lambda上でプログラムを起動するためには、連携しているAWSのシステムから起動を行う必要があります。そこで、ゲームクライアントから画像サーバに送られてきた画像を、Amazon S3 (*Simple Storage Service*) というAWSで稼働しているオブジェクトストレージへアップロードし、そこから起動するようにしました。オブジェクトストレージについては次項で解説します。

LambdaはAWSで稼働していますが、加工した画像はオンプレミスの画像専用ストレージに保存する必要があります。そのため、AWSで加工された画像を取得し、画像専用ストレージに保存するプロセスを新規に作成しました。AWSからの画像の取得は、Amazon SQS(*Simple Queue Service*)というメッセージキューイングのしくみを利用して実現しています。

LambdaはJavaをサポートしていたので、AWSへ移行は短時間で実現できました。写真は一度消えると、撮りなおすことが不可能なコンテンツです。よって、処理性能も重要でしたが、画像データが消失しないことが最も重要だと考え、開発を進めていきました。プログラミングした時間より、負荷検証や、各ケースの障害を想定した検証に多くの時間を割きました。結果、動作検証に3ヵ月ほどの時間を使いました。

そして、このような最適化を経ていよいよ製品サービス環境で稼働を開始しました。その年の1月1日0時を迎えましたが、画像処理が待ちになることはなく、ほぼリアルタイムに画像が閲覧できる状態になりました。

最終的には、**図10.7**の構成になりました。

図10.7 AWSを使った「思い出アルバム」画像の作成

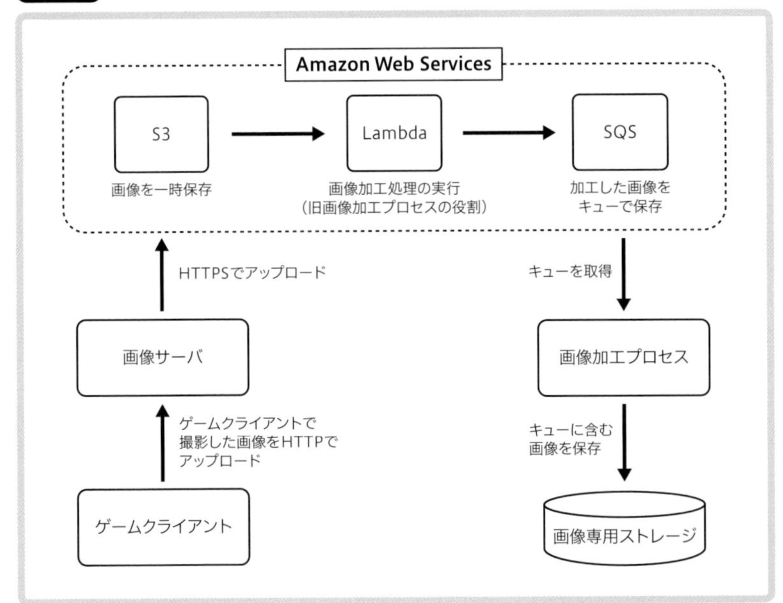

写真の管理 —— NFSからオブジェクトストレージへ移行

画像加工プロセスで処理した画像は、画像専用ストレージに保存しています。ドラゴンクエストXではここに、オブジェクトストレージを導入しています。

ここで言うオブジェクトストレージとは、OSやファイルシステムに依存することなく、ファイルをオブジェクトとして管理し、データへのアクセスはHTTPまたはHTTPSを用いたREST APIを利用するもののことを指しています。画像ファイル自体に識別番号や更新日時などのメタデータが付加され、それを1つのオブジェクトとして管理します。サーバマシンを並列化にすることで容量を増やすことができるので、空き容量が少なくなってきた場合、新たにサーバマシンを追加するのみでよいという利点もあります。オープンソースのオブジェクトストレージ製品としては、Riak CSやOpenStack Swiftなどがあります。オープンソースとは、ソースコードが公開されていて、自由に利用、改修、再配布ができるソフトウェアのことです。

以前は、汎用的に使用されているネットワーク上の共有ファイルストレージであるNFS (*Network File System*)を使用していました。しかし、写真の管理は小さなファイルが大量に存在する状態のため、ストレージの容量には余裕がありましたが、ファイルの更新日時などのメタデータを管理する領域がひっ迫し、扱えるファイル数が上限に近くなりました。オブジェクトストレージでは、ファイル本体とメタデータが同一のオブジェクトで管理されているため、このような問題になりにくいです。ちなみに、執筆時点での画像ファイル数は4億以上になっています。

前述のLambdaは例外ですが、ドラゴンクエストXのサーバはオンプレミスであるため、オブジェクトストレージもオンプレミスです。

10.5 Webで展開しているコンテンツ

本節では、Webで展開しているコンテンツとして、ゲーム連動サービスでのプレイヤーキャラクター画像の表示や、ゲームと連動した運営イベントについて解説していきます。

2D、3Dでのプレイヤーキャラクター
—— ゲーム連動サービスでもプレイヤーキャラクターを表示

「目覚めし冒険者の広場」や「冒険者のおでかけ超便利ツール」では、2Dおよび3Dのプレイヤーキャラクターを表示しています。これらは、特別なゲームクライアントを用いて実現しています。

プレイヤーキャラクターの画像を作り、Webサイトで表示するためには、

❶ゲームクライアントを起動する
❷種族、髪型、装備を決定し、対象のプレイヤーキャラクターを画面に表示する
❸プレイヤーキャラクターが表示されている領域の画面を画像として保存する
❹保存した画像をWebサーバから見える状態にする

を行えばよいのですが、お客さまが利用しているのと同じゲームクライアントを用いると、ゲームサーバとの通信など不要な要素が多くあります。

そこで、Windows版をベースに、❷に特化したプレイヤーキャラクター画像表示専用ゲームクライアントを作成しました。そして、このゲームクライアントをWindowsサーバで稼働させ、NFSを経由することで、**図10.8**のように、作成したプレイヤーキャラクター画像をゲーム連動サービスで表示できるようにしています。

3Dでのプレイヤーキャラクターの表示はプレイヤーキャラクター画像表示専用ゲームクライアントから、Flash Playerというブラウザ上で動作するアプリケーションと、「冒険者のおでかけ超便利ツール」とで再生できる

図10.8 2D、3Dデータの作成

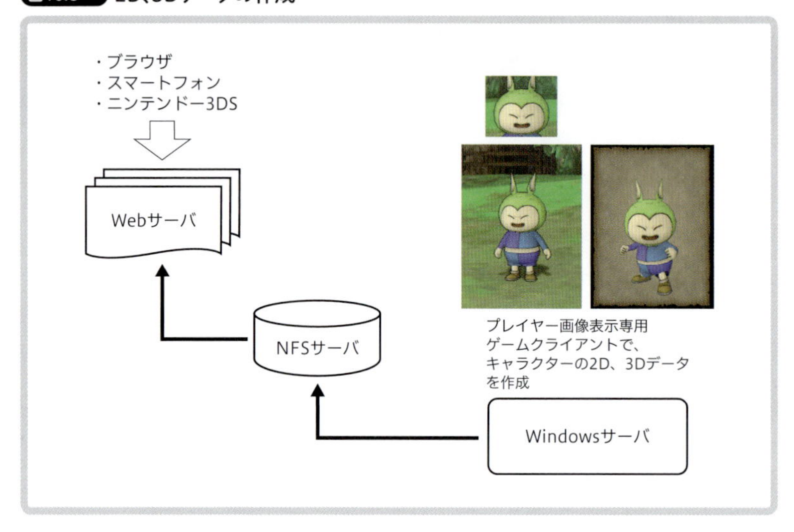

専用のファイルを作成することで実現しています。開発当時、高度な3D表現が可能なWebGLの採用を検討しましたが、当時は各ブラウザで正しく動作させることが難しい状態でした。今ではブラウザの環境が整ってきているので、今後WebGL対応を検討していきたいところです。

なお、Windowsを長時間稼働させていると、まれに挙動が不安定な状況になることがあります。そこでWindowsサーバは、定期的にOSごと再起動しています。なかなか力技です(笑)。

「大討伐」——Webサイトと連動した運営イベント

「目覚めし冒険者の広場」では、期間内にプレイヤー全員で指定されたモンスターを指定された数倒す「大討伐」という運営イベントを定期的に開催しています。討伐数が指定された数を超えたら、プレイヤー全員へ報酬としてアイテムを配ります。

ゲーム内で倒されたモンスター数はOracle Exadataに保存されています。「大討伐」では、この倒されたモンスター数を連動サービスサーバで稼働しているバッチ処理で取得しています。ここで使用しているバッチ処理とは、一定間隔でプログラムを起動し、Oracle Exadataからデータを集め、必要な値を得ることです。そして、その値が設定しているしきい値に達しているかで、クリア状況を判断しています。ゲーム内の処理は一切変更せずに実現できる、Webサイトと連動した運営イベントです。

指定するモンスターや討伐数は、Excelのファイルや運営用のツールから設定可能にしています。運営イベントの対応にプログラマーの作業はほぼ必要がない作りにしていますが、毎回似た内容ではつまらないので、都度プログラマーの作業工数もかかっているのが実情です。

「コロシアム」のランキング —— ランキング形式のコンテンツ

「目覚めし冒険者の広場」には、特定のボスモンスターを倒すのにかかる時間や、「コロシアム」のポイントなどをランキング形式にしているコンテンツがあります。これは、Oracle Exadataに保存されているデータを、連動サービスサーバ側で整形およびキャッシュしたあと利用しています。

このランキングはゲーム内でも表示しています。ゲームと「目覚めし冒険者の広場」で別実装にはしていません。データはすべて連動サービスサーバで生成し、

- **通信元がゲームクライアントの場合は、ゲームクライアントが扱える形式で返す**
- **通信元がブラウザの場合は、ブラウザが表示できるHTML形式で返す**

という出し分けを行っています。

「DQXショップ」 —— ゲーム内のアイテムを現実のお金で購入

「目覚めし冒険者の広場」には、現実のお金でゲーム内のアイテムが購入できる「DQXショップ」があります。見た目に特徴がある装備アイテムが多く、プレイヤーキャラクターのつよさには影響しない、おしゃれ装備を主に販売しています。

技術的には、2.4節で解説した顧客管理チームが開発するシステムと連携しています。顧客管理チームのシステムで課金が行われると、「どのプレイヤーが」「何のアイテムを購入した」などの情報が、連動サービスサーバへ

送られてきます。その情報を受信したら、連動サービスサーバでアイテムデータを作成しています。そして作成したデータをゲーム内の「郵便」として届くように、対象のプレイヤーキャラクター向けにOracle Exadataへデータを投入しています。

10.6 まとめ

本章では、ドラゴンクエストXのゲームとは少し離れたゲーム連動サービスについて、そのアーキテクチャおよび、ゲームの世界とどんなやり方で連携しているかなどの基本的なしくみを解説しました。

ゲーム連動サービスはWeb関連の技術を用いて実現できていることが多くあり、お客さまがゲームをプレイできないときでもドラゴンクエストXの世界に触れていただけるように日々対応しています。

第11章

運営と運用

リリースしてからが本番！

運営と運用は、リリース後に実施しているお客さま対応です。ドラゴンクエストXにおいて運営とは、各種改善や運営イベントなどを、開発・運営側からお客さまへ提供することを指します。それに対して運用とは、障害や、お客さまからのお問い合わせ、不具合報告を受けて対応することを指します。攻守で言えば、運営は攻めに相当し、運用は守りに相当します。

オンラインゲームは、リリース後の運営と運用が本番と言っても過言ではありません。旧来のオンライン非対応のゲームはリリース版の完成がすべてでしたので、リリース後が本番というのは、ベテランのゲーム開発者にとって新境地とも言えるものです。

本章では、製品サービス環境を更新するメンテナンスの作業内容や、不具合報告を受けて調査し、要望を受けて対応を検討する流れなど、ドラゴンクエストXの運営と運用について具体的に解説します。

11.1 攻めの運営、守りの運用 ── お客さま対応に必要な両輪

前述のとおりリリース後のお客さま対応のうち、攻めに該当するものを運営、守りに該当するものを運用と呼びます。これらはオンラインゲームの重要な両輪です。

お客さま対応では、たとえばリリース版を製品サービス環境へリリースします。また、それをプレイしたお客さまの声を開発コアチームなどへフィードバックします。これらそれぞれに、運営と運用が伴います。

製品サービス環境へのリリースでは、メンテナンス担当者がサービスを一時停止して更新し、更新内容についてお客さまに告知します。ここではメンテナンスが運用、告知が運営に相当します。

フィードバックでは、まず運用として、不具合報告と要望提案をお客さまから受けて対応します。そして運営として、それらの情報に加えてコミュニティ動向を分析し、開発や改善すべきコンテンツ、実施すべき運営イベントを決めます。

11.2 製品サービス環境へのリリース —— メンテナンスの実施

本節では、製品サービス環境へリリースするメンテナンスについて解説します。

マスタアップしたリリース版は、製品サービス環境へリリースすることで、ドラゴンクエストXのお客さまの手もとに届きます。リリースは原則として、ドラゴンクエストXのサービス全体を一時停止するメンテナンス

Column

リリース後のほうが多忙

オンラインゲーム開発はリリース後も続きます。Webサイトなどオンラインサービスの運営や運用の経験がある方は、何をそんな当たり前のことを……と思われるかもしれません。しかし、筆者には衝撃的でした。これは古くから作ってきたゲーム開発者も同様と思います。

オンライン非対応のゲームはリリース版の完成がすべてでした。そのためマスタアップには全神経を注ぎますが、完了したら長期休暇を取得し、旅行にいくなどリフレッシュしていました。筆者にはこれが普通でした。

しかし、オンラインゲームは、運営と運用が続く限り開発も続きます。むしろ、リリース前よりリリース後のほうが多忙なことが多いです。筆者は『PlayOnline』リリース時にこれを初体験しました。サービスを開始したからこそ寄せられる、不具合報告や要望への対応に忙殺される日々の始まりです。リリース版を完成させたあとのほうが忙しいとは夢にも思いませんでした。また、いつでも改修できるのは良いことですが、いつまでも完成しないことでもあり、当時は正直つらいと感じていました。

ただし、このときは経験不足でしたが、これが普通だと考えれば問題はありません。ドラゴンクエストXではうまく進められるよう、筆者からドラゴンクエストX開発コアチームへ、その経験をできるだけ還元してきたつもりです。筆者自身、もともとゲーム開発が好きですので、今はできるだけ楽しみつつ、開発、保守および運営、運用をしています。

を行い、ゲームクライアント、ゲームサーバ、ゲームDBのすべてのバージョンをそろえて更新します。必要に応じて連動サービスクライアントのコンパニオンアプリケーション、連動サービスサーバ、連動サービスDBも更新します。

以降では、まずメンテナンスの準備から実施までを解説します。そのあと、全体の一時停止を伴わず、部分的に実施するメンテナンスについても解説します。

メンテナンスの作業内容と日時の確定

リリース日は、アップデート規模により数ヵ月以上前から決まっている場合もありますし、緊急時など直前で決まる場合もあります。いずれにしても、リリース日が近付いてきたら、必要なメンテナンス作業内容を決めます。そして、各スタッフの分担と手順を、作業時間を含めて検討します。必要な作業時間が判明したら、メンテナンス開始と終了の時刻を決定し、ドラゴンクエストXのお客さま向けに告知します。

メンテナンスは、プレイ人数が比較的少ない平日早朝帯に行うことが多いです。しかし、ドラゴンクエストXのお客さまの中には、その時間帯を中心にプレイする方もいらっしゃいます。そのため、同じ曜日や時間帯にプレイできない状況が連続しないよう、できるだけ分散させています。

メンテナンスの準備

メンテナンス前までに、メンテナンスの準備を整えます。

ゲームクライアントとコンパニオンアプリケーションは、プラットフォームごとに決められた方法で更新ファイルのアップロードとチェックを行い、リリース直前の状態にしておきます。なお、プラットフォームによっては、リリース前にプラットフォーマーの承認を得る必要があります。

ゲームサーバ、ゲームDB、連動サービスサーバ、連動サービスDBも同様に、リリース直前の状態にします。

クラウドクライアントとクラウドサーバのアプリケーションは、ゲーム内容の変更の影響を受けませんのでメンテナンスの準備は不要です。クラウドサーバで動くWindows版ゲームクライアントは変更しますが、それはメンテナンス作業時間内に行います。

メンテナンス作業

メンテナンス当日は、原則として**図11.1**の流れで実施します。

クローズ作業 —— ログイン制限と強制ログアウト

メンテナンスの最初はクローズ作業です。これにより、ドラゴンクエストXをプレイ中のプレイヤー数をゼロにします。

具体的には、サポートチームのサーバ監視スタッフが、ゲームサーバと連動サービスサーバをメンテナンスモードにします。メンテナンスモードになると、一般のアカウントではログインができません。また、ゲームプ

図11.1 メンテナンス作業の流れ

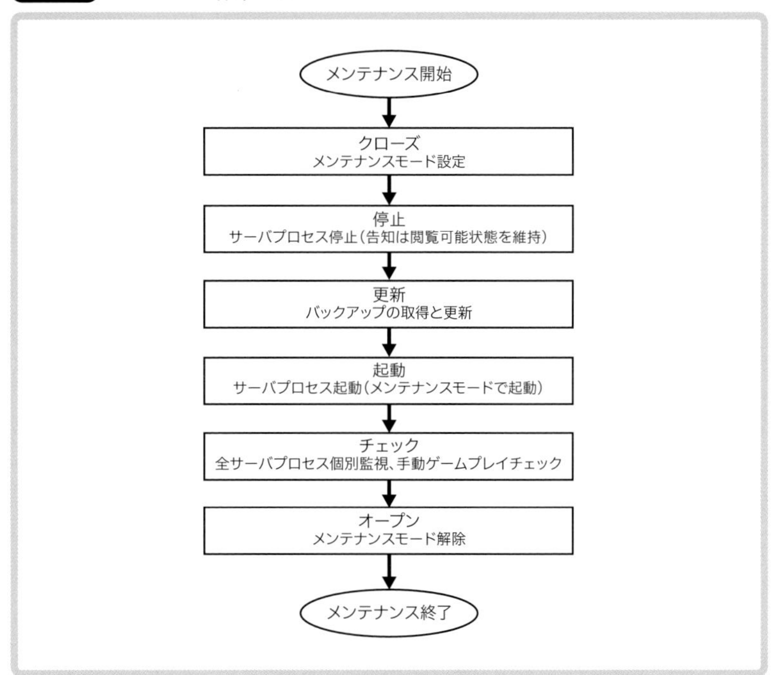

レイ中のプレイヤーは強制ログアウトになります。

ゲーム内外で事前の告知は十分にしているのですが、少なくないプレイヤーが強制ログアウトの対象になります。そして、その分のプレイヤーキャラクターデータの保存処理が、このタイミングで一気に行われます。そのためゲームDBの負荷が高くなりますので、落ち着くまで待ちます。

停止作業 —— サーバプロセスの停止

クローズ後は停止作業です。ゲームサーバおよび連動サービスサーバのプロセスを停止します。

停止作業は、サーバ監視スタッフがサーバ監視ツールの操作で実施します。サーバ監視ツールは、各サーバプロセスの稼働状況を表示し、起動や停止の命令を発行できるものです。ドラゴンクエストXでは専用ツールのほかに、Zabbixという監視ツールも利用しています。

なお、連動サービスサーバのうち、告知を担当するものについてはできるだけ停止しません。これにより、メンテナンス中であることや、延長などの予定変更を告知できます。

ゲームDBと連動サービスDBは、原則として停止しません。通常のメンテナンスにおけるプログラムなどの更新は、稼働状態で実施します。ただし、使用しているハードウェアに影響する更新を行う場合などは、それぞれ停止してから実施します。

更新作業 —— バックアップの取得と各種更新

停止が完了したら更新作業です。

ゲームクライアントとコンパニオンアプリケーションは、プラットフォームごとに決められた操作を行い、リリースします。リリース時刻を事前に指定可能なプラットフォームもあり、その場合は自動的にリリースされます。Windows版のゲームクライアントは、ドラゴンクエストX独自の方式でリリースします。

クラウドサーバは、Windows版のゲームクライアントの更新が完了しだい作業を開始します。

ゲームサーバと連動サービスサーバは、それぞれのサーバプロセス停止確認後に、更新作業を開始します。更新作業ではまず、バックアップを取得します。それが完了したら、準備していた更新ファイル一式をNFSの決められた場所にコピーします。これは、全サーバマシンで使用するファイルを更新する、デプロイと呼ばれる作業です。これでゲームサーバ、連動サービスサーバの更新が完了します。

なお、一般的なデプロイの方法には、各サーバマシンのストレージにコピーするものもありますが、ドラゴンクエストXではNFSに1回コピーす

Column

NFSの同期タイミングはサーバマシンごと

メンテナンス作業中に、NFS上のファイルを更新したのち、一部のサーバマシンでファイルが更新されていないことがありました。

NFSはネットワーク上のファイルストレージを複数のサーバマシンで共有するためのものですので、全サーバマシンから同一のものが見える前提で使用しています。そのときは、一部のファイルが更新前のまま長時間経過していましたので、LinuxかNFSに不具合が生じていたのだと思います。ただし、NFSの同期タイミングがサーバマシンごとになるのは妥当ですので、今後も発生する問題と考えるべきでしょう。一部でも更新前のファイルが混在すると問題ですので、更新されていない状況に対する対策を十分に行う必要があります。

そこで、NFS上のファイル更新時に、全更新対象ファイルの情報が全サーバマシンから同一に見えるかを確認することにしました。つまり結局、各サーバマシンにコピーするデプロイ方法と同様に、サーバマシンごとの処理が必要になりました。この意味では、1回コピーすれば完了のはずだったNFS使用のメリットを、あまり享受できていないと言えますね。

ただ実際には、この確認作業で未更新が発覚したことはありません。確認作業をしなかったときには未更新が発覚したことが何度かありました。つまり、確認を行わないと更新されていないことがあるが、確認を行うと更新されているということです。確認作業にはlsというファイルの情報を見るツールを使用していますが、この現象から推測するに、lsすることでサーバマシンがNFSと同期してくれるようです。

余談ですが、ファイルの情報を確認するかどうか、観測するかどうかで結果が変わるので、なんとなく量子論を連想しますね。もちろん実際にはまったく関係ないでしょうけれど。

るだけですので作業は単純です。しかしこの方式は、全サーバマシンからNFSを参照しますので、NFSには高性能を要求します。

ゲームDB、連動サービスDBの作業も平行して行います。追加パッケージとメジャーバージョンのリリース時は、まず全バックアップを取得します。これには数時間かかります。バックアップはこれ以外にも普段から複数種類を取得していますので、マイナーバージョンなどでは時間短縮のため、部分的なバックアップのみを取得します。バックアップ取得後は、ゲームDBや連動サービスDB用のプログラムなどのリリース作業を行います。また、たとえばアイテムが消失するなどの不具合に対してまとめて補てんする場合は、このタイミングで作業します。不具合と補てんについては11.3節をご参照ください。

更新作業は、主にドラゴンクエストX開発コアチームの担当スタッフが行います。ゲームDBや連動サービスDBの更新は、補てん作業を除き、インフラチームが行います。クラウドサーバのゲームクライアントの更新作業は、ユビタス社が行います。

なお、このタイミングでOSなどサーバマシンに影響する更新を行う場合もあり、その作業はインフラチームが行います。

起動作業 ── サーバプロセスの起動

すべての更新作業が完了したら、サーバ監視スタッフの操作で、ゲームサーバと連動サービスサーバの各プロセスを起動します。

ゲームサーバの全プロセスの起動が完了するまでの時間は、本書執筆時点では約1時間です。全部で数万のゲームサーバプロセスを起動しますので時間がかかります。並列に起動させていますが、NFSへの読み込みが集中し、その性能がボトルネックです。以前は2時間程度かかっていましたが、NFSおよびNFS用の通信機器を高性能なものに変更して高速化しました。

なお、ゲームサーバはメンテナンスモードで起動します。これにより、起動作業の途中に一般アカウントでログインされるのを防いでいます。

チェック作業 ── 作業漏れと製品サービス環境特有の問題の確認

起動作業が開始されると、可能なところから順次チェック作業に入ります。

ゲーム内容は非公開Masterなどで十分に検証していますので、メンテナンス時のチェックは主に、作業漏れの確認です。これは作業に対応したチェック方法をマニュアル化して対応します。

また、製品サービス環境特有の問題に影響を受けそうなことがあれば、こちらも事前にマニュアル化して対応します。

ゲームプレイが必要なチェックは、主にサーバ監視スタッフが、メンテナンスモードでもログインできる特殊なアカウントを用いて行います。

なお、開発スタッフのメンテナンス担当者も、それぞれ特殊アカウントを所持し、必要に応じてメンテナンス中のチェックを行います。特殊アカウントは、メンテナンス中を除き原則使用しません。ただし、サービス中に障害が発生した場合は、その特殊アカウントのプレイヤーキャラクターを操作して現場に急行し、開発スタッフ自身の目で症状を確認する場合もあります。

すべてのチェックに合格し、全サーバプロセスがすべて正常に起動しているかをサーバ監視ツールで確認できたら、チェックの完了です。

オープン作業 —— ログイン許可

チェックが完了したらオープンです。サーバ監視スタッフが、メンテナンスモードを解除することでログインを可能にします。

予定時刻より早くチェックまで完了した場合は、メンテナンス内容により対応を変えています。

早くプレイしたほうが有利になる場合や、新規コンテンツの開始を伴うメンテナンスでは、チェックが完了しても、告知していたオープン予定時刻まで待ちます。これは主に、追加パッケージやメジャーバージョンのリリース時です。この場合は事前の告知に、前倒しでオープンすることはない旨を含めています。

それ以外はチェックが完了しだいオープンします。

逆に予定時刻より遅れる場合は、その状況が発覚しだい告知します。難しいのはギリギリの場合で、状況に応じてそのメンテナンスを担当する開発スタッフが告知するかどうかを判断します。

部分的なメンテナンスの実施

たとえば「ランガーオ村」のみで不具合が出ていてそこだけ修正するときなど、メンテナンス対象のゾーンやワールドが限定的な場合には、対象のゾーンプロセスやワールドプロセスのみ再起動します。このように、部分的なメンテナンスを実施するケースもあります。

ドラゴンクエストXのゲームサーバプロセスは、必要なリソースデータは起動時にすべて読み込みます。そのため実行ファイル以外は、対象ファイルを更新して該当のプロセスを再起動するだけで、一部のみメンテナンスできます。Luaのバイトコードのファイルも同様です。

ただし、実行ファイルが更新になる場合は注意が必要です。実行ファイルを直接cp、すなわちファイルのコピーで上書きすると、再起動の対象ではないプロセスにも影響が出ます。

起動中プロセスに影響のある更新方法の例

```
# cp Zone Zone_old
# cp Zone_new Zone
```

それに対して実行ファイルをmvで別名に変更すると、OSが認識する起動中プロセスの実行ファイルの実体は変わらず、影響が出ません。一部をメンテナンスする場合は、そのあとで本来の名前で実行ファイルをcpし、対象プロセスを再起動します。

起動中プロセスに影響のない更新方法の例

```
# mv Zone Zone_old
# cp Zone_new Zone
```

サービス開始当初、筆者はこれを行う決心がなかなかつかず、実行ファイルが変更された場合は、常に全体メンテナンスとしていました。もし影響があると、最悪のケースではプレイ中の全プレイヤーが切断され、大問題になります。しかし理論上は大丈夫ですし、検証環境でも問題ありませんでしたので、ある日、サービスを継続したままmvを試すことにしました。その際は、当時のテクニカルディレクターとして、筆者自身がこの処理を実行しています。手は震えていましたが、成功して安堵しました。

なお、ファイルシステムをまたがる場合はmvでもファイルの実体が変更されますので、影響が出ます。ほかにも筆者が把握できていない環境があるかもしれませんので、オンラインサービスを運営中の方がこれを試す場合は、十分にご注意ください。

11.3 お客さまからの不具合報告への対応

本節では、ドラゴンクエストXのお客さまからいただく不具合報告と、その対応について解説します。不具合報告に対しては原則として返信していませんが、不具合報告によって各種問題に気付けますので、筆者たちはいつも感謝しています。

以降では、まずサポートスタッフの1次対応と開発コアチームの対応を解説し、そのあと、調査のためのサーバログの工夫と、ゲームがわかりづらいために不具合報告をいただいたケースについての具体例を解説します。

サポートスタッフによる1次対応

ドラゴンクエストXでお客さまから寄せられる不具合報告は、まずサポートスタッフが1次対応をします。

不具合報告の内容が対応方法が決まっているものだった場合、引き続きサポートスタッフが対応を行います。具体的にはたとえば、プレイヤーキャラクターがどこかに閉じ込められた場合は、必要に応じて強制的に、対象プレイヤーキャラクターの居場所を変更します。告知済みの不具合に対しては、原則として報告数を数えるのみです。

不具合報告の内容が対応方法が決まっていないものだった場合、サポートスタッフからドラゴンクエストX開発コアチームにエスカレーション、すなわち対応を依頼します。

開発コアチームによる対応

サポートスタッフからドラゴンクエストX開発コアチームへのエスカレーションの形式には、毎日送られるデイリーレポートと、緊急エスカレーションがあります。

デイリーレポート —— 日々メールでやりとりされる不具合対応

デイリーレポートは、1日分の不具合報告がまとめられた、1日1回のメールです。

デイリーレポートを起点に、まずドラゴンクエストX開発コアチームのプログラマーセクションのリーダーが、休日も含めて対応担当者を振り分けます。たとえばお客さま自身で回避できる方法があるなど、すぐに返信すべきと判断した不具合報告に対しては、サポートスタッフへ返信を依頼します。全プレイヤーに影響のありそうな不具合報告は、品質管理チームへ検証を依頼します。報告内容だけでは情報が不足している場合は、サポートスタッフに不具合報告をいただいたお客さまへのヒアリングを依頼します。

また、所持アイテムの消失など個別の対応が必要と判断したものは、担当スタッフへサーバログなどの調査依頼をします。調査の結果、実際には消失していなかった場合は、必要な情報をサポートチームに伝えてお客さまへの返信を依頼します。不具合による消失が確認された場合は、消失したアイテムを復活するなどの補てん対応を行います。さらに、同じ不具合に遭遇しているプレイヤーキャラクターをサーバログから検索し、まとめて補てんする準備をします。補てんは、対象のプレイヤーキャラクターデータを書き換えて行うことが多いです。その場合、補てんのタイミングでログインしていない必要がありますので、メンテナンス時にまとめて実施します。そして主にゲーム内の郵便を用いて、対象プレイヤー宛に補てんを実施した旨を連絡します。

それぞれの不具合報告に対して、対応方針が決まるまではメールでやりとりしています。対応方針が決まった案件は、個別にRedmineにチケットを登録し、対応漏れがないようにします。

緊急エスカレーション ―― 緊急連絡先へ電話呼び出し

ログインできない、ゲームが進められない、アイテムが消失したなどの重大な不具合報告が急増した場合、サポートスタッフからサーバ監視スタッフに連絡します。

連絡を受けたサーバ監視スタッフは状況を確認し、デイリーレポートでは対応が遅いと判断した場合は、緊急エスカレーションとして、ドラゴンクエストX開発コアチームの緊急連絡先へ電話をします。サポートスタッフからの連絡がなくても、サーバ監視ツールで緊急対応が必要な異常を検知した場合は、同様に緊急エスカレーションを行います。サポートスタッフおよびサーバ監視スタッフは24時間体制で稼働していますので、緊急エスカレーションは深夜、早朝などに関係なく行われます。

開発コアチームの緊急連絡先には、優先順位順に複数人が登録されています。その筆頭は、ゲーム部分であればテクニカルディレクターです。すなわち、サービス開始当初からずっと筆者でしたが、本書執筆途中で現テクニカルディレクターに変更になりました。ゲーム連動サービス部分であれば第10章を執筆したWebテクニカルディレクターの縣が筆頭です。電話を受けた場合は必要に応じて、その場でノートパソコンを開いて対応します。電話に出ない場合は、登録名簿の順序に従って、順次、別の開発スタッフに連絡がいきます。

迅速に対応するためのサーバログ調査の工夫

不具合報告へ迅速に対応するために、調査対象のサーバログは、そのフォーマットや検索方式を工夫しています。

サーバログとは、たとえばプレイヤーキャラクターが「やくそう」を購入した、誰から誰に100Gを渡した、などの行動を記録したものです。戦闘中であれば実行した行動や、ダメージを受けるなどした状態の変化の一つ一つがサーバログに記録されています。各ゲームサーバプロセスの負荷などの情報も、定期的にサーバログとして記録しています。

ここで言うフォーマットとは、区切り文字に何を使用し、どういう順番で出力するかといった、テキストの出力形式のことです。

調査を意識したログフォーマット ── 必要な情報を1行に書き出し、情報位置を固定

ドラゴンクエストXでは、調査方法を意識したログフォーマットでサーバログを出力しています。具体的には、原則として1行に必要な情報をすべて出力し、その1行の中はスペース区切りとして、情報の位置を固定しています。

筆者が以前経験した『PlayOnline』の正式サービス開始直後は、ログフォーマットが統一されていませんでした。また、今なら必要と思える情報も、当時は不足していました。そのあと『PlayOnline』では改善していますが、その経験を活かし、ドラゴンクエストXでは開発初期からログフォーマットを意識して臨みました。

1行に集約するのは、製品サービス環境のサーバログ検索を行単位で行うためです。開発中は、複数行にサーバログを出力すると、視認性が高くなり良いこともあります。しかし製品サービス環境では大量にサーバログが出力されるため、視認は事実上できません。

スペース区切りによる位置の固定は、同じ意味の情報が同じ場所にあると検索しやすいためです。たとえばキャラクターは番号で管理され、行動したキャラクター番号と、対象となったキャラクター番号をサーバログに出力しています。また、ドラゴンクエストXには相手を対象に攻撃する「メラ」のような呪文と、自分中心に攻撃する「イオ」のような呪文があります。そのため次の例のように呪文によりサーバログの位置がずれると、呪文番号が左から3番目なのか4番目なのか特定しづらい状況になります。

情報位置が不定の仮想サーバログ

```
時刻 行動キャラクター番号 対象キャラクター番号 メラの呪文番号
時刻 行動キャラクター番号 イオの呪文番号
```

そこでドラゴンクエストXでは、対象キャラクター番号など頻繁に出力される情報は、必ずサーバログに出力するとしました。次の例では、呪文番号の位置は左から4番目に固定されます。

情報位置が固定の仮想サーバログ

```
時刻 行動キャラクター番号 対象キャラクター番号 メラの呪文番号
時刻 行動キャラクター番号 ダミー番号 イオの呪文番号
```

これにより、awkなどスペース区切りの情報の処理が得意なツールが使いやすいです。また、次項で解説するArm Treasure Data eCDPへの取り込みもスムーズに行えます。

Arm Treasure Data eCDPの導入
―― 大量のサーバログを高速に検索できる外部サービスの利用

ドラゴンクエストXでは現在、大量のサーバログを高速に検索できる外部サービスとしてArm Treasure Data eCDPを導入しています。Arm Treasure Data eCDPは、トレジャーデータが提供している、データの収集、分析、連携を目的としたクラウド型データマネジメントサービスです。

ドラゴンクエストXのサーバログは1日に約100億行です。このサーバログ量の場合、grepという一般的に使用されている行検索ツールでは、検索に長い時間がかかります。そのため開発初期から高速にサーバログを検索

Column

サーバログの追加にご用心

ドラゴンクエストXにおいて最も多いゲームサーバプロセスのハングアップ原因は、不用意なサーバログの追加です。検証時に発覚し、不具合修正されてからリリースされることがほとんどですが、製品サービス環境で発生したケースもありました。

サーバログを追加する主な目的は、想定外の不具合を改善するためです。すなわちそれは、サーバログを出力したいタイミングで、プログラマーの想定外の状態になっていることを意味します。想定外のままサーバログを出力しようとすると、不適切な出力になる可能性があり、場合によってはゲームサーバプロセスがハングアップします。当然と言えば当然ですね。

「サーバログを1種類追加するくらい大丈夫だろう」という油断もあると思います。というより、筆者自身が油断していました。ドラゴンクエストXの正式サービス開始後に、ハングアップの原因で最も多いのがサーバログの追加であることに気付き、以後は慎重に判断するようになりました。

たかがログ追加、されどログ追加。サーバログ追加に限らないでしょうが、一見問題がなさそうなものでも、リリース後に変更する場合は慎重に実施する必要がありますね。

するシステムの研究、開発をしていましたが、ゲーム開発と並行して進めるには限界がありました。そこで外部サービスも検討し、Arm Treasure Data eCDPを採用しました。

ただし、ドラゴンクエストXのサーバログ量は世界でも珍しい事例らしく、検証時にはトレジャーデータが未経験の問題も発生していました。この問題は、サーバログ収集用のアプリケーションを起動してから1ヵ月後に症状が発生するため対応に長時間かかりましたが、トレジャーデータのサポートも受けて解消しました。現在は安定して動いています。

安定してしまえば、Arm Treasure Data eCDPはRDBMSと似た感覚でSQLで検索できますので便利です。ただし、サーバログの保存期間が比較的短いなどの制限があります。また、検索条件しだいではgrepのほうが早いケースもありますので、それぞれを使い分けています。

わかりやすさの追求

ドラゴンクエストXは、ほかのドラゴンクエストシリーズと同様にわかりやすさを追求しています。しかしそれでも、わかりやすさが不十分なために不具合報告に至るケースがあります。

たとえば、所持アイテムが消失するという不具合報告を継続的にいただきます。それぞれ個別に調査し、不具合による消失が確認できた場合には、可能な限り不具合がなかった場合と同等になるよう補てんします。ただ、実際には不具合が発生していることは少なく、お客さまにとってわかりづらい仕様が原因で不具合報告に至るケースが多いです。

不具合報告をしていただくこと自体がドラゴンクエストXのお客さまの負担になりますので、わかりやすさが不十分だと気付いた部分は、わかりやすくなるように改修しています。以降では、改善した例を2つ解説します。

NPCが保管する仕様は親切だがわかりづらいため通知を強化

ドラゴンクエストXでは、ストーリーを進めると報酬アイテムをもらえることがあります。そのタイミングで所持アイテム数が上限に達している、すなわち持ち物がいっぱいだった場合、**図11.2**のようにNPCの「旅のコンシェルジュ」が代わりに保管するという親切な仕様があります。これは、報

図11.2 「旅のコンシェルジュに送られた」

酬を手もとで受け取れずともストーリーをやりなおす必要がないためプレイしやすく、良い仕様だと筆者は考えています。

しかし、「旅のコンシェルジュ」が預かっているにもかかわらず、受け取ったはずのアイテムが消失したという内容の不具合報告を、少なくない頻度でいただいていました。対象アイテムが手もとにないために不安を与え、不具合報告をしていただく負担もかけていた状態です。

そこで関係者で検討し、「旅のコンシェルジュ」が預かったことを一度しか表示していないことが、わかりづらい原因だと結論付けました。改善策として、画面右上にチリンチリンというSEとともにメッセージを表示する既存のしくみを使用して、**図11.3**の文言をログイン後最初にゾーンに入るタイミングで毎回出すようにしました。

その結果、この機能をリリース後は同様の不具合報告が減りました。

ゴールド額の表示不具合を修正したら大問題になりさらに改修

結論から書きますと、表示ゴールド額の更新に失敗する不具合を修正したら、**図11.4**ⓑのように表示とSEの反映タイミングにズレが生じ、「1,700G

図11.3 「旅のコンシェルジュに報酬が送られています」

図11.4 ゴールド消失疑惑を生んだ不具合修正

から100G増えて1,800Gになるはずなのに増えていない！」という旨の不具合報告を多数いただく大問題になりました。

当初は❸の流れで、毎回表示ゴールド額の更新に失敗していました。表示ゴールド額の更新では通信を行いますが、不具合により必ず失敗し、無駄な通信となっていました。処理に失敗すると、時間をおいて再度処理を行う形になっていて、2回目は更新に成功していました。これで偶然、更新とSE再生のタイミングが合っていました。

現在は❹です。不具合修正を活かし、SE再生のタイミングを早めて解決しています。さらに、クライアント側で確認できる情報も増やして、お客さま自身の確認もしやすくしています。

この大問題発生中は、筆者を含めて、プログラマーセクションの一部は調査に追われてしばらく機能麻痺しました。不具合や無駄な通信はなくすべきですが、コラムに記載したとおり、リリース後の変更は慎重に実施する必要があります。

11.4 お客さまからの要望への対応

本節では、ドラゴンクエストXのお客さまからいただく要望への対応について解説します。

ドラゴンクエストXのお客さまからの要望は、公式／非公式を問わず確認して把握し、対応に努めます。

以降では、公式の場である「提案広場」と、非公式な場であるSNSなどのコミュニティ調査について解説します。

「提案広場」―― お客さまの意見を受け付け回答も

ドラゴンクエストXのお客さまから意見を受け付けるのは、「目覚めし冒

図11.5 「提案広場」でのスタッフからの回答

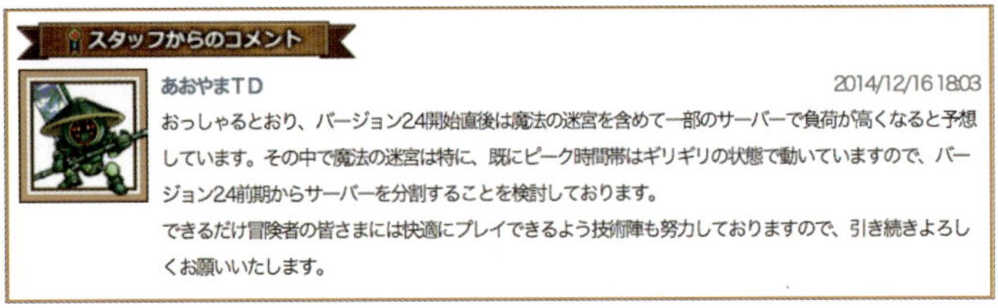

スタッフからのコメント

あおやまTD　2014/12/16 18:03

おっしゃるとおり、バージョン2.4開始直後は魔法の迷宮を含めて一部のサーバーで負荷が高くなると予想しています。その中で魔法の迷宮は特に、既にピーク時間帯はギリギリの状態で動いていますので、バージョン2.4前期からサーバーを分割することを検討しております。
できるだけ冒険者の皆さまには快適にプレイできるよう技術陣も努力しておりますので、引き続きよろしくお願いいたします。

険者の広場」の「提案広場」[注1]です。

運営チームは、いただいた提案を分析します。そして開発コアチームと検討を行い、そのあとの開発や運営に役立てます。

また、一部の提案には「提案広場」内で回答します。回答の多くは運営チームからですが、開発コアチームから回答することもあります。筆者も**図11.5**のように、テクニカルディレクターとしてときどき回答していました。今後も必要に応じてプロデューサーとして回答する予定です。

コミュニティ調査 ── 飛び交う本音の分析

SNSやインターネットの掲示板などを利用したコミュニティ調査や分析も、運営チームが行います。

SNSや掲示板では本音が飛び交うので参考になりますが、辛辣な言葉で書かれているなど、読んでいると必要以上につらくなることもあります。そのため、ドラゴンクエストX開発コアチームのスタッフは、基本的には運営チームが調査、分析した結果に基づいて検討します。

注1　https://hiroba.dqx.jp/sc/forum/

Column

舌を引っ込めた運営スタッフ

「提案広場」でのやりとりに関するちょっとしたエピソードを紹介します。

2012年8月のサービス開始当初は、現在と比較すると緊急メンテナンスが多めで、当然ですが、「提案広場」でお叱りをいただく状況でした。また、当時はドラゴンクエストXの多くのお客さまがオンラインゲームに慣れていない状況で、予定どおりに行われるメンテナンスについても、「なぜ遊べないのか」と不満の声が多数ありました。

メンテナンスの発生は当時のテクニカルディレクター、すなわち筆者の責任です。しかし、運営チームのスタッフが代わりにお叱りの矢面に立ち、「提案広場」で回答していました。

スタッフからの回答には、図11.5のようにモンスターや似顔絵などの各自のアイコンが表示されます。そこに**図11.aⓐ**の「イエティ」というモンスターをアイコンに使用していたところ、「舌を出しているのが不快である」との指摘をお客さまから受けました。

たしかに、謝罪のときに舌を出しているのはよくないだろうということで、検討しました。もともと「イエティ」は、この見た目でドラゴンクエストシリーズで親しまれているので、舌を引っ込めてよいのか議論しました。当時は筆者自身がバタバタしていて、詳細は覚えていないのですが、結論としては、オリジナルを改修して図11.aⓑのように舌を引っ込めることにしました。

この対応については賛否両論あるかもしれませんが、ドラゴンクエストXではこのように、お客さまとの距離を近付けるための努力を継続的にしています。

図11.a 運営チームのスタッフ用アイコンの変更

ⓐイエティ
（運営スタッフ）

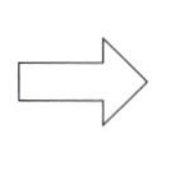

ⓑ舌を引っ込めたイエティ(?)
（改修後の運営スタッフ）

11.5 未来へ向けた分析

本節では、未来へ向けたデータ分析について解説します。

ドラゴンクエストXでは、いろいろな角度から日次や週次で各種数値を収集し、将来に向けてデータ分析をしています。

以降では、負荷分散のための人数調査、施策の効果測定のための人数調査、および調査に基づくゲーム内容の改修の例を解説します。

サーバ負荷の定量分析

サーバ負荷に直結する情報は、当然ですが常に分析しています。

同時ログイン人数や、ワールドごとのプレイ人数分布、各サーバマシンやゲームDBの負荷などです。定量的に分析していて、異常値が計測されると連絡が来ます。

これらの情報により、サーバプロセスの割り当てを調整しています。

施策の効果測定

新規アカウントの増加数、日次や週次のログインアカウント数を日々取得して、分析しています。それと各種施策の実施日を対比させ、この施策でここが増えた、減ったなどの効果測定をしています。

このあたりは技術的な話ではありませんが、運営視点では重要です。

分析に基づくゲーム内容の改修

プレイヤーの行動を調査し、分析した結果に基づくゲーム内容の改修は、適宜行っています。ここでは例として、2番目の町へ到達後の進捗を促進する施策について解説します。

行動調査から、2番目の町へ到達後の進捗が悪いことが発覚

バージョン2のころ、ドラゴンクエストXを開始したばかりのプレイヤーが、どこでつまずいているかの行動調査をしました。すると、最初の村のストーリーを進めたあと、小国と呼ばれる2番目の町に到達した直後からの進捗度が悪いことが発覚しました。

ゴールドなどの不足を補うコンテンツの追加

該当するプレイヤーキャラクターの調査、分析をさらに進めたところ、レベルは比較的上がっているものの、所持ゴールドや、瞬間移動ができる「ルーラストーン」が不十分という仮説にたどり着きました。また、いくつかのゲーム内の便利機能が使われておらず、その機能を使えるようにしたり説明をしたりするNPCを見つけられていないという仮説も生まれました。

そこで、ゲーム内の便利機能に関連するNPCに話すよう誘導し、ゴールドなど不足しているものを補うコンテンツが必要と考えました。バージョン3.1で追加された「しあわせのイエローダイアリー」は、この分析結果から生まれたものです。これは、便利機能に関連するNPCの名前を黄色で表示するようにして、そのNPCに話しかけると「ルーラストーン」やゴールドがもらえるしくみです。ゾーン全体が見渡せる地図上にも黄色い点で表示されますので、どのNPCに話しかけるべきかわかりやすくなっています。

これにより、序盤で移動手段やゴールド不足で停滞することが少なくなりました。自然と便利機能の知識も増えます。始めたばかりの方には、遊びやすくなったと思います。

進めてほしいメインストーリーの惹きを強化

小国のメインストーリーの惹きも、バージョン3.2で強化しました。

前項までと同様の分析の結果、小国へ到達したあと、次にすべきことがわかりづらいのだろうと考えました。各小国にはメインストーリーがありますので、プレイヤーのみなさんには、それを中心に進めていただきたいです。そのため各小国に、メインストーリーを進めるためには次に何をすべきかがわかるカットシーンを追加して、惹きを強化しました。

11.6 まとめ

本章では、ドラゴンクエストXのお客さま対応として攻めの運営と守りの運用の両輪が必要であることと、製品サービス環境へリリースするためのメンテナンスや、不具合報告や要望への対応、各種分析について解説しました。

これらは日々対応しており、改善していると思いますが、改善の余地はまだまだあると言わざるを得ません。不具合や緊急エスカレーションが必要な問題が発生するたびに、ドラゴンクエストXのお客さまにはご迷惑をおかけし、本当に申し訳なく思います。対応する立場としても緊急エスカレーションはできるだけ少ないほうが望ましいので、発生した原因をより根本に近いところまで調べて、開発コアチームで共有し、同様の問題ができるだけ再発しないようにしています。

第**12**章

不正行為との闘い

いたちごっこ覚悟で継続対応

不正行為とは、ドラゴンクエストXの利用規約に対する違反行為です。不正行為を実施しているのは主に、現実世界で利益を得るために組織的に活動している業者です。また、ゲーム内で利益を得ることを目的とするプレイヤーもいます。

本章では、ドラゴンクエストXで行われている不正行為と、いたちごっこ覚悟で闘い続けているその対応について解説します。

12.1 不正行為への継続した対応

不正行為には、業者が中心的存在となるRMT、プレイヤーが実施する自動操縦やチート、プレイヤー間交流が生む迷惑行為や詐欺行為があります。それらに対して、ドラゴンクエストX開発・運営チームは継続的に対応しています。次節以降で、ここで挙げた用語を含め、順に解説します。

ただし、不正行為すべてを完全に防ぐことは不可能です。できるだけ防ぐのは当然として、防ぎきれなかった場合の対応も重要になります。ドラゴンクエストXは、不正行為に対する事後対応を、セキュリティの専門家から高く評価していただいたことがありました。これは問題が発生した際に、普段から行っていることの延長で迅速丁寧な対応ができた結果だと考えています。この対象となった不正行為については12.6節で解説します。

12.2 RMTとの闘い
——現実の金品によるゲーム内金品の売買を防ぐ

本節ではRMTとの闘いについて解説します。

RMT(*Real Money Trade*)とは、ゲーム内の金品と現実の金品との交換です。わかりやすい例としては、ドラゴンクエストXのゴールドを日本円で売買することです。これは防がなければなりません。

RMTは、ゲームプレイに関係なくゴールドを増やせるため、ゲームバランスを崩壊させるリスクがあります。そのためドラゴンクエストXでは利用規約で禁止し、発見した場合は対象のアカウントを利用停止にしています。この対応は多くのオンラインゲームで同様です。

以降では、RMT行為の実態と、その対応について解説します。

RMTの実態 —— 業務でゴールドを稼ぐRMT業者の存在

ドラゴンクエストXにおけるRMTは、**図12.1**の形が多いです。RMT業者が稼いだゴールドを、RMT利用者、すなわち一般プレイヤーが日本円で購入します。

RMT業者はこれを業務として実施して利益を得ています。趣味の延長上にある副業ではなく、生活費を稼ぐ本業の場合が多いようです。

つまりRMT業者の従業員は、生活がかかっているので必死です。なりふりかまわず、常に最高効率を考えてゴールドを稼ぎ、ゲームシステムに穴があれば徹底的にそこをついてきます。実際、「本当にそこまでやるのか？」と驚くこともあります。そのため筆者たちは、相応の覚悟で対応しなければなりません。生活がかかっているとしても、温情をかけるつもりはまったくありません。

RMT業者がゴールドを稼ぐ方法は、不正プレイや不正アクセスです。以降で順次、その対応を含めて解説します。

図12.1 RMTの基本フロー(ドラゴンクエストXの利用規約違反)

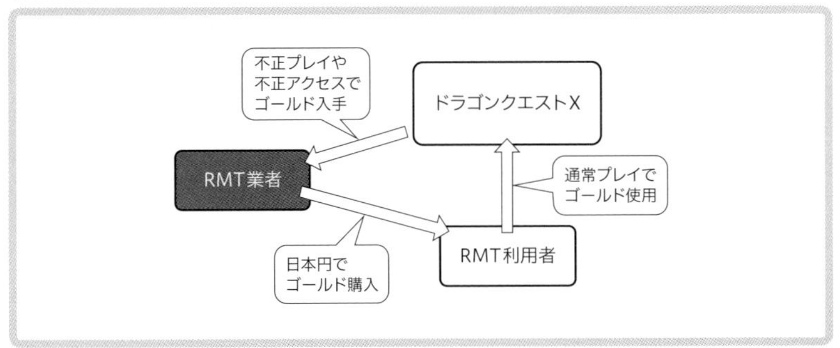

不正プレイRMT業者 —— 1人では不可能な長時間プレイ

RMT業者がゴールドを稼ぐ基本的な手法は、1人では不可能な長時間のプレイです。複数人で交代でプレイしているか、自動操縦と考えます。自動操縦については次節で解説します。

人間1人が長時間プレイしているだけなら、通常のゲームプレイですので不正ではありません。しかしアカウント共有は、アカウント管理上の問題と、ゲームバランスに影響を与える恐れもあるため、利用規約で禁止しています。すなわち不正プレイ行為です。

RMT業者はたとえばその長時間プレイで、モンスターと延々と戦います。そこで大量に得たアイテムを、「旅人バザー」で売ることでゴールドを得ます。その方法は洗練されていて、高効率でゴールドに変換できる活動を常にしているように見えます。

しかしときどき、効率の悪そうなところでRMT業者らしきプレイヤーキャラクターを発見します。これを筆者たちは、RMT業者の研究開発チームの活動と推測しています。高く売れるアイテムは日々変わり、高効率でゴールドに変換する方法も常に変化しますので、研究開発チームの活動で、いち早くそれを見つけているものと考えます。

なお、余談ですが、毎日同じ時間にゲーム内の町の片隅で、座る「しぐさ」をして休んでいるRMT業者らしきプレイヤーキャラクターがいます。これは中の人、すなわちRMT業者の従業員の休憩時間と考えています。

不正アクセスRMT業者 —— 日本における違法行為

RMT業者がゴールドを稼ぐ手段として、不正アクセスを用いる方法があります。一般プレイヤーのアカウントで不正にログインし、所持ゴールドを奪います。これは日本において違法行為ですので、利用規約違反による対処だけでなく、警察への相談もしています。

不正アクセスには、リストアタックが多用されていると推測しています。これは、ほかの場所で漏れたIDとパスワードの組み合わせを大量に試す方法です。おそらくIDとパスワードを収集してリスト化する業者はまた別にいて、RMT業者がそれを購入して使用しているものと推測します。

この攻撃はプレイヤーのみなさんが、ほかのサービスとパスワードを変えることで自己防衛できます。そのため、**図12.2**のようなリストアタック

図12.2 リストアタックの注意喚起に使用した画像

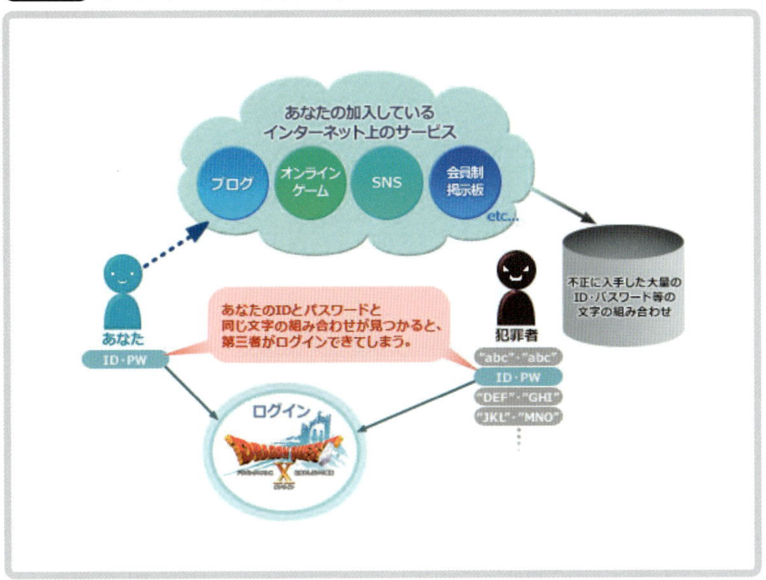

に関する注意喚起を、定期的に「目覚めし冒険者の広場」上で行っています。また、同じく「目覚めし冒険者の広場」に**図12.3**のようなマンガを公開して、ワンタイムパスワードの導入を推奨しています。ワンタイムパスワードは一定時間ごとに変更されるパスワードで、導入することでセキュリティが強化されます。これらの活動により、不正アクセス被害は以前に比べて減少しています。

なお、図12.2は公開した画像をそのまま使用しているので、少し粗いですがご了承ください。

RMTへの対処 —— 行為検知と、利用抑制の啓蒙活動

RMTへの対処では、RMT行為を検知したRMT業者やRMT利用者のアカウントを利用停止にします。

また、利用規約違反と知らずに買ってしまうRMT利用者もいるようですので、RMTをするとアカウント利用停止になる旨の啓蒙活動も定期的に実施しています。

図12.3 不正アクセス防止の啓蒙に使用した画像

これらの対処を続けたことで、RMTの規模は小さくなりました。しかしまだゼロにはできていないので、引き続き対応しています。

RMT業者の行動パターン変更に追従 ―― スペシャルタスクフォースによる対処

RMT活動に対しては、不正行為の対応を専門とするスペシャルタスクフォースが対応を行います。その対象は、RMT業者および、RMT業者を利用するプレイヤーです。スペシャルタスクフォースはドラゴンクエストX開発コアチームとも密に情報交換を行い、基準を設けて対処しています。

ただし、単純ではありません。たとえば「連続○○時間プレイ」という、検知のための内部基準を設けたとします。設定直後には多くのRMT業者をあぶり出せますが、しばらくすると、RMT業者は行動パターンを変更して回避します。しかし筆者たちも、その変更に追従して、また別の基準を設けます。そしてまたRMT業者に回避されてという、いわゆるいたちごっこが続いています。

また、ゲーム仕様の変更で明示的に対応する場合もあります。たとえば職人は、ほとんどの一般プレイヤーには週1,000回実施できれば十分ですが、RMT業者は1,000回を超えることが少なくありません。そのため、仕様上1,000回を上限とすることで、業者活動を抑制しました。こちらは執筆時現在も対策として有効なようです。

利用の抑制 ―― 利用者の対処と啓蒙活動

RMT利用者は、RMT業者と同様に、発覚したらアカウントを利用停止にする対処をしています。

その対処数は定期的に公表しています。また、RMTはドラゴンクエストXの利用規約違反になる旨が書かれたマンガを作るなどの啓蒙活動もしています。これらはいずれも、「目覚めし冒険者の広場」上で行っているものです。この活動により、ドラゴンクエストXのお客さまの間でもRMTが利用規約違反であることは浸透していると思います。

それでもRMT利用者はまだいます。RMT利用者がいなくなればRMT業者の仕事は成立しなくなりますので、その活動もなくなるはずです。ドラゴンクエストXのお客さまにはRMTの利用は絶対にしないでいただきたいです。

12.3 自動操縦との闘い ―― 人間に不可能な長時間プレイを防ぐ

本節では自動操縦との闘いについて解説します。

ドラゴンクエストXでは自動操縦を、人間に不可能な長時間プレイがゲームバランスを壊す行為と考え、利用規約で禁止しています。発見したら、そのアカウントを利用停止にします。

以降では、自動操縦および、その対処方法のいくつかを解説します。

自動操縦の実態 ―― RMT業者と一般プレイヤー

自動操縦は、RMT業者と一般プレイヤーの両方が利用しています。

自動操縦は、操作情報を自動的に生成する形で行われているようです。つまり、ゲームクライアントからは人間の操作と同様に見えますので、自動操縦と人間操作の区別をプログラムで行うことは簡単ではありません。ただし、人間の目には怪しい動きに見える場合も多いです。

なお、ゲームクライアントを改ざんして自動操縦する方法もありますが、ドラゴンクエストXはArxanという強力な難読化ツールを採用しており、一定の成果が出ているようです。

自動操縦への対処 ―― 複数の手法で検知して対応

自動操縦の対処には複数の手法を用いています。意図的に自動操縦をしているプレイヤーは、対処条件を回避してくるので、それぞれいたちごっこ覚悟で対応しています。

現地視認 ―― ゲームマスターによる手動対処

自動操縦に対して即効性があるのが、現地視認です。ゲームマスターが現地をリアルタイムで視認し、確認できればその場で手動対処を行います。ただし、ドラゴンクエストXはその世界が広いため、簡単ではありません。

サーバログ調査 ―― スペシャルタスクフォースによる手動対処

サーバログ調査による自動操縦の対処も行います。特定のパターンや条件を割り出し、スペシャルタスクフォースが対処します。

行動パターン検出 ―― プログラムによる検出と自動対処

プログラムによる行動パターンの自動検出も随時導入しています。検出したらすぐに切断するなど対処まで行う場合と、スペシャルタスクフォースが判断するための情報の一つとして、裏でサーバログに記録するだけの場合があります。

通報 —— お客さまの協力で行う自動隔離

ドラゴンクエストXには、ゲーム内で、RMT活動が疑われる、自動操縦と思われる怪しい動きをしているプレイヤーキャラクターを見つけた場合に、プレイヤーが通報できる機能があります。通報されたプレイヤーキャラクターはスペシャルタスクフォースが調査します。また、一定の基準を満たしたプレイヤーキャラクターが通報されると、「秘密の隠れ家」という場所に自動隔離されます。

「秘密の隠れ家」に隔離された状態では、プレイを続けることができません。さらに、ドラゴンクエストXでは1アカウントで最大5プレイヤーキャラクターをプレイできますが、「秘密の隠れ家」に入っているプレイヤーキャラクターがいると、同じアカウントのほかのプレイヤーキャラクターもプレイができません。

この通報機能により、ドラゴンクエストXのお客さまの協力を得て、自動操縦および不正行為への対処がより効果的にできています。

12.4 不具合の不正利用との闘い —— 不当に利を得る行為を防ぐ

本節では、不具合の不正利用と、不正利用される不具合の発生を未然に防ぐ闘いについて解説します。

不具合はないことが望ましいですが、どうしてもゼロにはできません。それがたとえばアイテムやゴールドが無限に増殖するものの場合、オンラインゲームではゲームバランスを崩壊させるリスクがあります。それを利用した一部のプレイヤーが不当に利益を得てはいけませんので、不具合の意図的な利用は不正行為として利用規約で禁止しています。ただし、開発コアチームとしては、いかにその不具合を事前に発見するかが重要です。

以降では、不具合の不正利用の実態と、その対処、および事前に発見する工夫について解説します。

不具合の不正利用の実態 ―― 残存する不具合と、それを狙うプレイヤー

特定条件下で発生する不具合は、事前検証で発見できず、残存したままリリースされることがあります。

そして、それを狙うプレイヤーがいることも十分に意識しておく必要があります。たとえば、報酬を得るには権利が必要なコンテンツで、絶妙なタイミングでゲームクライアントの回線を切断すると、権利を消費せずにそのコンテンツの報酬を得られる不具合が、ドラゴンクエストXのサービス期間中にありました。

こうした回線切断を常に狙って試しているプレイヤーもいますので、十分に考慮する必要があります。

不具合の不正利用への対処
―― 公平性を保つ対応と事前に発見するしくみ

不具合の不正利用への対処は、直接的には不正利用したプレイヤーの対処です。意図的に不正に利用して利益を得たと考えられる場合には、利用していないプレイヤーとの公平性を保つため、アカウントを利用停止にするなどの対処をしています。

ただし、意図的かどうかの判断は困難です。そのため、不具合の事前検知が重要で、ドラゴンクエストXでは、無限増殖が可能な一部の不具合を発見できるしくみを導入しました。

以降で順次解説します。

困難な対処 ―― 意図的かどうかの判断は難しい

通常操作で発生する不具合は、意図的に不正利用しているかの判断が難しいです。回線切断についても、通信環境が悪ければ少なからず発生するものですので、意図的かどうかの区別はしづらく、対処は困難です。

そのため、「この条件を満たしていたら不具合の不正利用とみなす」といった基準を明確には設けていません。不具合のパターンもいろいろあるため、それぞれに応じた形で対応しています。

ここで重要なのはサーバログです。ドラゴンクエストXでは、いろいろなパターンの不具合に対応できる情報を残しています。

その結果、意図的に不具合を不正利用して利益を得たと判断した場合は、アカウントを利用停止にするなど厳しい対処をしています。

無限増殖の不具合の検出 —— 事前に発見する工夫

不具合の不正利用の中で、無限増殖が最もわかりやすい例です。ドラゴンクエストX開発コアチームではその可能性を検出し、事前に発見する工夫をしています。

無限増殖の不具合は、たとえば次の形のプログラムで発生します。これは、ドラゴンクエストXのゾーンプロセスの処理として、Luaで記述されることを想定したものです。

無限増殖が可能な仮想Luaソースコード

```
-- ○○達成時の処理
if not checkFlag(○○達成) then -- 未達成の場合
  addGold(○○達成報酬)         -- ゴールドを入手
  カットシーン再生              -- この処理中に保存される可能性あり
  setFlag(○○達成)             -- 達成状態に設定
end
```

この処理ではまず、対象のプレイヤーキャラクターが達成報酬のゴールドを入手します。次に、ゲームクライアントにカットシーンの再生を指示する通信をして、終了を待ちます。ここで、ゲームクライアントの回線切断を検知した場合、ゾーンプロセスは対応するプレイヤーキャラクターデータをゲームDBに保存し、ログアウトさせます。つまり、カットシーンの再生の終了を待つ間に対象プレイヤーが回線を切断すると、未達成のまま、ゴールドを入手した状態で、ゲームDBに保存されます。再ログインによりプレイヤーキャラクターデータはその状態になり、プログラムは頭から再度実行されますので、ゴールドを再度受け取ることができます。この回線切断を意図的に繰り返すと、無限にゴールドを増やせます。

この不具合は、次の書き方で防止できます。

無限増殖が不可能な仮想Luaソースコード

```
-- ○○達成時の処理
if not checkFlag(○○達成) then -- 未達成の場合
  カットシーン再生              -- この処理中に保存される可能性あり
  addGold(○○達成報酬)          -- ゴールドを入手
  setFlag(○○達成)              -- 達成状態に設定
end
```

各処理には、その処理中にプレイヤーキャラクターデータがゲームDBに保存される可能性があるものと、ないものがあります。この例ではaddGoldとsetFlagは、その処理中に保存されません。カットシーンの再生中は保存される可能性があります。そのため、addGoldによる達成報酬のゴールド追加と、setFlagによる達成フラグの設定という同時に行うべき処理の間に、ゲームDBに保存される可能性のあるカットシーン再生の処理がなければ問題は解決します。この無限増殖が不可能な仮想Luaソースコードの処理では、カットシーン再生中に回線の切断を検出した場合、未達成かつゴールドも増えていない状態でゲームDBに保存され、再ログインで同じプログラムの頭から再開します。つまり、同じカットシーンを再度見ることになるのは変わりませんが、何度もゴールドを受け取ることはありません。

ドラゴンクエストXでは、この形式で無限増殖が可能なLuaスクリプトを事前検出しています。具体的には、複数のフラグ、アイテム、ゴールドなどの操作の間にプレイヤーキャラクターデータが保存される可能性があるプログラムを発見すると、警告を表示します。実装者が意図的に分けている場合もあるので万能ではありませんが、単純ミスは開発時点で防げています。

12.5 プレイヤー間トラブルとの闘い ——人間が集まると生じる問題に対応する

本節では、プレイヤー間トラブルとの闘いについて解説します。

ドラゴンクエストXでは、一部ですが迷惑行為などのプレイヤー間トラブルがあります。人間が複数集まれば問題が発生するのは、現実世界と同様です。相手が直接見えない分、むしろ問題は起きやすいかもしれません。

以降では、プレイヤー間トラブルの実態と、発生した場合の対応、そして未然に防ぐ対応について解説します。

プレイヤー間トラブルの実態 —— 人間が集まれば問題も

ドラゴンクエストXのプレイヤー間トラブルで報告を受けるのは主に、暴言などの迷惑行為、および詐欺行為です。

ほとんどのお客さまは、お客さまどうしの交流も含めて楽しんでくださっていますが、一部ではこうした問題が発生しています。

プレイヤー間トラブルへの対処 —— 報告への対応と発生防止策

プレイヤー間トラブルは、報告を受けて対応する形が基本です。また、ゲーム仕様の改修で発生を防止できるパターンがあれば対応しています。

利用規約違反報告への対応 —— 警察のような役割のゲームマスター

プレイヤー間のトラブルは、基本的には被害者からの利用規約違反の報告を受け、ゲームマスターが対応しています。そして、調査の結果、迷惑行為や詐欺行為などの利用規約に違反した行為が認められた場合は、アカウント利用停止などの対応を行っています。

また、詐欺行為に関しては奪われたものの返却を可能な範囲で実施します。ゲームマスターはいわば、ドラゴンクエストX内の警察です。

ゲーム仕様の改修で未然に防止 —— トラブルを起きづらくする工夫

ドラゴンクエストXでは、プレイヤー間トラブルが起きづらくなるよう工夫しています。報告が多く、ゲーム仕様で回避できるパターンがあれば、積極的に改修し、未然に防止します。

たとえば、ドラゴンクエストXには、お客さまの間で持ち寄りと呼ばれている行為があります。これは、同じアイテムをパーティメンバー4人全員が使うことで、全員が公平にその報酬を受け取るものです。具体的には、「魔法の迷宮」で使用すると、特定のボスが登場する「コイン」というアイテムを持ち寄ります。そのボスを倒すと、パーティ全員が報酬を受け取れます。このコンテンツのリリース当初は、同時に使用できる「コイン」が1つでしたので、4人が順番に、それぞれ「コイン」を1つずつ、合計回数が4の倍数になるように使用することで公平性を保てます。

以前は、「コイン」を持っていないのに参加し、自分が使用する順番が来たら逃げてしまう詐欺が少なくない頻度で発生していました。

そのため、「目覚めし冒険者の広場」に**図12.4**のマンガを掲載するなどして啓蒙するとともに、ゲーム仕様を改修して、事前にお互いが持っている「コイン」を見せられるようにしました。さらにそのあと、「コイン」を同時に4つ使用できるようにしました。これらにより、同様の詐欺に対しては改善が見られています。

12.6 チートとの闘い —— 改ざんから世界を守る

本章の最後に、本節では、大問題に発展したドラゴンクエストXのチート行為と、その闘いについて解説します。

チートとは、データやプログラムを改ざんするなど、通常操作では行えない方法で利益を得る行為です。やられてしまうと一気にゲームバランスが崩壊しかねませんので、ドラゴンクエストXの世界を守るために、絶対に防がなければいけません。

しかし、ドラゴンクエストXにおいて、ゲームサーバのセキュリティホールが攻撃されるチート行為がありました。セキュリティホールとは、安全に守られているべき場所に空いている穴のことで、チートの観点では攻撃対象です。

セキュリティホールがないことを示すのはいわゆる悪魔の証明になり、現実的には不可能です。しかし、このチート行為に対応したことで、改善できる余地があると知りました。筆者としては正直なところ、もう二度と触れたくないのですが、ほかのオンラインゲーム開発者のお役に少しでも立てればという思いで執筆しています。

図12.4 プレイヤー間トラブル防止の啓蒙に使用した画像

以降では、チート行為の実態と、基本的な対策および、チート行為の発覚後に実施している対策について解説します。

チート行為の実態 —— 回数は少なくても大きな影響

執筆時点でドラゴンクエストXはサービス開始から6年以上経過していますが、その間で明確に問題視されたチート行為が1件ありました。そしてその1件で、大きな影響が出ています。

発覚したチート事例 —— 通常の操作ではあり得ない状況

問題視されたチート行為では、通常の操作ではできない方法でゲーム内アイテムが生産されていました。これは調査の結果、サーバログがあり得ない流れになっていたことから発覚しました。

なお、このチート行為の実施者は、外部ツールを併用していたようです。

カジュアルチーターの攻撃 —— 空いていたセキュリティホール

このチート行為を行ったのは、RMT業者ではなく一般プレイヤーのようでした。本書ではこのタイプのチート行為者を、カジュアルチーターと呼ぶことにします。RMT業者ほど血眼になって穴を探すことはないものの、簡単にできる範囲であれば改ざんして試す人々です。

そのため、関連した部分を多少でも難読化していれば攻撃されなかったものと推測します。このケースではゾーンプロセスにセキュリティホールがあり、難読化していない部分を悪用されて、攻撃されました。残念ながら、カジュアルチーターを軽視していたと言わざるを得ません。

チート行為への対処 —— ゲームサーバで防止し、ゲームクライアントで難読化

チート行為が発覚したら、チート行為の実施者のアカウントを利用停止にします。ただし、これは実績がほとんどありません。

チート行為はされないことが大前提です。その基本は、ゲームサーバで防止する形です。また、ゲームクライアントやプロトコルを難読化しています。

以降で順次解説します。

チート行為の実施者の対処とその後 —— 残された深い傷跡

「目覚めし冒険者の広場」で解説[注1]していますが、発覚後にはチート行為の実施者のアカウントを利用停止にしており、一応の決着はついています。しかし、オンラインショッピングサイトのアプリケーション評価で「チートが蔓延しているゲーム」と書かれるなど、この1件が深い傷跡を残しています。

チート防止方法 —— ゲームサーバで防ぐことが基本

チート行為に対する基本的な防止方法は、ゲームサーバで異常を検知して防ぐことです。ゲームクライアントなどプレイヤー側の手もとにあるものは、理屈上は自由に改ざんできます。そのためドラゴンクエストXでは、ゲームクライアントおよびプロトコルは、改ざんされる前提で作っています。

たとえば戦闘中には、プレイヤーが選択した行動がゲームクライアントからバトルプロセスへ送られます。バトルプロセスは、その行動が、実際に対象のプレイヤーキャラクターが実行できるかを検査してから実行します。実行できない場合は、チート行為の可能性があるとしてサーバログに残し、無視します。これはサービス開始当初から実施していることです。

ゲームクライアントとプロトコルの難読化 —— カジュアルチーターも意識した対応

現在のドラゴンクエストXでは、ゲームクライアントやプロトコルもできるだけ難読化しています。

このチート行為が発覚する以前より、一部は前述したArxanで難読化していました。しかし、ArxanはRMT業者でも読むのを諦めそうな程度に難読化される反面、高負荷です。そのためRMT業者が狙いそうな一部の箇所に絞っていました。そのほかの部分は、何も対策していませんでした。

しかし前述のチート行為を受けて、カジュアルチーター対策も意識する必要があるとわかりました。簡単な難読化は破られるから意味がないとして切り捨てず、できることは多少でもすることで改善するという結論に達しました。そのため、ゲームクライアントやプロトコルに対して、Arxan

注1 「不正行為および、それを拡散する行為について」(https://sqex.to/7XN)

ほどの強度な難読化ができない箇所にも、開発コアチーム独自の方法で低負荷の難読化をしています。

もちろん各サーバで検査して防ぐことも引き続き実施しています。ゲームクライアントやプロトコルの難読化は、あくまでも補助的なものです。

12.7 まとめ

本章では、ドラゴンクエストXにおける不正行為との闘いを解説しました。

本書において不正行為に触れるべきか迷いましたが、通常であれば開示していない情報を含めて、書けるところまでは書いたつもりです。これがオンラインゲームやオンラインサービスを開発・運営されている方々の参考になれば幸いです。そして筆者たちは今後も、お客さまに安心してプレイしていただくために、不正行為との闘いを続けます。

あとがき

最後までお読みくださりありがとうございました。いかがでしたでしょうか。これで少しでもドラゴンクエストXやゲームの技術に興味を持っていただけたなら幸いです。

ゲームを遊んでくださっているプレイヤーのみなさんには、技術的に何が難しいかは関係ありません。筆者は、技術的にすごいと感じさせない自然さが最高の技術力だと考えています。本書をお読みいただいて、裏側で使用されている技術を少しでも感じていただければうれしいです。

コンピュータとプログラムに筆者が興味を持ち始めたのは中学2年生のときです。当初はなかなか理解できず悶々としましたが、あきらめずに何度も本を読みなおすなどして、半年後に、その瞬間が訪れました。雷に打たれたような、感電したような、とてつもない衝撃の中で、理解したことを実感したのです。そしてコンピュータを自由自在に操れるようになった感触から、「俺は世界を支配できる！」と思いました。これはまあ、若気の至りですが、このときは楽しいと思えたからこそあきらめずに続けられたので、今回の執筆も、まず楽しむことを心がけました。謝辞に記載したとおり苦しい時期もありましたが、全体的には楽しく執筆することができ、満足しています。

筆者は高校時代に、国語担当だった担任の加藤先生から、「おまえアタマ良かったんだな！」と通知表を渡されたことがあります。これは、筆者の理系教科の成績を見ての感想でした。たしかに、理系教科は国語より良かったのですが、トップクラスではなかったので、よほどデキの悪い生徒だと思われていたようです。あ、いや、国語のデキは本当に悪かったので、そう思われたのは妥当でしょう。ちょうど本書を執筆中に高校の同窓会が行われたので、先生に「国語があんなに苦手だった僕が今、執筆しているんですよ！」と報告しようと思ったのですが、残念ながら他界されていたことを知り、かないませんでした。

最後になりましたが、この場をお借りしてご冥福をお祈りするとともに、ご報告とさせていただきます。

索引

さ行

索引

著者プロフィール

青山 公士（あおやま こうじ）

『ドラゴンクエストX　オンライン』プロデューサー。
他社でのゲームのメインプログラマー、ディレクターを経て、1999年3月に株式会社スクウェア（現スクウェア・エニックス）に入社。『PlayOnline』のディレクターのあと、『ドラゴンクエストX　オンライン』開発初期からテクニカルディレクターを務め、本書執筆途中にプロデューサーに就任。

Twitter @kojibm

装丁・本文デザイン……西岡 裕二
図版……スタジオ・キャロット
レイアウト……酒徳 葉子（技術評論社制作業務部）
編集アシスタント……北川 香織（WEB+DB PRESS編集部）
編集……稲尾 尚徳（WEB+DB PRESS編集部）

WEB+DB PRESS plusシリーズ
ドラゴンクエストXを支える技術
大規模オンラインRPGの舞台裏

2018年11月28日　初版　第1刷発行

著者……青山 公士
発行者……片岡 巌
発行所……株式会社技術評論社
東京都新宿区市谷左内町21-13
電話　03-3513-6150　販売促進部
　　　03-3513-6175　雑誌編集部
印刷／製本……日経印刷株式会社

●定価はカバーに表示してあります。

●本書の一部または全部を著作権法の定める範囲を超え、無断で複写、複製、転載、あるいはファイルに落とすことを禁じます。

●造本には細心の注意を払っておりますが、万一、乱丁（ページの乱れ）や落丁（ページの抜け）がございましたら、小社販売促進部までお送りください。送料小社負担にてお取り替えいたします。

ISBN 978-4-297-10174-9 C3055
Printed in Japan

●お問い合わせ

本書に関するご質問は記載内容についてのみとさせていただきます。本書の内容以外のご質問には一切応じられませんので、あらかじめご了承ください。なお、お電話でのご質問は受け付けておりませんので、書面または小社Webサイトのお問い合わせフォームをご利用ください。

〒162-0846
東京都新宿区市谷左内町21-13
株式会社技術評論社
『ドラゴンクエストXを支える技術』係
URL https://gihyo.jp/（技術評論社Webサイト）

ご質問の際に記載いただいた個人情報は回答以外の目的に使用することはありません。使用後は速やかに個人情報を廃棄します。